安徽省一流教材建设项目（2018yljc104）

高等学校机械类专业系列教材

U0159813

液 压 传 动

主　编　张　军　　孟利民　　李宪华

副主编　陈加胜　　梁　超　　朱家祥

参　编　李永梅　　何　涛

西安电子科技大学出版社

内 容 简 介

本书介绍液压传动的基础知识,内容安排力求理论完整、系统。全书共分 8 章,包括绪论、液压流体力学基础、液压泵、执行元件、辅助元件、液压阀、液压回路、典型液压系统分析及设计等内容。本书的编写注重基本概念与原理讲解,突出实用性,力求章节层次清楚、内容简洁、通俗易懂。

本书既可作为高等院校机械工程专业或相近专业本科生教材或教学参考书,也可供从事流体传动与控制技术的工程技术人员参考。

图书在版编目(CIP)数据

液压传动/张军,孟利民,李宪华主编. －西安:西安电子科技大学出版社,2021.5
(2022.6 重印)
ISBN 978 - 7 - 5606 - 5999 - 2

Ⅰ. ①液… Ⅱ. ①张… ②孟… ③李… Ⅲ. ①液压传动 Ⅳ. ①TH137

中国版本图书馆 CIP 数据核字(2021)第 038078 号

策 划 高 樱
责任编辑 雷鸿俊
出版发行 西安电子科技大学出版社(西安市太白南路 2 号)
电 话 (029)88202421 88201467   邮 编 710071
网 址 www.xduph.com   电子邮箱 xdupfxb001@163.com
经 销 新华书店
印刷单位 咸阳华盛印务有限责任公司
版 次 2021 年 5 月第 1 版 2022 年 6 月第 2 次印刷
开 本 787 毫米×1092 毫米 1/16 印张 16
字 数 376 千字
印 数 1001～3000 册
定 价 40.00 元

ISBN 978 - 7 - 5606 - 5999 - 2/TH

XDUP 6301001 - 2

前　言

"液压传动"是工科诸多专业的基础课,因专业不同,曾先后出现过机床类、工程机械类、矿山机械类及冶金机械类的液压传动教材,各种版本有数十种之多,就其内容安排而言大致可以分为4大类:液压传动、液压传动与控制、液压与气动和液压与液力传动。本书定位于机械类液压传动教材,考虑到液压伺服系统为机械学科的选修课程,因而没有涉及控制部分内容;考虑到课时有限,也没有涉及与气动有关的内容。

本书立足于培养宽口径、厚基础的高素质综合人才,贯彻理论联系实际和学以致用的原则,重点讲授液压传动的基础知识,在内容上兼顾机械各行业的需要,而不局限于某一领域。本书提供了较丰富的典型回路和典型系统的应用实例,教师可根据实际情况在讲课时进行取舍。

本书按照液压传动系统的构成部分进行编写,共分8章,分别为绪论、液压流体力学基础、液压泵、执行元件、辅助元件、液压阀、液压回路、典型液压系统分析及设计。在编写中,编者力求术语规范、叙述简明、内容全面。

本书由安徽理工大学机械工程学院机械设计教研室编写。其中,张军、孟利民、李宪华担任主编,陈加胜、梁超、朱家祥担任副主编,李永梅、何涛参与编写。大家通力协作,相互查证,尽量使本书趋于完善。本书在编写过程中得到了安徽理工大学许贤良教授的大力支持与帮助,在此表示感谢。

由于编者水平有限,书中不妥之处在所难免,恳请读者不吝赐教。

编　者

2020 年 10 月

目　录

第1章 绪 论

1.1 液压传动的概念和原理

1.1.1 液压传动的概念

一部机器通常由原动机、传动装置和工作机构三部分组成，另外，控制装置和辅助装置也是不可缺少的组成部分。原动机的作用是进行能量的转换，即将其他形式的能量转换成机械能，是机器的动力源；工作机构的作用是耗能对外做功；传动装置和控制装置介于原动机和工作机构之间，进行动力传递、控制和分配。辅助装置的作用是次要的，但又是必不可少的。按照传动的机件或工作介质，传动可分为机械传动、电力传动和流体传动。

流体传动可分为气体传动和液体传动。

以密闭管路中的受压液体为工作介质，进行能量的转换、传递、分配和控制的技术，称为液压技术，又称液压传动。

在上述概念中，将液体换成气体，便是气压传动。两者并在一起，即液压传动与气压传动，简称液压与气动。

按工作原理不同，液体传动又可分为液力传动和液压传动，前者是利用液体的动能进行能量转换和传递动力的，后者是利用液体的静压力进行能量转换和传递动力的，因而也称之为静压传动。

1.1.2 液压技术的发展

液压技术源于古老的水力学，它的发展是与流体力学的研究成果、工程材料、液压介质等相关学科的发展紧密联系的。液压技术的迅速发展是在 20 世纪中叶前后，目前已成为比较成熟的基础学科。

1650 年，法国科学家帕斯卡提出了封闭静止液体中压力传递的帕斯卡（Pascal）原理；1686 年，牛顿提出了描述黏性液体相对运动的内摩擦定律；1750 年，流体力学的两个重要方程——连续性方程（质量守恒方程）和伯努利方程（能量守恒方程）相继建立。这些理论成果为液压技术的发展奠定了理论基础。

第二次世界大战期间，迫切需要反应快、动作准、功率大的液压传动系统及伺服机构用于各种军事装备，因此各种高压元件获得进一步的发展。

近 20 年来尤其是近 10 年来，由于人们对环境安全和可持续发展的日益重视，加上材料科学的进展，西方各国十分重视以纯水为介质的液压技术研究，并在中压（14～16 MPa）液压系统中成功应用，这是液压技术令人关注的发展动向。

1.1.3 液压传动的工作原理

液压传动的工作原理可用如图 1-1 所示的液压千斤顶来说明。图中缸体 3 和柱塞 4 组成提升液压缸；缸体 6、柱塞 7 和单向阀 8、9 组成手摇动力缸；当手摇动力缸的柱塞 7 向上运动时，油腔 A 密封容积变大，形成局部真空，油箱 1 中的油液在大气压力作用下，顶开吸油单向阀 8，经吸油管 11 进入 A 腔。当柱塞 7 向下运动时，A 腔油液受挤压，压力升高，迫使吸油单向阀 8 关闭，排油单向阀 9 被打开而向 B 腔输送压力油，推动柱塞 4 上移，使负载 G 的位置升高。柱塞 7 动作快，重物 G 升高就快。如果杠杆 5 停止动作，B 腔油液压力迫使单向阀 9 关闭，重物 G 停止在当前的位置上。如果打开控制阀 2，则 B 腔中油液经控制阀 2 流回油箱 1，重物 G 在重力作用下下降。控制阀 2 开度越大，重物 G 下降越快。

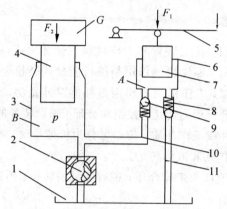

1—油箱；2—控制阀；3、6—缸体；4、7—柱塞；

5—杠杆；8—吸油单向阀；9—排油单向阀；10、11—管道

图 1-1 液压千斤顶工作原理图

由液压千斤顶的工作原理可以看出，手摇动力缸的作用是将输入的机械能变成液体的压力能，利用密闭管路传递到提升液压缸，提升液压缸消耗液体压力能而做功(举起重物)。在这种能量转换和传递的过程中，遵守帕斯卡原理、液流连续性原理和能量守恒定律等基本原理。

1. 帕斯卡原理

帕斯卡(Pascal)原理(静压传递原理)指出：施加于密封容器内平衡液体中的某一点的压力等值地传递到全部液体。在图 1-1 所示的液压千斤顶中，不计管路和阀口损失，则手摇动力缸和提升液压缸两腔的液体压力 p 相等。因此有

$$\frac{F_1}{A_1} = p_1 = p = p_2 = \frac{F_2}{A_2} \tag{1-1}$$

或者

$$F_2 = pA_2 = \frac{F_1 A_2}{A_1} \tag{1-2}$$

式中，A_1——柱塞 7 的截面积；

　　　A_2——柱塞 4 的截面积；

　　　F_1——柱塞 7 上的作用力；

F_2——柱塞 4 上的作用力；

p——液体的静压力(Pressure)。

2. 液流连续性原理

根据物质不灭定律，液体流动时既不能增多，也不会减少，而且液体又被认为是几乎不可压缩的。这样，液体流经无分支管道时，每一横截面上通过的流量一定是相等的，这就是液流连续性原理。

根据液流连续性原理，如果不考虑液体的可压缩性、泄漏和构件的变形，则如图 1-1 所示的小柱塞 7 下移挤压出的液体的体积等于推动大柱塞 4 上移的液体体积，即

$$A_1 ds_1 = A_2 ds_2 = dV \tag{1-3}$$

或者

$$A_1 \frac{ds_1}{dt} = A_2 \frac{ds_2}{dt} = \frac{dV}{dt} \tag{1-4}$$

$$A_1 u_1 = A_2 u_2 = Q \Rightarrow u_2 = \frac{Q}{A_2} = \frac{A_1}{A_2} u_1 \tag{1-5}$$

式中，u_1——小柱塞的运动速度，$u_1 = ds_1/dt$，ds_1 为小柱塞的位移；

u_2——大柱塞的运动速度，$u_2 = ds_2/dt$，ds_2 为大柱塞的位移；

Q——管路中或大、小柱塞腔的流量，它是单位时间内通过过流断面的液体体积，即体积流量，简称流量；$Q = dV/dt$，dV 为手摇动力缸输入到提升液压缸的液体的体积，dt 为时间。

式(1-5)表明，在流量一定的情况下，柱塞的运动速度与面积成反比，在柱塞面积一定的条件下，柱塞的运动速度与流量成正比。只要连续改变手摇动力缸的流量，便可连续地改变提升缸活塞的速度。

3. 能量守恒定律

能量守恒定律(热力学第一定律)是指一个封闭(孤立)系统的总能量总是保持不变。其中，总能量一般是指静止能量(固有能量)、动能、势能三者的总和。能量既不会凭空产生，也不会凭空消失，它只会从一种形式转化为另一种形式，而系统能量的总量保持不变。能量守恒定律是自然界普遍的基本定律之一。

根据能量守恒定律，在图 1-1 所示的液压千斤顶工作过程中，如果不计摩擦损失等因素，柱塞 7 做功为

$$W_1 = F_1 ds_1 = A_1 p ds_1 = p dV \tag{1-6}$$

柱塞 4 做功为

$$W_2 = F_2 ds_2 = A_2 p ds_2 = p dV \tag{1-7}$$

由式(1-6)和式(1-7)可知，$W_1 = W_2$，即液压传动符合能量守恒定律。如果以功率形式表示，则有

$$P = \frac{dW}{dt} = F \frac{ds}{dt} = Fu = Apu = pQ = p \frac{dV}{dt} \tag{1-8}$$

1.1.4　液压系统的组成部分及作用

由若干液压元件和管路组成以完成一定动作的整体称液压系统。如果液压系统中含有

伺服控制元件(如伺服阀和伺服变量泵),则称液压伺服(控制)系统。如果不使用或未明确说明使用了伺服控制元件,则称液压传动系统。本书中的液压系统都是指液压传动系统。

液压系统功能不一、形式各异,无论是简单的液压千斤顶,还是其他复杂的液压系统,都包括如图 1-2 所示的几部分。

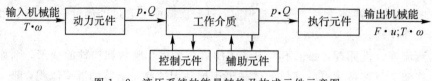

图 1-2 液压系统的能量转换及构成元件示意图

1. 动力元件

动力元件又称液压泵,其作用是利用密封的容积变化,将原动机(如内燃机、电动机)的输入机械能(扭矩 T,转速 ω)转变为工作液体的压力能(即液压能,压力 p,流量 Q),是液压系统的能源(动力)元件。

2. 执行元件

将液压能转换为机械能的装置称为执行元件。它是与液压泵作用相反的能量转换装置,是液压缸和液压马达的总称。前者是将液压能转换成往复直线运动的执行元件,输出力(F)和速度(u);后者是将液压能转换成连续旋转运动的执行元件,输出扭矩(T)和转速(ω)。摆动液压马达(习惯称摆动液压缸)不可连续回转,只能往复摆动(摆动角小于 $360°$)。

3. 控制元件

液压系统中控制液体压力、流量和流动方向的元件,总称为控制元件,通常称为液压控制阀,简称液压阀、控制阀或阀。

4. 辅助元件

辅助元件包括油箱、管道、管接头、滤油器、蓄能器、加热器、冷却器等。它们虽然被称为辅助元件,但在液压系统中是必不可少的。它们的功能是多方面的,各不相同。

5. 工作介质

液压系统的工作介质为液体,通常是液压油。它是能量的载体,也是液压传动系统最本质的组成部分。液压系统没有工作介质也就不能构成液压传动系统,其重要性不言而喻。

某液压系统的构成元件示意图和职能符号图如图 1-3 所示。

1.1.5 液压传动系统的图示方法

液压传动系统的图示方法有三种:

1. 装配结构图

装配结构图能准确地表达系统和元件的结构形状、几何尺寸和装配关系,但绘制复杂,不能简明、直观地表达各元件的功能。它主要用于设计、制造、装配和维修等场合,在系统性能分析和设计方案论证时不宜采用。

2. 结构原理图

结构原理图可以直观地表达各种元件的工作原理及在系统中的功能,并且比较接近元件的实际结构，故易于理解和接受。但图形绘制仍比较复杂，难于标准化，并且它对元件的结构形状、几何尺寸和装配关系的表达也很不准确。这种图形不能用于设计、制造、装配和维修，对于系统分析又过于复杂，它常用于液压元件的原理性解释、说明以及理论分析和研究。

3. 职能符号图

在液压系统中，凡是功能相同的元件，尽管结构和原理不同，均用同一种符号表示。这种仅仅表示功能的符号称为液压元件的职能符号。因此，用职能符号绘制液压系统图时，它们只表示系统和各元件的功能，并不表示具体结构、参数以及具体安装位置(见图1-3(b))。

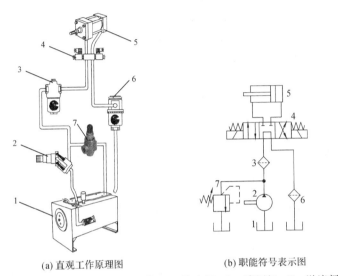

(a) 直观工作原理图　　　　(b) 职能符号表示图

1—油箱；2—液压泵；3、6—滤油器；4—换向阀；5—液压缸；7—溢流阀

图 1-3　某液压系统的构成元件示意图和职能符号图

职能符号图的图形简洁标准、绘制方便、功能清晰、阅读容易，便于液压系统性能的分析和设计方案的论证。

职能符号图是一种工程技术语言。我国制定的液压和气动职能符号标准与国际标准和多数发达国家的标准十分接近，是一种通用的国际工程技术语言。部分常用液压气动元件职能符号见附录。

用职能符号绘制液压系统图时，如果无特别说明，均指元件处于静态或零位。常用的方向性的元件符号(如油箱等)必须按规定绘制，其他元件符号也不得任意倾斜。如果必须说明某元件在液压系统中的动作原理或结构，允许局部采用结构原理图表示。

1.2　液压传动的特点及应用

1.2.1　液压传动的特点

与其他传动相比，液压传动具有以下优点：

(1) 液压缸执行元件易于实现直线往复运动，并能输出较大的力。

(2) 液压传动易于实现过载保护，并能在很大范围内实现无极调速。

（3）液压马达与电动机相比，具有质量轻、体积小、惯性小、响应快等突出优点。液压马达单位功率的质量仅为电动机的 1/10 左右，故其加速性能好。液压马达的这种特点对伺服控制系统具有重大意义，它可以提高系统的动态性能。

（4）液压传动装置的速度刚度大，因此，加上负载后速度的变化很小。

（5）低速大扭矩液压马达低速运转平稳，输出扭矩大，可直接与工作机构相连。

（6）液压系统通常以液压油作为工作介质，具有良好的润滑条件，可延长元件使用寿命。

（7）液压元件易于实现标准化、系列化和通用化，便于设计、制造和推广应用。

液压传动与电力、机械传动相比，虽然有突出的优点，但也存在一些缺点，如：液压能的获得没有电能的获得方便，液压传动系统的成本相对较高，液压系统的效率较低，液压系统存在泄漏问题，液压系统对油液污染敏感，液压系统检修困难，液压系统对温度敏感等。

总之，液压传动与其他传动方式相比，因其显著的技术优点而在现代化生产的各个领域获得了广泛应用，其缺点随着科学技术的进步也正在逐步得到改进。

1.2.2　液压传动的应用

由于液压传动和控制技术具有独特的优点，从民用到国防以及从一般传动到精度很高的控制系统都得到了广泛的应用，近 30 年尤其如此。

在国防工业中，陆、海、空、火箭军的很多武器装备都采用了液压技术，如民用客机的操舵装置、起落架和发动机自动调速装置，坦克的稳定系统，火炮的随动系统，军舰炮塔的瞄准系统和稳定装置，导弹和火箭的发射控制系统等。

机床工业是应用液压技术最早的行业，目前机床传动系统有 85% 采用了液压传动和控制技术，如磨床、刨床、铣床、插床、车床、剪床、组合机床和压力机等。

在工程机械中也普遍采用了液压技术，如挖掘机、轮船转载机、汽车起重机、履带推土机、自行铲运机和振动式压路机等。

在汽车工业中，液压越野汽车、液压自卸汽车、消防车等均采用了液压技术。

在冶金工业中，电炉的自动控制系统、轧钢机的控制系统、平炉的装料装置、转炉和高炉的控制系统、带材跑偏及恒张力装置等都采用了液压技术。

在船舶工业中，液压技术的应用也很普遍，如液压控泥船、水翼船、气垫船和船舶辅助装置等。

在轻纺化工和食品行业中，如纺织机、印刷机、塑料注射机、食品包装机和瓶装机等也采用了液压技术。

近几年来，在太阳能跟踪系统、海浪模拟装置、船舶驾驶模拟系统、地震模拟装置、宇航环境模拟系统、核电站防震系统等高技术领域，也采用了液压技术。

总之，一切工程领域，凡是有机械设备的场合，均可采用液压技术。在大功率和自动控制的场合，尤其需要采用液压技术。液压技术的应用有着光明前景。

本 章 小 结

　　液压传动是利用密闭在管路中的受压液体来传递力和运动的。液压系统在传递力时基于帕斯卡原理；在传递运动时遵守液流连续性原理和能量守恒定律。流量和压力是液压系统的最重要参数。系统压力取决于负载，系统流量决定执行元件的速度。液压系统由液压动力元件、执行元件、控制元件、辅助元件和工作介质组成。

　　本章对液压系统传动的特点、应用、发展历史、现状和发展趋势做了概述。

思 考 与 练 习

1-1　什么是液压传动？其基本工作原理是什么？

1-2　概述液压系统的组成及作用。

1-3　概述液压传动的特点并举出一些应用实例。

第 2 章　液压流体力学基础

2.1　工　作　介　质

2.1.1　液压油的主要物理特性

1. 密度

密度定义为单位体积液体的质量，用 ρ 表示，即

$$\rho = \frac{m}{V} \tag{2-1}$$

式中，m——体积为 V 的液体的质量，单位为 kg；

　　　V——液体的体积，单位为 m^3。

密度 ρ 是平均值，随温度升高而减小和压力升高而变大，但变化甚小，可视为常量。

2. 黏性和黏度

流体分子间的内聚力（引力）阻止分子间的相对运动而产生内摩擦力的特性称流体的黏性。黏度是对流体阻力（内摩擦力）的度量，即黏滞程度的定量表示。

1）牛顿内摩擦定律——黏度表达式

牛顿研究了流体的相对运动，于 1686 年提出了黏性流体的内摩擦定律（见图 2-1）：

$$F = \pm \mu A \frac{\mathrm{d}u}{\mathrm{d}y} \tag{2-2}$$

或者

$$\tau = \pm \frac{F}{A} = \pm \mu \frac{\mathrm{d}u}{\mathrm{d}y} \tag{2-3}$$

式中，A——平板与流体的接触面积，单位为 m^2；

　　　F——相对运动层内摩擦力，单位为 N；

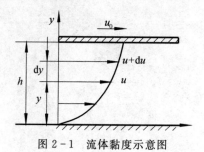

图 2-1　流体黏度示意图

τ——液体内部的剪切应力（单位面积上内摩擦力），单位为 Pa 或 N/m^2；

$\dfrac{\mathrm{d}u}{\mathrm{d}y}$——速度梯度，单位为 s^{-1}；$u$ 随 y 增大取"＋"号，反之取"－"号；

μ——比例系数，称为动力黏度，单位为 Pa·s。

式(2-2)和式(2-3)即为著名的一维黏性定律，又称为牛顿内摩擦定律或黏性定律。这个定律表明流体在流动过程中流体层间所产生的剪切力（或内摩擦力）与法向速度梯度成正比，与流层间的接触面积成正比，随流体的物理性质而改变，与压力无关。

2）黏度的表示方法和单位

（1）动力黏度。式(2-3)中的 μ 为由油液（液体）种类和温度决定的比例系数，它表示液体黏性的内摩擦程度，称动力黏度或绝对黏度，可表示为

$$\mu = \frac{\tau}{\mathrm{d}u/\mathrm{d}y} \tag{2-4}$$

由式(2-4)知，μ 为单位速度梯度下单位面积上的内摩擦力，单位为 Pa·s＝N·s/m^2。满足式(2-2)或式(2-3)的流体（如油液、水、空气）称为牛顿流体，反之称为非牛顿流体（如胶质溶液、高分子溶液等）。

（2）运动黏度。运动黏度为动力黏度和密度的比值，用 υ 表示，即

$$\upsilon = \frac{\mu}{\rho} \tag{2-5}$$

运动黏度 υ 没有明确的物理意义，但在理论分析中常用到。因 υ 在其单位中只有长度和时间的量纲，故称为运动黏度。υ 的单位为 m^2/s，常用单位为 mm^2/s。工程中液体的黏度常用运动黏度表示，如机械油的牌号就是以这种油液在 40℃时的运动黏度 υ(mm^2/s)的平均值（或中心值）来表示的。

（3）相对黏度。直接测量动力黏度很不方便，在工程上常采用更为简单的方法，即用实验的方法测量液体的相对黏度（又称条件黏度）。它采用规定的黏度计，在规定的条件下测量液体的黏度。根据测量方法和条件不同，相对黏度有多种，中国和一些欧洲国家采用恩氏黏度(°E)，英国采用商用雷氏黏度(°R)，美国采用国际赛氏黏度(SSV)。

恩氏黏度由恩氏黏度计测定：将 200cm^3 的被测液体装入底部有 ϕ2.8mm 小孔的恩氏黏度计中，在某特定温度 T(℃)时，测定全部液体在自重作用下流过小孔所需的时间 t_1，与 20℃的同体积的蒸馏水流过同一小孔所需的时间 t_2 的比值，即该液体在 T(℃)时的恩氏黏度，用符号°E 表示：

$$°E = \frac{t_1}{t_2} \tag{2-6}$$

工业上常用 20℃、50℃和 100℃作为测定恩氏黏度的标准，分别以相应符号°E$_{20}$、°E$_{50}$、°E$_{100}$ 表示。

恩氏黏度与运动黏度(m^2/s)的换算关系为

$$\upsilon = \left(7.31°E - \frac{6.31}{°E}\right) \times 10^{-6} \,(\mathrm{m}^2/\mathrm{s}) \tag{2-7}$$

3）黏温特性

油液黏度随温度升高（降低）而变小（大）的特性称为黏温特性，可用黏度—温度曲线表示。部分液压介质的黏度—温度特性曲线如图 2-2 所示。

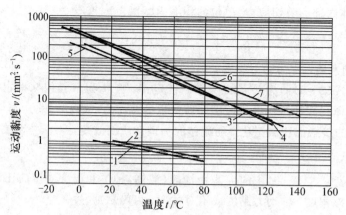

1—水；2—高水基液压液；3—磷酸酯；4—矿物油型液压油；
5—高黏度液压油；6—水—乙二醇；7—合成酯
图 2-2 部分液压介质的黏度—温度特性曲线

油液黏度随温度变化的程度，常用黏度指数 VI 来度量。黏度指数 VI 值愈高，表示油液黏度受温度的影响愈小，其黏温特性愈好。一般液压系统要求 VI＞90，优异的 VI 值在 100 以上。VI 值不必计算，可以根据有关国家标准查出。

4）黏压特性

油液黏度随压力的升高（降低）而增大（减小）的特性称黏压特性。一般而言，对中低压传动系统，温度和压力对黏度的影响可不计。但对于高压系统，必须考虑压力、温度，甚至混入的气体对黏度的影响。

3. 可压缩性和膨胀性

油液压缩性的大小以体积压缩系数 β_p 来表示，指系统稳定时，每增加单位压强所引起的体积相对变化量，即

$$\beta_p = -\frac{dV/V}{dp} = -\frac{1}{V}\frac{dV}{dp} \tag{2-8}$$

因为压强增加，体积减小，即 dp 为正时，dV 为负，故式（2-8）右端冠以负号，使 β_p 为正。体积压缩系数 β_p 的倒数，称为弹性模量 E，即

$$E = \frac{1}{\beta_p} \tag{2-9}$$

液体的弹性模量与压强、温度有关。以水为例，由于水的弹性模量受温度及压强的影响而变化的量很小，在工程中常将这种微小变化忽略不计。因此，工程上认为水是不可压缩的。

液体膨胀性的大小用体积膨胀系数 β_t 来表示，指当压强一定时，每增加单位温度所产生的体积相对变化量，即

$$\beta_t = \frac{dV/V}{dt} = \frac{1}{V}\frac{dV}{dt} \tag{2-10}$$

因温度增加，体积膨胀，故 dt 与 dV 正负号相同。

液体的膨胀系数也与液体的压强、温度有关。由于水的膨胀性或膨胀系数都很小，其他液体也与水类似，其压缩系数和膨胀系数也很小，所以常将液体称为不可压缩流体，油

液也适用。

4. 液压油的其他性质

液压系统的工作介质还有许多其他性质，如物理性质有抗凝性、抗燃性、抗泡沫性、抗氧化性、抗乳化性、防锈性和润滑性等；化学性质有热稳定性、氧化稳定性、水解稳定性和相容性等。这些性质对液压系统的工作性能也有较大影响。

2.1.2　对液压油的一般要求

各种液压系统的功能、工作参数、应用环境和使用条件不同，对工作介质的要求也不同。但对以油液为工作介质的液压系统，一般有如下要求。

(1) 适当的黏度和良好的黏温特性。油液黏度过高，运动部件阻力增大，升温快，管道压力损失增加，可能导致液压系统产生吸空或气穴现象。油液黏度过低，容积损失增大，润滑性变差，可能导致干摩擦，机械损失增加，运动件磨损加快。所以黏度应适当。

(2) 良好的相容性。油液必须与系统的材料(金属、橡胶、塑料、涂料等)具有良好的相容性，否则会使密封件的密封性能和力学性能变差或损坏。溶解的涂料会使油液污染、变质，这是十分有害的。

(3) 良好的抗磨性(润滑性)。这与油液黏度相关，一般来说，黏度大的油液抗磨性好。特殊情况下应考虑选择抗磨液压油。

(4) 良好的抗氧化稳定性和热稳定性。油液被氧化后产生酸性物质，容易造成材料表面腐蚀。氧化生成的黏滞状物易造成滤油器堵塞，影响系统正常工作。油液在较高温度下很少或不发生裂化及交合化学作用，使长链分子破坏，产生树脂状沥青、焦油等有害物质。

(5) 良好的流动性和抗燃性。良好的流动性意味着油液的凝点要低，使系统可在较低温度下启动和运行。良好的抗燃性要求油液的闪点和燃点要高，这对于接近高温热源或明火的液压设备来说是十分重要的。

(6) 良好的抗乳化性和抗泡沫性。良好的抗乳化性要求油液与水接触时不形成乳化液，而是使水成自由状态，以便分离出来。油液中混入空气是极为有害的，良好的抗泡沫性要求当空气混入时，油液内不易产生微小气泡或泡沫，即使产生了，也会迅速长成大气泡逸出而自行破灭。

(7) 清洁性好。清洁的油液是保证液压系统正常工作的重要条件。良好的清洁性要求油液中水分、灰分、酸性物质尽可能少。

(8) 良好的使用特性。要求油液无毒、无害和对人体无明显刺激作用，容易保存，成本低，经济性好。

为使油液满足上述单项或多项要求，要在油液中加入各种添加剂，如抗磨剂、抗压剂、抗氧化剂、防锈剂、防腐剂、抗泡沫剂、降凝剂和黏度指数改进剂等。

2.1.3　液压工作介质的类型

液压传动的工作介质(液压油)可分为矿物(石)油基液压油和难燃液压油。

1. 矿物(石)油基液压油

矿物(石)油基液压油是以石油的精炼物为基础，加入各种添加剂调制而成的。在 ISO

分类中，产品型号为 HH、HM、HL、HR、HG、HV、HS 的油液为矿物（石）油基液压油。该类产品品种多、成本较低、性能好、需要量大、使用范围广，为液压系统的主导工作介质（占总量的 85% 左右）。

1）HH 液压油

HH 液压油是一种基础性或母液压油——不含任何添加剂的精炼矿物油。其他各种液压油都是在此基础上加入不同添加剂调制而制成的。它虽列入液压油的分类中，因其稳定性差、易起泡等，不宜作为传动介质使用。

2）HL 液压油

HL 液压油是普通液压油，俗称机械油，其中 H 表示液压系统用的工作介质，L 表示润滑剂和有关产品，有 HL10、HL15、HL22、HL32、HL45、HL100 等品种。数字序号表示该种产品在 40℃时的运动黏度（mm^2/s），可用于低压液压系统和机床主轴箱、齿轮箱的润滑。

3）HM 液压油

HM 液压油有 HM15、HM22、HM32、HM46、HM68、HM100、HM150 等品种，它是在 HL 的基础上添加油性剂、极压抗磨剂、金属钝化剂等制成的。它广泛用于各类低、中、高压液压系统及中等负荷的机械润滑部位。

4）HR 液压油

HR 液压油有 HR15、HR32、HR46 等品种。它是在 HL 液压油基础上，添加黏度指数改进剂而制成的。油液黏度随温度变化小（黏温特性好），黏度指数高，又称高黏度指数液压油或数控液压油。它适用于数控机床中的液压系统或装有伺服阀的液压系统。

5）HG 液压油

HG 液压油有 HG32、HG68 两种品种。它是在 HM 液压油的基础上添加抗黏滑剂而制成的，适用于导轨和液压系统共用一种油液的机床，具有良好润滑性和防止低速爬行特性，称为导轨液压油。

6）HV 液压油与 HS 液压油

HV 液压油即低温液压油，又称低凝工程稠化液压油。它有 HV15、HV22、HV32、HV46、HV68、HV100 等品种。它是在 HM 液压油的基础上添加了降凝剂，改善了低温性能。该产品适用于 −40～−20℃的工作环境，适用于寒冷环境下的中、低、高压液压系统，如常被工作条件恶劣的户外工程机械液压系统所采用。

HS 液压油也是低温液压油，有 HS10、HS22、HS32、HS46 等品种。它的低温黏度比 HV 液压油更小，主要用于严寒地区。

在 ISO 分类标准之外还有一些专用液压油，它们的质量标准等级大多数为军标或企业标准，如航空液压油、炮用液压油、舰用液压油等。

（1）航空液压油。石油基基础油本身具备优异的低温使用特性，因此石油基航空液压油常用于起落架液压系统等对低温要求较高的地方。航空液压油有国产 10 号航空液压油（YH-10）、国产 15 号航空液压油（YH-15）、俄罗斯（前苏联）AMG-10 航空液压油等。

该类液压油具有良好的黏温性、低温性和氧化稳定性。在常温下黏度偏低，且价格昂贵，主要用于飞机液压系统。地面高压、高品质液压系统也可选用本产品。

（2）炮用液压油。该产品是添加了增黏、防锈、抗氧化剂而制作的低黏度、低凝点液压油，用于高射炮和坦克稳定性液压系统。

（3）舰用液压油。该产品为精制液压油，含有增黏、抗氧、防锈、抗磨、抗泡沫等多种添加剂，适用于各种舰船液压系统。

2. 难燃液压油

难燃液压油可分为 3 种，分别为高水基液压油、合成液压油和纯水。

1）高水基液压油

高水基液压油分为高水基乳化液（HFAE）、高水基合成液（HFAS）、高水基微孔乳化液（HFAM）和油包水乳化液（HFB）。高水基乳化液通常称为水包油乳化液，有 HFAE7、HFAE10、HFAE15、HFAE22、HFAE32 5 个品种。它由 95％的水和 5％的矿物油（或其他型油类）及多种添加剂的浓缩液混合而成，形成以水为连续相、油为分散相的水包油型液压油，呈乳白色。国内煤矿液压系统的支架系统（高压）广泛使用这种液压油。

高水基合成液不含油，是由 95％的水和 5％的含有多种水溶性添加剂的浓缩液混合而成的，呈透明状，抗磨性优于 HFAE，适用于低压系统。

高水基微孔乳化液是由 95％的水和 5％的含有高级润滑油与多种添加剂（含油性和极压添加剂）的浓缩液混合而成的，呈半透明状。它与 HFAE 的主要区别是油以非常微小粒子（2 μm）的形式分散在水中，兼有 HFAE 和 HFAS 的优点，适用于中低压液压系统。

油包水乳化液是由 40％的水和 60％的精制矿物油和多种添加剂混合而成的，油为连续相，水为分散相，呈乳白色。其性能接近液压油，价格低，乳化稳定性差。在冶金轧钢的中低液压系统中应用较多。该产品有 HFB22、HFB32、HFB46、HFB68、HFB100 5 个品种。

2）合成液压油

合成液压油包括 HFC（水—乙二醇）和 HFDR（无水合成液）两种。HFC 中水占 35％～55％，乙二醇占 20％～40％，增黏剂约占 10％～15％，其余为添加剂。HFC 具有良好的抗燃性，主要用于防火液压系统，可在 -20～65℃ 环境中使用，黏度指数 VI=140～170，稳定性好，使用寿命长。在武钢和宝钢等进口液压设备中大量使用。该产品有 HFC15、HFC22、HFC32、HFC46、HFC68、HFC100 6 个品种。

HFDR 中应用较多的是磷酸酯合成液，该产品有 HFDR15、HFDR22、HFDR32、HFDR46、HFDR68 5 个品种，工作温度为 -20～65℃。它以无水磷酸酯为基础，加各种添加剂制成，抗燃性好；缺点是价格昂贵（为一般液压油的 5～8 倍），对环境污染严重，有刺激性气味和轻微毒性，与普通橡胶密封件和涂料不相容，适用于需要抗燃的高温高压系统。

3）纯水

水是液压传动最早使用的介质，后因其缺陷被液压油取代。目前液压工作介质中，油液仍占主体地位。随着人们对环境安全和可持续发展的重视及绿色概念的流行，人们发现作为液压技术弃儿的水有环保、安全和价格低廉等优点，从而重新被重视，这就产生了纯水液压技术。但纯水固有的缺点并没有消失，人们寄希望于材料科学和新工艺、新的设计理念。纯水液压技术的发展尚有许多困难，但应引起足够重视。

2.1.4　工作介质的选择和使用

1. 工作介质的选择

正确选择液压系统的工作介质，对于保障液压系统的性能、提高其可靠性和延长其使用寿命都是极其重要的。正确选择工作介质的步骤可概括为：根据环境条件选择工作介质的类型，根据系统性能选择工作介质的品种并进行经济性的综合评价。

1）根据环境条件选择工作介质的类型

通常情况下应首先考虑矿物（石）油基液压油作为工作介质；在有高温热源、明火、瓦斯、煤尘等易爆易燃环境下，应当选择 HFA 或 HFB 型乳化液（难燃液压油）；在食品、粮食、医药、包装等对环境安全要求较高的液压系统中，应选择纯水或高水基乳化液（HFA）作为工作介质。在高温环境下，应选择高黏度液压油。在低温环境下，应选择低凝点液压油。若环境温度变化范围较大，应选择高黏度指数或黏温特性优良的液压油。

2）根据系统性能选择工作介质的品种

确定液压油类型后，应根据液压系统的性能和使用条件，如工作压力、泵的类型、工作温度及变化范围、系统的运行和维护时间，选择液压油的品种。液压系统工作介质的主要指标是黏度和黏度指数 VI。试验证明，液压泵的最佳工作黏度接近最小允许黏度。通常要求黏度指数 VI>90，要求较高时 VI>100。

液压油的选择可参看表 2-1。

表 2-1　根据环境及工况条件选择液压液实例

工况　环境	压力：小于 7 MPa 温度：50℃以下	压力：7~14 MPa 温度：50℃以下	压力：7~14 MPa 温度：50~80℃以下	压力：14 MPa 以上 温度：80~100℃
室内、固定液压设备	HL	HL 或 HM	HM	HM
露天、寒冷或严寒区	HR 或 HV	HV 或 HS	HV 或 HS	HV 或 HS
高温或明火附近，井下	HFAS 或 HFAM	HFB、HFC 或 HFAM	HFDR	HFDR

3）经济性的综合评价

要得到较好的经济综合指标，需要综合考虑液压油成本、使用寿命、维护及安全周期等情况。

2. 工作介质的使用和维护

国内外大量统计资料表明，在液压系统的故障中，70%~80%是对液压油的使用和管理不当引起的。为保证液压系统长期有效、可靠地工作，应特别注意液压油的使用和维护。

1）使用前检查

使用前应验明液压油品种、牌号和性能是否符合液压系统技术要求；新液压系统首次注入油液或老系统换油时，应对系统进行清洗；新注入的油液必须经过过滤、净化，使油液中污染物符合技术要求；油液不能随意混用；未使用的油液应按技术要求存放。

2）使用中的管理和维护

（1）控制液压油的工作温度。液压系统的启动温度以 15～30℃为宜，工作温度以 40～50℃为宜，因而油箱中应设置热交换器；对于要求高的系统，还必须设置温度控制器。

（2）定期抽样检验及更换。液压油应定期更换，它的酸值、黏度、水分及杂质是确定其是否需要更换的重要指标。

（3）污染控制。液压油的污染是液压系统发生故障的主要原因，所以使用中要随时对污染进行控制。

2.2　液体静力学

2.2.1　液体的静压力

静止液体单位面积上所受的法向力称为静压力，物理学中称为压强。但在液压传动中习惯称为压力，用 p（单位为 Pa）表示。

静止液体内某点处微小面积 ΔA 上作用有法向力 ΔF，则压力可表示为

$$p = \lim_{\Delta A \to 0} \frac{\Delta F}{\Delta A} \tag{2-11}$$

若法向作用力 F 均匀地作用在面积 A 上，则压力可表示为

$$p = \frac{F}{A} \tag{2-12}$$

液体静压力具有以下特征：

（1）液体静压力沿着内法线方向作用于受压面，即静止液体只承受法向压力，不承受剪切力和拉力，否则就破坏了液体静止的条件。

（2）静止液体内，任意一点所受到的静压力在各个方向上都相等。

2.2.2　液体静力学基本方程

如图 2-3 所示，静止液体中任意点 1 到液面的高度为 h，则该点的压力计算式为

$$p = p_0 + \rho g h \tag{2-13}$$

式中，p——静止液体内任意一点的压力；

p_0——作用于液体表面的压力；

ρg——液体重度。

由式（2-13）可知液体压力分布具有如下特征：

（1）静止液体中任意一点的压力为液体表面压力与液重压力 $\rho g h$ 之和。

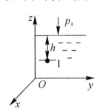

图 2-3　静止液体

（2）静止液体内的压力随深度 h（该点到液面的高度）呈线性增长。

（3）静止液体内深度相同的各点压力都相等。压力相等的点组成的面叫做等压面。在重力作用下静止液体中的等压面是一簇水平面。

2.2.3 压力单位和测量基准

在国际单位制中，压力的单位是 Pa，1 Pa＝1 N/m²，工程上常用 MPa(10^6 Pa)或 bar (10^5 Pa)作为计量单位，有些场合还用水柱或汞柱作为计量单位。其换算如下：

$$1 \text{ 标准大气压(atm)} = 760 \text{ mmHg} = 1.01\ 325 \times 10^5 \text{ Pa}$$

$$1 \text{ 工程大气压(bar)} = 9.8 \times 10^4 \text{ Pa} = 10 \text{ mH}_2\text{O}$$

流体静压力有 3 种计量方法，分别为绝对压力、相对压力和真空度。三者之间的关系如图 2-4 所示。

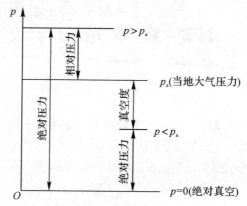

图 2-4　绝对压力、相对压力和真空度

以绝对真空为起点计量的压力，称为绝对压力。

以当地大气压为起点向上计量的压力，称为相对压力（表压力）；相对压力越大，绝对压力也越大，两者之间的关系为

$$\text{相对压力} = \text{绝对压力} - \text{当地大气压力}$$

以当地大气压力为起点向下计量的压力，称为真空度，真空度越大则绝对压力越小，两者之间的关系为

$$\text{真空度} = \text{当地大气压力} - \text{绝对压力}$$

2.3　液体动力学基础

2.3.1　基本概念

1. 理想液体

液体具有黏性，在流动中会产生阻力，液体的黏性在液体的流动过程中起着很重要的作用。但是为了研究问题的方便，在某些场合，可不考虑液体的黏性，因此，我们把假定没有黏性，即其黏度为 0 的液体称为理想液体或无黏性液体。

2. 定常流动

液体流动时，如果液体中任何一点的压力、速度和密度等运动参数都不随时间的变化而变化，这样的液体流动称为定常流动。

3. 流量与平均流速

液体在管道中流动时，其垂直于流动方向的截面称为过流断面，单位时间内流过某一过流断面的液体体积称为体积流量（或流量），流量常用符号 Q 表示，单位为 m^3/s，实际中使用的单位有 L/min 或 mL/s。

在同一过流断面上，各点速度 u 对断面 A 的算术平均值，称为该断面的平均速度，用 v 表示，则平均流速为

$$v = \frac{Q}{A} \tag{2-14}$$

在液压传动系统中，液压缸的有效面积 A 是一定的，根据式（2-14）可知，活塞的运动速度 v 由进入液压缸的流量 Q 决定。

2.3.2　伯努利方程

1. 理想液体的伯努利方程

在理想液体定常流动中，取一流束，如图 2-5 所示。截面 A_1 的流速为 v_1，压力为 p_1，位置高度为 z_1；截面 A_2 的流速为 v_2，压力为 p_2，位置高度为 z_2，则有如下方程：

$$z_1 + \frac{p_1}{\gamma} + \frac{v_1^2}{2g} = z_2 + \frac{p_2}{\gamma} + \frac{v_2^2}{2g} \tag{2-15}$$

式中，z——单位重量液体的位能，或位置水头；

$\frac{p}{\gamma}$——单位重量液体的压力能，或压力水头；

$\frac{v^2}{2g}$——单位重量液体的动能，或速度水头。

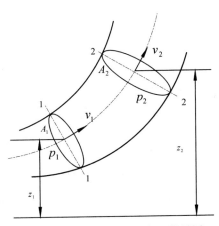

图 2-5　理想液体伯努利方程推导图

式（2-15）称为理想液体的伯努利方程，或称为理想液体的能量方程。如图 2-6 所示为不可压缩理想液体伯努利方程的意义。

由于理想液体没有能量损失，不可压缩理想液体伯努利方程说明在理想液体中，液体的总机械能（包括位能、压力能和动能）守恒。可见，伯努利方程实质就是物理学能量守恒定律在流体力学上的体现。

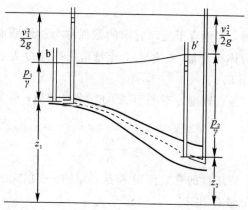

图 2-6　不可压缩理想液体伯努利方程的意义

2. 实际液体的伯努利方程

实际液体在管道内流动时，由于液体存在黏性，会产生内摩擦力而消耗能量；同时由于管道的形状和尺寸的变化，液流会产生扰动而消耗能量。因此，实际液体流动时存在能量损失，设单位重量液体在两截面之间流动的能量损失为 h_w。

另外，因实际流速 u 在管道通流截面上的分布是不均匀的，为方便计算，一般用平均流速代替实际流速计算动能。显然，这将产生计算误差。为修正这一误差，引进了动能修正系数 α，实际近似计算时常取 $\alpha = 1$。

在引进了能量损失 h_w 和动能修正系数 α 后，实际液体的伯努利方程表示为

$$z_1 + \frac{p_1}{\gamma} + \frac{\alpha_1 v_1^2}{2g} = z_2 + \frac{p_2}{\gamma} + \frac{\alpha_2 v_2^2}{2g} + h_w \qquad (2-16)$$

式(2-16)的应用条件是：

(1) 不可压缩的液体作定常流动。

(2) 液体所受质量力仅为重力。

(3) 液流在所取计算点处的通流截面上为缓变流动。所谓缓变流动是指流线之间的夹角很小，曲率半径很大，即流线近似于平行的液流。

伯努利方程是流体力学的重要方程，在液压传动中常与连续性方程一起应用来求解系统中的压力和速度问题。

在液压传动中，管路中的压力常为十几个大气压到几百个大气压，而大多数情况下管路中油液流速不超过 6 m/s，管路安装高度差也不超过 5 m。因此，系统中油液流速变化引起的动能变化和高度变化引起的位能变化相对压力能来说可忽略不计，于是伯努利方程(2-16)可简化为

$$p_1 - p_2 = \Delta p = \gamma h_w \qquad (2-17)$$

因此，在液压传动系统中，能量损失主要为压力损失 Δp。这也表明液压传动是利用液体的压力能来工作的，故又称为静压传动。

2.3.3　动量方程

流动液体的动量方程是流体动力学基本方程之一，它是研究液体运动时动量的变化与

作用在液体上的外力之间的关系。在液压传动中,经常要计算液流作用在固体壁面上的总作用力,这时利用动量方程求解比较方便。它是刚体力学中动量定理在流体力学中的具体应用。

如图 2-7 所示,设流量为 Q,截面 A_1、A_2 的液流速度分别为 v_1、v_2,经理论推导得知,截面 A_1、A_2 及周围边界构成的控制体所受到的外力为

$$\sum \boldsymbol{F} = \rho\, Q(\beta_2\, \boldsymbol{v}_2 - \beta_1\, \boldsymbol{v}_1) \tag{2-18}$$

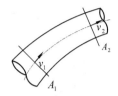

图 2-7 动量方程示意图

式(2-18)为定常流动液体的动量方程,是一个矢量式。

在工程计算中,β 为动量修正系数,可取 $\beta_1 = \beta_2 = 1$,将上述矢量方程投影在三个坐标轴上,可得到动量方程的实用形式,即

$$\begin{cases} \sum F_x = \rho\, Q(v_{2x} - v_{1x}) \\ \sum F_y = \rho\, Q(v_{2y} - v_{1y}) \\ \sum F_z = \rho\, Q(v_{2z} - v_{1z}) \end{cases} \tag{2-19}$$

动量方程通常用来确定流体与固体壁面之间的相互作用力,是一个重要方程。

2.4 液体流动中的压力损失

实际液体在管道中流动时,由于具有黏性而产生摩擦,故有能量损失。在液压传动中,能量损失主要表现为压力损失。

压力损失过大也就意味着液压系统中功率损耗的增加,这将导致油液发热加剧、泄漏量增加、效率下降和液压系统性能变坏。因此在液压系统中正确估算压力损失的大小,从而寻求减少压力损失的途径是有其实际意义的。

2.4.1 层流、湍流和雷诺数

1883 年,英国物理学家雷诺(Osborne Reynolds)通过大量实验观察水在圆管内的流动情况,发现了液体在管道中流动时存在两种不同的状态,即层流和湍流。雷诺实验装置如图 2-8 左图所示。

实验时阀门 1 保持水箱 2 中水位恒定,使液流处于恒定流动状态;水管 3 上相距为 l 处分别装有一根测压管,用来测量流过 l 路程时的沿程损失 h_f,先将阀门 5 微微开启,再开启阀门 4,此时在玻璃管内可以看见从阀门 4 中流出的一条细直且鲜明的有色流束,这表明水管中的水流是分层的,而且层与层之间互不干扰,这种流动状态称为层流(如图 2-8(a)所示)。

逐渐开大阀门5,管内的流速随之增大,有色流束开始波状脉动(如图2-8(b)所示),当流速超过一定值时,有色液体完全混合于清水中,这表明此时水管3中水流的运动是杂乱无章的,这种流动状态称为湍流(如图2-8(c)所示)。

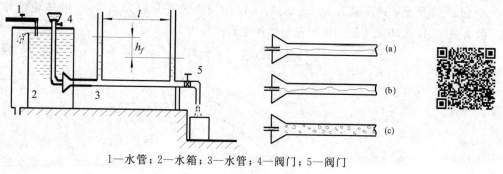

1—水管;2—水箱;3—水管;4—阀门;5—阀门

图2-8 雷诺实验装置

实验表明:液体在圆管中的流动状态不仅与管内的平均流速有关,还与管径d、液体的运动黏度v有关;通过进一步分析雷诺实验结果可知,决定液流流动状态的是用这3个数所组成的一个称为雷诺数Re的无量纲数,即

$$Re = \frac{vd}{v} \tag{2-20}$$

式中,v——液体在管内的平均流速,单位为m/s;

d——管道的内径,单位为m;

v——液体的运动黏度,单位为m^2/s。

这就是说,液体流动时的雷诺数若相同,则它的流动状态也相同。另一方面,液流由层流转变为湍流时的雷诺数和由湍流转变为层流的雷诺数是不同的,前者称为上临界雷诺数,后者为下临界雷诺数,后者数值较小,所以一般都用后者作为判别液流状态的依据,简称临界雷诺数Re_c。雷诺数的物理意义是:雷诺数是液流的惯性力与黏性力的无因次比。

当液体实际流动时的雷诺数小于临界雷诺数($Re < Re_c$)时,液流为层流,反之液流则为湍流。常见的液流管道的临界雷诺数可由实验求得,如表2-2所示。

表2-2 常见管道临界雷诺数

管道形式	Re_c	管道形式	Re_c
光滑金属管	2000~2300	带环槽的同心环状缝隙	700
橡胶软管	1600~2000	带环槽的偏心环状缝隙	400
光滑的同心环状缝隙	1100	圆柱形滑阀阀口	260
光滑的偏心环状缝隙	1000	锥阀阀口	20~100

2.4.2 压力损失

液体在流动的时候产生的压力损失可分为两种:沿程压力损失和局部压力损失。

1. 沿程压力损失

沿程压力损失是指液体在等截面直管道中流动时因黏性摩擦而产生的压力损失。液体的流动状态不同，所产生的沿程压力损失值也不同。

1）层流沿程压力损失

管道内流动的液体为层流时，液体质点作层状运动，经理论推导和实验证明，沿程压力损失 Δp_λ 可用以下公式计算：

$$\Delta p_\lambda = \lambda \frac{l}{d} \frac{\rho v^2}{2} \qquad (2-21)$$

式中，λ——沿程阻力系数，其值仅与雷诺数有关，考虑到其他因素的影响，一般金属圆管取 $\lambda = 75/\text{Re}$，橡胶管取 $\lambda = 80/\text{Re}$；

l——管长，单位为 m；

d——管道内径，单位为 m；

ρ——液体的密度，单位为 kg/m³；

v——液流的平均流速，单位为 m/s。

2）湍流沿程压力损失

液体在等截面直管中作湍流流动时，不仅要克服液层间的内摩擦力，而且要克服由于流体质点横向脉动，产生动量交换而引起的能量损失。因此，湍流沿程压力损失比层流时的压力损失大得多。液体湍流沿程压力损失的计算公式的形式与层流时相同，不过式中的沿程阻力系数 λ 取值有所不同，实际计算时可查相关手册中的莫迪图。

2. 局部压力损失

液体流经管道中的弯管、管接头、阀口以及通流截面变化等局部阻力处时，液流的速度和方向将发生剧烈变化，产生强烈的湍流，使液体产生局部压力损失。由于液流流经上述局部时，流动状态十分复杂，很难通过理论分析的方法来计算，通常需要依靠大量的实验测得各类局部的阻力系数，然后进行计算。局部压力损失 Δp_ξ 的计算公式为

$$\Delta p_\xi = \xi \frac{\rho v^2}{2} \qquad (2-22)$$

式中，ξ——局部阻力系数，一般由实验确定，也可查阅相关液压手册；

v——液流在该局部结构处的平均流速，单位为 m/s。

3. 总压力损失

管路系统的总压力损失等于所有沿程压力损失和所有局部压力损失之和，即

$$\Delta p_w = \sum \Delta p_\lambda + \sum \Delta p_\xi = \sum \lambda \frac{l}{d} \frac{\rho v^2}{2} + \sum \xi \frac{\rho v^2}{2} \qquad (2-23)$$

2.5 孔口流动

在液压元件特别是液压控制阀中，通常要利用油液流经某些特殊类型小孔时压力和流量的特定关系来控制液压元件工作，如流量控制阀、压力控制阀等。本节主要分析油液流经薄壁小孔、短孔和细长小孔时的流量公式及液阻特性。

小孔的结构形式一般可分为 3 种：用小孔的通流长度 l 与孔径 d 之比来分类，即当 $\frac{l}{d} \leqslant 0.5$

时，称为薄壁小孔；当 $\dfrac{l}{d} > 4$ 时，称为细长孔；当 $0.5 < \dfrac{l}{d} \leqslant 4$ 时，称为短孔(厚壁孔)。

2.5.1 孔口类型

1. 薄壁小孔

如图 2-9 所示，设孔道截面 1-1 和截面 2-2 处直径均为 D，薄壁小孔直径为 d，面积为 A_0。

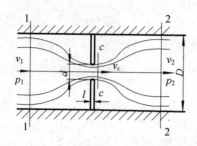

图 2-9　薄壁小孔液流

当油液经过管道由小孔流出时，由于液体的惯性作用，通过小孔后的液流先形成一个收缩断面 $c-c$，然后再扩散，这一收缩和扩散过程会产生能量损失。

利用实际液体的伯努利方程对液体流经薄壁小孔时的能量变化进行分析，可以得到通过薄壁小孔的流量：

$$Q = C_q A_0 \sqrt{\dfrac{2\Delta p}{\rho}} \tag{2-24}$$

式中，C_q—— 流量系数，其大小一般通过实验确定，在液压技术中对于薄壁小孔一般取 $C_q = 0.6 \sim 0.61$；

Δp—— 小孔前后压力差，$\Delta p = p_1 - p_2$。

流经薄壁小孔时，油液流经距离短，摩擦阻力的作用很小，流量与 Δp 的平方根成正比，所以，流量受温度和黏度变化的影响小，流量稳定。液压系统中常采用薄壁小孔作为节流元件。

2. 短孔

因薄壁小孔作为节流器时加工困难，故实际应用中多为短孔。短孔流量公式与式 (2-24) 相同，但流量系数的取值不同，一般取 $C_q = 0.82$。

3. 细长孔

由于孔口细长，黏性对液流阻力起主要作用，流经细长孔的液流一般都是层流。所以细长孔的流量公式可用圆管层流流量公式，即

$$Q = \dfrac{\pi d^4}{128\mu l}\Delta p \tag{2-25}$$

在式 (2-25) 中，液体流经细长孔的流量和孔前后压差 Δp 成正比，而和液体的动力黏度 μ 成反比。由于液体动力黏度 μ 受温度变化影响较大，因此流过细长孔流量受液体温度

变化的影响也较大。这一点与薄壁小孔的特性明显不同。细长孔在液压技术中通常用作阻尼孔。

对于以上 3 种不同类型的小孔，其流量公式可由通式表示为

$$Q = KA_0 \Delta p^m \qquad (2-26)$$

式中，K——系数，3 种孔取值不同，对细长孔，$K = \dfrac{d^2}{32\mu l}$；对薄壁孔和短孔，$K = C_q \sqrt{\dfrac{2}{\rho}}$；

　　　　m——指数，$m = 0.5 \sim 1$。

2.5.2　典型液压阀口

1. 滑阀阀口流量系数

如图 2-10 所示，圆柱滑阀的开度为 x，阀芯直径为 d，阀芯与阀体内孔的径向间隙为 Δ，则阀芯通流面积为

$$A = w \sqrt{x^2 + \Delta^2} \qquad (2-27)$$

式中，w——滑阀开口周长，又称过流面积梯度，它表示阀口过流面积随阀芯位移的变化率。

对于孔口为全周边的圆柱滑阀，$w = \pi d$；若为理想滑阀（即 $\Delta = 0$），则 $A = \pi d x$。

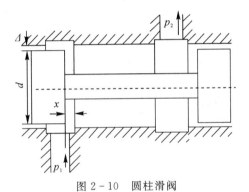

图 2-10　圆柱滑阀

流量系数 C_q 与雷诺数 Re 有关，当雷诺数较大（Re＞260）时，C_q 变化不大，可视为常数；一般阀口液体流速较大，若阀口为锐边，可取 $C_q = 0.6 \sim 0.65$；如果阀口有圆边或小的倒角，则取 $C_q = 0.80 \sim 0.90$。节流口或阀口的形状对 C_q 基本没有影响，环缝与圆孔的 C_q 几乎是一样的。

2. 锥阀阀口流量系数

如图 2-11 所示，锥阀阀口的锥角为 2α，锥座直径为 d_1，当阀口开度为 x 时，阀芯与阀座间的过流间隙 $l = x \sin\alpha$，阀口处的平均直径 $d_m = (d_1 + d_2)/2$，则阀口的过流截面积为

$$A = \pi d_m x \sin\alpha \left(1 - \frac{x}{2d_m} \sin 2\alpha\right) \qquad (2-28)$$

一般的 $x \ll d_m$，式(2-28)可写为

$$A = \pi d_m x \sin\alpha \qquad (2-29)$$

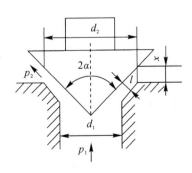

图 2-11　锥阀

锥阀阀口流量系数理论公式可表示为

$$C_q = \left[\frac{12d_m}{l\mathrm{Re}\sin\alpha} \ln\left(\frac{d_2}{d_1}\right) + \frac{54}{35}\left(\frac{d_m}{d_2}\right)^2 + \varsigma\left(\frac{d_m}{d_1}\right)^2 \right]^{\frac{1}{2}} \tag{2-30}$$

式中，$\mathrm{Re} = \frac{vl}{\upsilon} = \frac{ux\,\sin\alpha}{\upsilon} = \frac{Q}{\pi d_m \upsilon}$（$\upsilon$ 为阀口平均流速）；

ς——径向流动的起始段的附加压力损失系数，一般取 $\varsigma = 0.18$。

实验表明：上述理论公式与实验数据基本符合，通过实验可以得到，在 $\mathrm{Re} < 80$ 时，$C_q = 0.08\,\mathrm{Re}^{1/2}$；在 $\mathrm{Re} = 80 \sim 200$ 时，$C_q = 0.42\,\mathrm{Re}^{1/8}$；当 $\mathrm{Re} > 200$ 时，流量系数基本为恒定值，可取 $C_q = 0.80 \sim 0.82$。

2.6 气穴现象和液压冲击

2.6.1 气穴现象

1. 产生气穴现象的原因及危害

液体在流动中，因某点处压力低于空气分离压力，溶解于油液中的空气将分离出来，产生大量气泡，这种现象称为气穴现象。

如果油液中发生了气穴现象，那么气穴所产生的气泡流到高压区域时，气泡在周围高压油的冲击下会被挤破，而周围高压油液以高速突然占据气泡原有的所在空间，会引起剧烈的局部液压冲击，使压力和温度急剧升高。这种液压冲击将会引起系统的振动及噪声。

此外，如果气穴产生的气泡流入高压区域的管壁或其他液压元件的金属表面，气泡被挤破后，空气中所含的氧气对金属表面具有较强的氧化腐蚀作用。这种因气穴现象而造成的零件腐蚀现象，称为气蚀。在液压系统的节流孔、阀类节流部位有可能产生气蚀现象，应引起注意。

2. 减小气穴现象的措施

由于气穴现象对液压系统的危害很大，因此避免液压系统压力过低可有效防止气穴现象的发生，具体措施如下：

（1）减小阀孔前后的压差，一般应使油液在阀前与阀后的压力比小于 3.5。

（2）适当加大吸油管的内径，限制吸油管中油液的流速；及时清洗滤油器或更换滤芯以防堵塞。

（3）尽量避免管路急剧转弯或存在局部狭窄处，接头要有良好的密封，防止空气进入。

（4）提高零件的机械强度，采用抗腐蚀能力强的金属材料，提高零件加工的表面精度等。

2.6.2 液压冲击

在液压系统中，由于某种原因而引起液体压力在瞬间急剧上升的现象，称为液压冲击。

1. 液压冲击产生的原因和危害

在液压系统中，当突然关闭（开启）管道中阀门或迅速改变液流方向时，由于液体与运动部件的惯性，会使系统内压力突然升高或降低而发生液压冲击。

另外，液压系统中某些元件动作不灵敏，也会产生液压冲击。例如，若溢流阀动作迟钝，当系统压力升到动作值时，因不能及时打开而产生压力超调，引起冲击。

液压冲击危害很大，它会使液压系统和设备产生很大的振动和噪声，影响工作性能；会使液压系统或元件寿命下降，甚至损坏；会使某些元件(如阀、压力继电器)产生错误动作，甚至出现安全事故等。

2. 减小液压冲击的措施

(1) 缓慢开关阀门，即延长阀门开闭时间和运动部件的制动时间。

(2) 限制管道中液体的流速和运动部件的运动速度。在机床液压系统中，管道中液体的流速一般应限制在 4.5 m/s 以下，运动部件的运动速度一般不宜超过 10 m/min。

(3) 在液压元件中设置缓冲装置(如节流孔)。

(4) 在液压系统中设置蓄能器或安全阀。

本 章 小 结

本章重点介绍了液压油的物理特性，其中油液黏度和可压缩性对于液压系统的性能有重要影响。对于黏性、黏度、牛顿黏性定律、动力黏度、运动黏度、相对黏度、黏度指数、压缩系数和体积弹性模量等概念必须重点掌握，还要掌握液体静力学的基本特性、液体动力学的伯努利方程及动量方程的含义、流经管道的压力损失及孔口流和缝隙流等液压传动的基础知识。

思 考 与 练 习

2-1　何谓油液的黏度和黏性？测定油液黏度的标准温度是多少？

2-2　何谓动力黏度、运动黏度、相对黏度？各个黏度单位分别是什么？

2-3　牛顿黏性定律中动力黏度的物理意义是什么？

2-4　何谓黏温特性？黏度指数的大小有何意义？

2-5　液压系统对液压油有何要求？其基本选择原则是什么？为改善油液特性，常用哪些化学添加剂？

2-6　保持液压系统的油液清洁是十分重要的，常见污染物来源是什么？如何保持油液的清洁？

2-7　说明伯努利方程的物理意义，并指出理想液体伯努利方程和实际液体伯努利方程的区别？

2-8　什么是液压冲击？可采取哪些措施来减小液压冲击？

2-9　什么是气穴现象？它有哪些危害？通常采取哪些措施防止气穴及气蚀？

2-10　滑动轴承如题图 2-1 所示，轴承和转轴间隙 $\delta = 1$ mm，轴转速 $n = 180$ r/min，轴径 $d = 15$ cm，轴承宽 $b = 25$ cm，油液动力黏度 $\mu = 2.5 \times 10^{-1}$ Pa·s。试确定轴承表面摩擦力、轴承扭矩和消耗的功率。

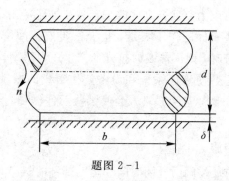

题图 2-1

2-11　题图 2-2 所示为直径 200 mm 的圆盘，与固定端面间隙 $\delta=0.02$ mm，其间充满油液，油液运动黏度 $v=34.5$ mm²/s，密度 $\rho=870$ kg/m³。当圆盘以 $n=1200$ r/min 旋转时，求所需转矩和功率。

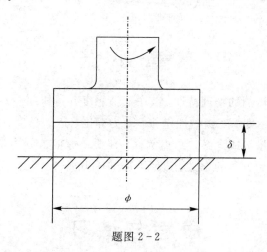

题图 2-2

2-12　在半径 $R_0=10$ cm，轴径 $r_0=9.8$ cm（参看题图 2-1），宽 $b=15$ cm 的滑动轴承中，当轴径以 1500 r/min 的转速转动时，所需转矩为 $T=38$ N·m，试确定油液动力黏度。

2-13　密闭容器内，当压力 $p_0=0.5$ MPa 时，油液体积 $V_0=2$ L，当压力升高到 $p_1=5$ MPa时，计算体积压缩量。

2-14　密封容积 $V=0.1$ m³ 的容器中充满油液，温度 $T_1=10$℃。设体积膨胀系数 $\alpha=9\times10^{-3}$/℃，体积弹性模数 $\beta_e=1400$ MPa。不计容器本身变化，当环境温度上升到 40℃时，密封容器中的压力上升多少？

第3章 液 压 泵

3.1 概　述

3.1.1　液压泵的概念及分类

依靠密封工作容积变化实现吸排油液，从而将输入机械能转换成液压能的装置称容积式液压泵，简称液压泵。提供输入机械能的原动机通常为电动机或燃油机。前者多用于工作位置固定场合，后者多用于野外或可移动机械装备中。液压泵的作用是向液压系统的执行元件提供动力来完成预定的工作，又称液压系统的动力源，是液压系统的核心元件和重要组成部分。

液压泵形式多样，根据主要运动构件不同的结构特点，液压泵可分为齿轮泵、叶片泵、柱塞泵等。根据几何排量是否可调节，液压泵可分为定量泵和变量泵。其中，齿轮泵、双作用叶片泵为定量泵，单作用叶片泵为变量泵；柱塞泵通常为变量泵，也有定量泵。根据进、出油口的方向是否可变，液压泵又可分为单向液压泵和双向液压泵。前者仅允许按同一方向连续转动，后者可实现正、反向连续转动来变换进、出油口。其中，双向变量泵还可以通过操纵变量机构实现进、出油口的转换。液压泵职能符号如图3-1所示。

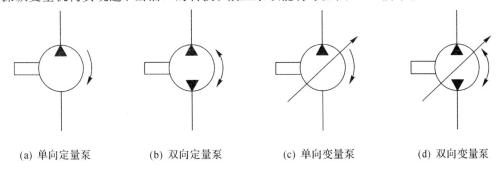

(a) 单向定量泵　　　　(b) 双向定量泵　　　　(c) 单向变量泵　　　　(d) 双向变量泵

图3-1　液压泵职能符号

3.1.2　液压泵工作原理

图3-2为容积式液压泵工作原理图，它是靠密封腔容积变化来工作的。柱塞2与缸体3构成密封工作容积，当凸轮1由原动机带动旋转时，柱塞2在凸轮1和弹簧4的作用下在泵体内作往复运动。柱塞右移时，密封腔5容积变大，产生局部真空，油箱中油液在大气压力作用下经单向吸油阀6进入泵内，实现吸油；柱塞左移时，密封腔5容积变小，油液受挤压，经单向排油阀7输出到系统，实现排油。偏心轮连续转动，液压泵不断吸油和排油，实现向液压系统的连续供油。由以上单柱塞泵工作过程，可以概括出液压泵基本工作条件：

(1) 高、低压腔要隔开。高、低压腔串通时,泵无法工作,在图 3 - 2 中,单向阀 6 和 7 的作用就是将高、低压腔隔开。

(2) 具有密封容积,密封容积可变化并有相应的配流方式。当密封容积变大时可吸油,变小时可排油,通过与密封容积变化相适应的配流方式完成液压泵吸、排油过程,将高压油连续供给液压系统。图 3 - 2 中的单柱塞泵是利用单向阀配流的,若单向阀 6 或 7 之一反向,则不可工作。

(3) 油箱内油液吸入压力不低于大气压,这是液压泵完成吸油的外部条件。

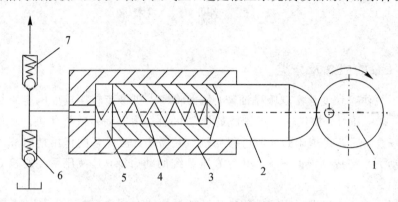

1—凸轮;2—柱塞;3—缸体;4—弹簧;5—密封工作腔;6—吸油阀;7—排油阀

图 3 - 2 容积式液压泵工作原理图

3.1.3 液压泵性能参数及计算

液压泵的性能参数主要包括工作压力、转速、流量和功率等。

1. 压力

液压泵的压力参数主要是工作压力 p_B 和额定压力 p_{BR}。

1) 工作压力 p_B

工作压力是指液压泵在工作时输出油液的压力,即泵出油口处压力,也称为系统压力,记为 p_B。工作压力取决于系统中阻止液体流动的阻力(负载)。阻力(负载)增大,工作压力升高;反之,则工作压力降低。

2) 额定压力 p_{BR}

额定压力是指在保证液压泵容积效率、使用寿命和额定转速的前提下,泵连续长期运转时允许使用的最大压力,记为 p_{BR}。它是泵在正常工作条件下,按实验标准规定能连续运转的最高压力。p_{BR} 通常为符合技术规范规定的公称(标准)压力,在液压泵的铭牌上标注。

除此之外还有最高允许压力 p_{Bmax},它是指泵在短时间内所允许超载使用的极限压力,其值大小受泵本身密封性能和零件强度等因素的限制。

3) 吸入压力 p_{Bi}

吸入压力指泵的吸油口处压力,亦称入口压力或背压,记为 p_{Bi}。

由于用途不同,液压系统所需要的工作压力也不同,为了便于液压元件的设计、生产和使用,将压力分为几个等级,如表 3 - 1 所示。

表 3 - 1 压 力 分 级

压力分级	低 压	中 压	中高压	高 压	超高压
压力/MPa	0～2.5	2.5～8	8～16	16～32	>32

2. 转速

1) 额定转速 n_{BR}

额定转速即设计转速,它是按实验标准规定作满载连续运行的转速,一般在泵的铭牌中标出,记作 n_{BR}。

2) 最高转速 n_{Bmax}

最高转速指为保证泵的使用性能和使用寿命所允许的最高转速,记作 n_{Bmax}。

3) 最低转速 n_{Bmin}

最低转速指为保证泵的使用性能所允许的最低转速,记作 n_{Bmin}。

液压泵转速过高会导致吸油不足而产生气穴现象,而转速过低将导致泵的容积效率降低。通常情况下,泵的实际转速会随负载增大而略有降低,而在理论分析或计算中,一般认为泵的转速为常数,不因负载大小而变化。

3. 排量与流量

1) 几何排量 q_{Bv}

泵轴旋转一周,由密封腔几何尺寸变化而得出的排液体积称为泵的几何排量或理论排量,简称排量,记作 q_{Bv}。当泵的密封腔几何尺寸复杂而不易计算时,泵的排量可在低压无泄漏情况下用实验方法测定。

2) 理论流量 Q_{Bt}

理论流量指在不考虑泄漏量情况下,液压泵单位时间内排出的油液体积,则泵的理论流量为

$$Q_{Bt} = n_B q_{Bv} \tag{3-1}$$

式中,Q_{Bt}——液压泵的理论流量;

q_{Bv}——液压泵的几何排量;

n_B——液压泵转速。

3) 实际流量 Q_B

实际流量指液压泵运行时,不同压力下泵的实际输出流量。实际流量等于理论流量 Q_{Bt} 与泄漏流量 ΔQ_B 之差,即

$$Q_B = Q_{Bt} - \Delta Q_B = n_B q_{Bv} - \lambda_B \Delta p_B \tag{3-2}$$

式中,λ_B——液压泵的泄漏常数;

Δp_B——液压泵的吸排油口压力差,$\Delta p_B = p_B - p_{Bi}$;

p_B——液压泵的工作压力即出口压力;

p_{Bi}——液压泵的吸入压力;

ΔQ_B——液压泵的泄漏流量。

在实际计算中，由于液压泵出口压力 p_B 远远大于入口压力 p_{Bi}，通常取 $\Delta p_B \approx p_B$；另外，在不明确液压泵入口压力的情况下，入口压力可按大气压力即相对吸入压力 $p_{Bi}=0$ 处理。

4）额定流量 Q_{BR}

额定流量指根据实验结果推荐，在额定压力下必须保证的实际流量。

5）瞬态流量 $Q_B(t)$

液压泵的输出流量存在一定脉动性。瞬态流量是指泵在某一瞬间的输出流量。

4. 功率和效率

1）液压泵能量转换及损失

液压泵输入能量为机械能，输出能量为液压能。当忽略液压泵工作过程中的能量损失时，输入机械能等于输出液压能。实际上，在能量转换过程中，既有因摩擦而引起的输入机械能损失，又有因泄漏而引起的输出液压能的损失。因此输入的机械能在扣除因机械摩擦造成的能量损失后，剩余的机械能才全部转换为液压能。而这一部分液压能在输出过程中，又因泄漏造成能量损失而减少。减少后的液压能即为液压泵的输出液压能，如图 3-3 所示。这种能量转换关系通常以功率（单位时间内的能量）来表示。如果液压泵的输入机械功率为 $P_{Bi}=T_{Bi}\omega_B$，机械损失功率为 ΔP_f，容积损失功率为 ΔP_v，输出液压能为 P_B，则有

$$P_B = P_{Bi} - \Delta P_f - \Delta P_v \tag{3-3}$$

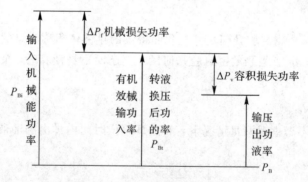

图 3-3　液压泵能量转换示意图

2）功率

如不考虑能量转换过程中的损失，则液压泵的输出功率等于其输入功率，即它的理论几何功率 P_{Bt} 为

$$P_{Bt} = p_B Q_{Bt} = T_{Bt}\omega_B = 2\pi T_{Bt} n_B \tag{3-4}$$

式中，T_{Bt}——泵轴的输入转矩；

　　　ω_B——泵轴旋转的角速度。

3）效率

如上所述，液压泵的总功率损失可分为容积损失与机械损失。

液压泵的容积损失可用容积效率 η_{Bv} 来表征

$$\eta_{Bv} = \frac{Q_B}{Q_{Bt}} = \frac{Q_{Bt} - \Delta Q_B}{Q_{Bt}} = 1 - \frac{\lambda_B p_B}{q_{Bv} n_B} \tag{3-5}$$

式(3-5)表明：泵的输出压力越高，流量损失的泄漏系数越大，或是泵的排量越小，转速越低，则泵的容积效率越低。

液压泵的机械损失由机械效率 η_{Bm} 来表征。对液压泵来说，驱动泵的转矩 T_{Bi} 总是大于其理论上需要的转矩 T_{Bt}，设转矩损失为 ΔT_B，则泵实际输入转矩为 $T_{Bi} = T_{Bt} + \Delta T_B$，则液压泵的机械效率表示为

$$\eta_{Bm} = \frac{T_{Bt}}{T_{Bi}} = \frac{1}{1 + \Delta T_B / T_{Bt}} \tag{3-6}$$

液压泵的总效率 η_B 是其输出功率与其输入功率之比，$\eta_B = \dfrac{P_B}{P_{Bi}}$。因此

$$\eta_B = \eta_{Bv} \eta_{Bm} \tag{3-7}$$

5. 液压泵的特性曲线

液压泵的输出流量 Q_B、容积效率 η_{Bv}、机械效率 η_{Bm} 及总效率 η_B、输入功率 P_{Bi} 是在额定工作压力和额定转速下评定的。当液压泵工作压力 p_B 变化时，上述参数随工作压力 p_B 变化的曲线称液压泵的特性曲线，它是液压泵在特定的工作介质、转速和油液温度等条件下通过实验得出的，如图 3-4 所示。液压泵在工作压力为零时的流量即为 Q_{Bt}。由于泵的泄漏量随压力升高而增大，所以泵的容积效率 η_{Bv} 及实际流量 Q_B 随泵的工作压力升高而降低，压力为零时的容积效率 $\eta_{Bv} = 100\%$，这时的实际流量 Q_B 等于理论流量 Q_{Bt}。总效率 η_B 开始随压力 p_B 的增大很快上升，接近液压泵的额定压力时总效率 η_B 最大，达到最大值后，又逐步降低。由容积效率和总效率这两

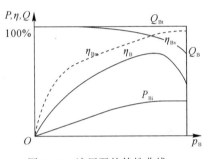

图 3-4　液压泵的特性曲线

条曲线的变化可以看出机械效率的变化情况。泵在低压时，机械摩擦损失在总损失中所占的比例较大，其机械效率 η_{Bm} 很低。随着工作压力的提高，机械效率很快上升。在达到某一值后，机械效率大致保持不变，从而表现出总效率曲线几乎和容积效率曲线平行下降的变化规律。

3.1.4　例题

例 3-1　某液压泵几何排量为 10 mL/r，工作(出口)压力为 10 MPa，转速为 1500 r/min，泄漏系数 $\lambda_B = 2.5 \times 10^{-6}$ mL/Pa·s，机械效率为 0.90。试求：

(1) 输出流量；
(2) 容积效率和总效率；
(3) 输入、输出和理论功率；
(4) 输入和理论输入转矩。

解： (1) 输出流量 Q_B。液压泵理论流量 Q_{Bt} 为

$$Q_{Bt} = n_B q_{Bv} = 1500 \times 10 = 15 \text{ (L/min)} \tag{1}$$

液压泵泄漏流量 ΔQ_B 为

$$\Delta Q_B = \lambda_B p_B = 2.5 \times 10^{-6} \times 10 \times 10^6 \times 60 = 1.5 \text{ (L/min)} \tag{2}$$

所以液压泵输出流量 Q_B 为

$$Q_B = Q_{Bt} - \Delta Q_B = 15 - 1.5 = 13.5 \ (\text{L/min}) \tag{3}$$

（2）容积效率 η_{Bv} 和总效率 η_B。容积效率 η_{Bv} 为

$$\eta_{Bv} = \frac{Q_B}{Q_{Bt}} = \frac{13.5}{15} = 90\% \tag{4}$$

总效率 η_B 为

$$\eta_B = \eta_{Bm}\eta_{Bv} = 0.90 \times 0.90 = 81\% \tag{5}$$

（3）输入、输出和理论功率。理论液压输出（理论机械输入）功率 P_{Bt} 为

$$P_{Bt} = p_B Q_{Bt} = 10 \times 10^6 \times \frac{15 \times 10^{-3}}{60} = 2.5 \ (\text{kW}) \tag{6}$$

输出功率（出口液压功率）P_B 为

$$P_B = P_{Bt}\eta_{Bv} = 2.5 \times 0.9 = 2.25 \ (\text{kW}) \tag{7}$$

输入机械功率 P_{Bi} 为

$$P_{Bi} = \frac{P_{Bt}}{\eta_{Bm}} = \frac{2.5}{0.9} \approx 2.78 \ (\text{kW}) \tag{8}$$

（4）输入和理论输入转矩。输入转矩 T_{Bi} 为

$$T_{Bi} = \frac{p_B q_{Bv}}{2\pi \eta_{Bm}} = \frac{(10 \times 10^6) \times (10 \times 10^{-6})}{2 \times 3.14 \times 0.9} = 17.69 \ (\text{N} \cdot \text{m}) \tag{9}$$

当 $\eta_{Bm} = 1$ 时，理论输入转矩 T_{Bi} 为

$$T_{Bi} = \frac{p_B q_{Bv}}{2\pi} = \frac{(10 \times 10^6) \times (10 \times 10^{-6})}{2 \times 3.14} = 15.92 \ (\text{N} \cdot \text{m}) \tag{10}$$

例 3-2　液压泵额定流量为 100 L/min，额定压力为 2.5 MPa，当转速为 1450 r/min 时，机械效率为 0.90。由实验测得，当泵出口压力为零时，流量为 106 L/min，压力为 2.5 MPa 时，流量为 100.7 L/min。试求：

（1）液压泵的容积效率；

（2）如果泵的转速下降到 500 r/min，在额定压力下工作时，泵的流量为多少？

（3）上述两种转速下，液压泵的驱动（输入）功率为多少？

（4）在额定压力下，泵转速为何值时，输出流量恰好为额定流量？

解：（1）液压泵的容积效率。泵出口压力为零时的流量即理论流量 $Q_{Bt} = 106$ L/min；压力为 2.5 MPa 时的出口流量为 100.7 L/min，故有

$$\eta_{Bv} = \frac{Q_B}{Q_{Bt}} = \frac{100.7}{106} = 95\% \tag{1}$$

（2）转速降至 500 r/min 时的输出流量。转速 1450 r/min 时泄漏流量 ΔQ_B 为（$p = 2.5$ MPa）

$$\Delta Q_B = 106 - 100.7 = 5.3 \ (\text{L/min}) \tag{2}$$

转速降至 500 r/min 时泵的理论（输出）流量为

$$Q_{Bt} = 106 \times \frac{500}{1450} = 36.55 \ (\text{L/min}) \tag{3}$$

压力不变，泄漏常数不变，泄漏量不变，故转速为 500 r/min 的输出流量为

$$Q_B = Q_{Bt} - \Delta Q_B = 36.55 - 5.3 = 31.25 \ (\text{L/min}) \tag{4}$$

（3）两种转速下的输入功率。假定机械效率不随转速变化，则有

当 $n = 1450$ r/min 时，$P_{Bi} = \dfrac{2.5 \times 10^6 \times 106 \times 10^{-3}}{60 \times 0.9} = 4.19$（kW） (5)

当 $n = 500$ r/min 时，$P_{Bi} = \dfrac{2.5 \times 10^6 \times 36.55 \times 10^{-3}}{60 \times 0.9} = 1.69$（kW） (6)

（4）达到额定流量时的转速为

$$n_B = \frac{(100 + 5.3)}{106} \times 1450 \approx 1440 \text{（r/min）}$$ (7)

3.2　齿　轮　泵

通过密闭在壳体内的两个或两个以上的齿轮啮合而工作的液压泵称齿轮泵。啮合齿轮均为外齿轮时为外啮合齿轮泵；由一个内齿轮与一个或一个以上的外齿轮构成的齿轮泵称内啮合齿轮泵。不加特别说明的齿轮泵为外啮合齿轮泵，即通常所说的齿轮泵。

外啮合齿轮泵主要优点是工作可靠、结构简单、零件数量少、制造和维修方便、成本低。同时，泵的体积小、重量轻、自吸能力强、对油液污染不敏感。在采用补偿措施后，齿轮泵可达到较高的容积效率。其主要缺点是排量不可调节、流量脉动较大、噪声较高。

3.2.1　齿轮泵结构和工作原理

外啮合渐开线齿轮泵主要由一对几何参数完全相同的主、从动齿轮、传动轴、泵体、前泵盖、后泵盖等主要零件组成，如图 3-5 所示。

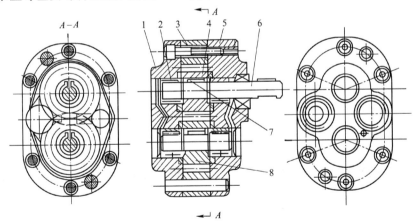

1—后泵盖；2—滚针轴承；3—泵体；4—主动齿轮；5—前泵盖；6—传动轴；7—键；8—从动齿轮

图 3-5　CB-B 型齿轮泵结构图

图 3-6 为外啮合齿轮泵的工作原理图。齿轮 1、2 的齿廓面与壳体内表面及前后端盖构成若干密封容积，轮齿啮合接触线将高、低压腔隔离开来。当齿轮按图示方向旋转时，右侧的轮齿逐渐脱离啮合，其密封容积逐渐增大，形成局部真空，油液在大气压力的作用下从吸油口进入右部低压腔 A；随着齿轮的转动，齿轮的齿谷把油液从右侧带到左侧密封容积中，轮齿在左侧进入啮合时，使左侧密封容积逐渐减小，油液从左侧高压腔 B 将油液排出。齿轮旋转一周，每一齿谷均吸油和排油各一次。齿轮连续旋转时，齿轮泵不断地吸油和

排油。

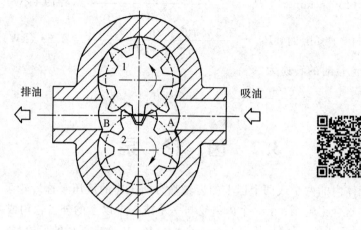

图 3-6 外啮合齿轮泵工作原理图

3.2.2 齿轮泵的几何排量和流量

外啮合齿轮泵的几何排量计算可以从齿轮啮合原理来考虑。不考虑齿轮与泵体间的径向间隙容积，齿轮泵的几何排量近似等于两个齿轮齿谷容积之和。对于标准齿轮而言，轮齿体积与齿谷容积近似相同，则齿轮齿数为 Z 的齿轮泵的几何排量 q_B 等于以 $(Z+2)m$ 齿顶圆为外径、以 $(Z-2)m$ 的圆为内径、高为齿轮宽度 B 的圆筒体积，即

$$q_B = \frac{\pi}{4}\{[(Z+2)m]^2 - [(Z-2)m]^2\}B = 2\pi m^2 ZB \tag{3-8}$$

式中，m——齿轮模数；

$\qquad Z$——齿轮齿数；

$\qquad B$——齿轮齿宽。

由式(3-8)知，齿轮泵的几何排量与齿轮模数 m 的平方成正比，与齿数 Z 的一次方成正比。因此，若齿轮节圆($D_j = mZ$)一定时，增大模数，减少齿数可以有效增大齿轮泵的排量。目前齿轮泵的齿数通常取 $Z = 8 \sim 14$，为避免因齿数较少而产生根切，需对齿轮进行正移距修正。

考虑到齿轮的轮谷体积比轮齿体积稍大，更为精确地计算齿轮泵的几何排量可以将式(3-8)修正为

$$q_B = 2\pi k Z m^2 B \tag{3-9}$$

式中，k——修正系数，$k = 1.06 \sim 1.115$，Z 小时取大值，Z 大时取小值。

由于齿轮啮合过程中排油容积的变化率不同，齿轮泵的瞬时流量是脉动的，而流量脉动率随齿数的增加而减小。流量的脉动率可表示为

$$\delta_Q = \frac{Q_{max} - Q_{min}}{\overline{Q}} \tag{3-10}$$

式中，Q_{max}——瞬态流量最大值；

$\qquad Q_{min}$——瞬态流量最小值；

$\qquad \overline{Q}$——流量均值，$\overline{Q} = (Q_{max} + Q_{min})/2$。

3.2.3 齿轮泵的主要问题及解决办法

1. 泄漏

液压泵中组成密封工作容积的零件作相对运动，其间隙产生的泄漏影响液压泵的性能。外啮合齿轮泵高压腔油液主要通过以下 3 种途径泄漏到低压腔。

1）径向泄漏

径向泄漏是压力油液沿齿顶圆与壳体之间的径向间隙从高压腔到低压腔的泄漏。由于齿轮转动方向与泄漏方向相反，高压腔到低压腔通道较长，所以其泄漏量相对较小，约占总泄漏量的 $10\%\sim15\%$。

2）轴向泄漏

轴向泄漏是压力油液沿齿轮端面与侧板端面（或端盖内表面）之间的轴向间隙从高压腔到低压腔的泄漏，也称端面泄漏。齿轮端面与前后盖之间的端面间隙较大，此端面间隙封油长度又短，所以泄漏量最大，可占总泄漏的 $70\%\sim75\%$。

3）齿面啮合处间隙泄漏

由于齿形误差会造成沿齿宽方向接触不好而产生间隙，使排油腔与吸油腔之间造成泄漏，这部分泄漏量很少。

综上所述，提高齿轮泵的额定压力并保证较高的容积效率，首先要减少轴向端面泄漏。端面间隙补偿措施见 3.2.4 节中提高外啮合齿轮泵压力的措施。

2. 径向液压力（不平衡力）

在齿轮泵中，由于高、低压腔存在着压力差，在压油腔内有液压力作用于齿轮上，沿着齿顶的泄漏油压力大小不等，可以近似地认为低压腔压力分级呈阶梯升高到排油腔，合力形成一个作用于齿轮和轴承的径向不平衡力，如图 3-7 所示。齿轮泵工作压力增高，径向不平衡力随之增大，加速轴承磨损，降低轴承的寿命。严重时甚至造成泵轴变形，使齿顶和泵体内表面产生摩擦。

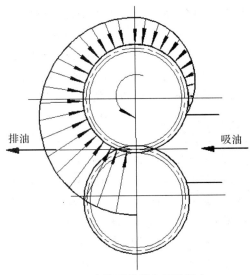

图 3-7 齿轮泵的径向不平衡力

减少齿轮泵的径向不平衡力，将泵的排油口设计得比吸油口小，以减少液压力对齿顶部分的作用面积从而减少径向不平衡力。另外，改变沿齿顶圆周向的压力分布规律，通过在泵盖上开径向压力平衡槽（见图3-8），使它们分别与低、高压油腔相通，产生与吸、排油腔相对的液压径向力，起平衡作用，也可改善不平衡径力对齿轮泵工作的影响。

值得注意的是以上调节不平衡径向力的方法同时也缩短了径向密封长度，使径向泄漏增加。因此，在改善不平衡径向力同时要兼顾泵的容积效率。

3. 困油现象

为了使齿轮平稳运转，吸排油腔应严格地实现密封，连续均匀地供油，根据齿轮啮合原理，必须使齿轮啮合的重叠系数 $\varepsilon > 1$，即在齿轮泵工作时，会出现两对轮齿同时啮合，在两对轮齿的齿向啮合线之间形成一个封闭容积腔，因此，就有一部分油液封闭在其中，如图3-8所示，其中 b 为两轮齿啮合线间的距离。

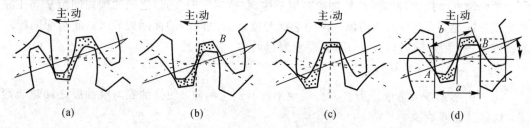

图3-8　齿轮泵的困油现象

这个封闭容积先随齿轮转动逐渐减小（由图3-8(a)到图3-8(b)），以后又逐渐增大（由图3-8(b)到图3-8(c)）。在封闭情况下，继续改变油液所占的容积而产生压力急剧变化的现象称困油现象。齿轮泵困油现象的危害表现为封闭容积的减小会使被困油液受挤压而导致压力急剧升高，并从缝隙中被挤压出去，引起油液发热，轴承等机件也受到附加的不平衡载荷；封闭容积的增大又会造成局部真空，使溶于油液中的气体分离出来，产生气穴。困油现象使齿轮泵容积效率降低，产生强烈的噪声并引起泵体振动和气蚀，影响工作平稳性，缩短使用寿命。

消除困油的方法通常是在两端盖板上开一对矩形卸荷槽（如图3-8(d)中的虚线所示，其中 a 为卸荷槽间的距离。）。当封闭容积减小时，由于卸荷槽与高压腔相通，封闭容积的油液可以排到排油腔中；当封闭容积增大时，由于卸荷槽与吸油腔相通，吸油腔的油可以补入从而避免产生真空，使困油现象得以消除。在开卸荷槽时，必须保证齿轮泵吸、排油腔不能通过卸荷槽直接相通，否则将使齿轮泵的容积效率降低。

3.2.4　提高外啮合齿轮泵压力的措施

提高齿轮泵的压力，必须减小轴向的端面泄漏。由于端面磨损随着齿轮泵的使用而增大，间隙不能补偿，容积效率也很快地下降。目前提高齿轮泵压力的方法是采用齿轮端面间隙自动补偿装置，即采用沿齿轮泵轴向可移动的浮动轴套（侧板）或挠性侧板等自动补偿端面间隙装置，如图3-9所示。其工作原理是把泵内排油腔的压力油引到与齿轮端面相接触的轴套外侧或侧板上，产生液压力，使轴套内侧或侧板紧压在齿轮的端面上，压力越高，压得越紧，从而自动地补偿由于端面磨损而产生的间隙。在泵起动时，靠弹簧4来产生预紧力，保证了轴向间隙的密封。

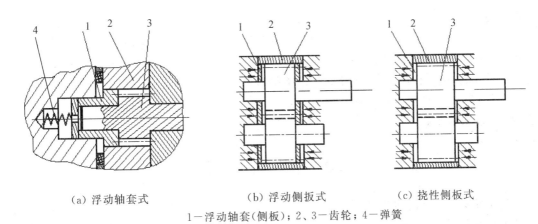

<table>
</table>

（a）浮动轴套式　　　　　　（b）浮动侧扳式　　　　　（c）挠性侧板式

1—浮动轴套(侧板)；2、3—齿轮；4—弹簧

图 3-9　端面间隙自动补偿装置

3.2.5　内啮合齿轮泵

内啮合齿轮泵有渐开线齿轮泵和摆线齿轮泵（又称转子泵）两种。图 3-10(a)所示为渐开线内啮合齿轮泵工作原理图。相互啮合的小外齿轮 1 和内齿轮 2 与侧板围成的密封容积被月牙板 3 和齿轮的啮合接触线分隔成两部分，即形成内啮合渐开线齿轮泵的吸油腔和排油腔。当传动轴带动小齿轮 1 按图示方向旋转时，内齿轮 2 同向旋转，图中左半部轮齿脱开啮合，密封容积逐渐增大形成吸油腔；右半部轮齿进入啮合，使其密封容积逐渐减小形成排油腔。

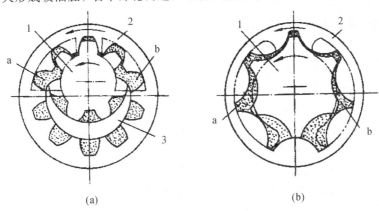

（a）　　　　　　　　　　　　　（b）

（a）渐开线内啮合齿轮泵　　　　　（b）摆线齿轮泵

1—小齿轮(主动齿轮)；2—内齿轮(圈)；3—月牙板；a—吸油腔；b—排油腔

图 3-10　内啮合齿轮泵工作原理图

对于标准齿轮，内啮合齿轮泵的几何排量可近似如下：

$$q_{B} = \pi B m^{2}\left(4Z_{1} - \frac{Z_{1}}{Z_{2}} - 0.75\right) \tag{3-11}$$

式中，Z_1——小齿轮齿数；

$\quad\quad Z_2$——内齿轮齿数；

$\quad\quad m$——齿轮模数；

$\quad\quad B$——齿宽。

图 3-10(b)所示为摆线齿轮泵工作原理图。由于小齿轮与内齿轮只相差一个齿，所以无需设计

隔板装置。

与外啮合齿轮泵相比,渐开线内啮合齿轮泵流量脉动小、结构紧凑、质量轻、噪声小和效率高,且具有无困油现象的优点。由于齿轮转向相同,相对滑动速度小,减少磨损,延长了泵的使用寿命。同时,内啮合齿轮允许使用的转速高,高转速下离心力能使油液更好地进入密封容积中。内啮合齿轮泵(特别是摆线齿轮泵)不足之处是齿形复杂、加工精度高、难度大,制造成本高。

3.3 叶 片 泵

转子转动时,借助凸轮环(定子)制约,使转子槽中径向滑动的叶片产生往复运动而工作的液压泵称叶片泵。叶片泵具有结构紧凑、重量轻、流量均匀、噪声小、运转平稳等优点,在机床、工程机械、船舶及冶金设备中得到广泛应用。同时叶片泵也具有结构复杂、吸油能力差、对油液污染较敏感等缺点。

根据叶片泵结构形式不同,各密封工作容积在转子旋转一周完成吸、排油液一次的称为单作用叶片泵;而完成两次吸、排油液的称为双作用叶片泵。单作用叶片泵多为变量泵,而双作用叶片泵均为定量泵。

3.3.1 双作用叶片泵

1. 双作用叶片泵的工作原理

双作用叶片泵主要由前后泵体、配流盘、传动轴、转子、定子及叶片等组成,其工作原理如图 3-11 所示。转子 3 和定子 2 是同心的,定子内表面是由两段大半径为 R 的圆弧面、两段小半径为 r 的圆弧面以及连接四段圆弧面的过渡曲面构成。定子内表面、转子外表面、两相邻叶片及前后配流盘形成若干密封容积。当转子沿图示方向转动时,叶片在离心力和通过配流盘小孔进入叶片底部压力油的作用下,使叶片伸出并紧贴在定子的内表面。当相邻两叶片从定子小半径 r 的圆弧面经过渡曲面向定子大半径 R 的圆弧面滑动时,叶片外伸,使两叶片之间的密封容积变大,形成局部真空,油液从配流盘的吸油窗口进入并充满密封容积,这是吸油过程;当两相邻叶片从定子大半径 R 的圆弧面经过渡曲面向定子小半径 r 的圆弧面滑动时,叶片受定子内壁面的作用退回转子槽内,使两叶片之间的密封容积变小,油液受到挤压,并从配流盘的排油窗口排出,进入液压系统中,这是排油过程。

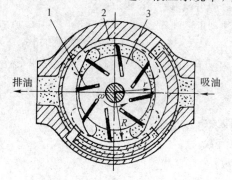

1—叶片;2—定子;3—转子

图 3-11 双作用叶片泵工作原理图

2. 双作用叶片泵的排量

如图 3-12 所示，当不考虑叶片厚度时，双作用叶片泵排量 q_B 可由两叶片间最大容积 V_1、最小容积 V_2 及叶片数 Z 计算得到，即

$$q_B = 2Z(V_1 - V_2) = 2\pi B(R^2 - r^2) \tag{3-12}$$

式中，B——叶片的宽度；

　　　R——定子的大半径；

　　　r——定子的小半径。

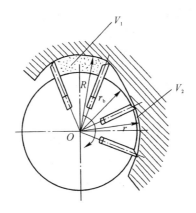

图 3-12　双作用叶片泵排量计算

实际上叶片有一定厚度，叶片所占的空间不起吸油和排油作用，转子每转一周因叶片所占体积而造成的排量损失为 V'，即

$$V' = \frac{2\delta(R - r)}{\cos\theta}BZ \tag{3-13}$$

式中，δ——叶片厚度；

　　　θ——叶片倾角（叶片顺着转子回转方向前倾的角度）；

　　　Z——叶片数。

考虑 V' 后，双作用叶片泵的实际排量 q_B' 为

$$q_B' = q_B - V' = 2B\left[\pi(R^2 - r^2) - \frac{R - r}{\cos\theta}\delta Z\right] \tag{3-14}$$

3. 提高双作用叶片泵工作压力的措施

提高双作用叶片泵压力，需要采取以下措施。

1）端面间隙自动补偿

与提高齿轮泵压力方法中的齿轮端面间隙自动补偿相类似，双作用叶片泵端面间隙自动补偿是将配流盘的一侧与高压腔连通，使配流盘在高压油推力作用下压向定子端面。泵的工作压力越高，配流盘就越会自动压紧定子，同时配流盘产生适量的弹性变形，使转子与配流盘间隙进行自动补偿，从而提高双作用叶片泵输出压力。

2）减少叶片对定子作用力

如前所述，为保证叶片顶部与定子内表面紧密接触，所有叶片底部都与高压腔相连通。当叶片在低压腔时，叶片底部受高压油作用，而顶部受低压油作用，这一压力差使叶片以很大的力压向定子内表面，在叶片和定子之间产生强烈的摩擦和磨损，使泵的寿命降低。

对高压双作用叶片泵来说，这个问题尤为突出。为改善高压双作用叶片泵叶片的受力情况，可采取以下措施。

（1）减少作用在叶片底部的液压力。将泵出口高压油通过阻尼孔或内装式减压阀接通到处于低压腔的叶片底部，这样使叶片压向定子内表面的作用力不至于过大。

（2）减少叶片底部面积 S。减少叶片厚度可减小叶片底部的作用力，但受材料工艺条件的限制，叶片不能做得太薄，一般厚度为 1.8～2.5 mm。

（3）采取双叶片结构，如图 3-13(a)所示。在转子 2 的槽中装有两个叶片 1，它们之间可以相对自由滑动。在叶片顶端和两侧面倒角之间构成 V 形通道，使叶片底部的压力油经过通道进入叶片顶部，使叶片底部和顶部的压力相等。适当选择叶片顶部棱边的宽度，即可保证叶片顶部有一定的作用力压向定子 3，同时又不至于产生过大的作用力而引起定子的过度磨损。

（4）采用复合叶片结构，如图 3-13(b)和图 3-13(c)所示。叶片由母叶片 1 和子叶片 4 组成。母叶片和子叶片可以相对滑动，母叶片底部 L 腔经油孔（虚线所示）始终与所在油腔相连通，子叶片和母叶片之间的小腔 C 通过配流盘的环形 K 槽总是接通压力油。当叶片在吸油区工作时，母叶片底部 L 腔不受高压油作用，它只在 C 腔高压油的作用下压向定子，这就相当于减少了叶片底部承受压力油作用面积，使该作用力较小，并可以保证叶片与定子接触良好。

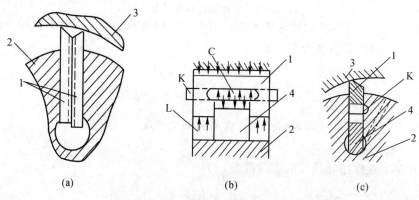

(a)　　　　　　　　　　(b)　　　　　　　　　　(c)

1—母叶片；2—转子；3—定子；4—子叶片

图 3-13　高压叶片泵叶片结构

3.3.2　单作用叶片泵

1. 单作用叶片泵的工作原理

图 3-14 所示为单作用叶片泵工作原理图。单作用叶片泵也是由转子 1、定子 2、叶片 3 和配流盘（图中未画出）等零件组成。与双作用叶片泵不同之处是，定子的内表面是圆柱面，转子与定子之间有一偏心量 e，配流盘开吸、排油窗口。叶片装在转子槽内可灵活地径向往复滑动。当转子转动时，由于离心力作用，叶片顶部将始终压紧在定子内圆表面上。这样，定子内表面、转子外表面、两相邻叶片和配流盘平面就形成密封容积。如图当转子逆时针方向旋转时，图中右侧叶片外伸，两相邻叶片间密封容积逐渐加大，产生局部真空，油液在大气压力作用下从右部低压口吸入，这是吸油过程；图中左侧叶片受定子内表面制约而

向转子槽内退回，使相邻叶片间密封容积逐渐变小，油液从左部高压口被压出而输入到系统，这是排油过程。改变定子与转子偏心量 e 的正负方向时，可使吸、排油口转换。在吸油区与排油区之间各有一段封油区将它们相互隔开，以保证泵转一周过程中，每个密封容积完成吸油和排油各一次。由于转子上受有不平衡液压作用力，单作用式叶片泵又称非平衡式叶片泵。

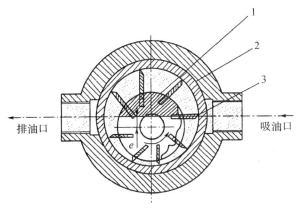

1—转子；2—定子；3—叶片

图 3-14 单作用叶片泵工作原理图

2. 单作用叶片泵的排量

如图 3-15 所示，设单作用叶片泵定子直径为 $D=2R$，转子直径为 $d=2r$，宽度为 B，叶片数为 Z，两叶片间夹角为 $\beta=2\pi/Z$，定子与转子的偏心量为 e。两相邻叶片在 aa' 位置充液体积为 V_1，在对称的 bb' 位置充液体积为 V_2。当单作用叶片泵的转子每转一周时，每两相邻叶片间的密封容积变化量为 (V_1-V_2)。若近似把 aa' 和 bb' 看做是以 O_1 为圆心的圆弧，则有

$$V_1 = \frac{B}{2}\left[(R+e)^2 - r^2\right]\beta \tag{3-15}$$

$$V_2 = \frac{B}{2}\left[(R-e)^2 - r^2\right]\beta \tag{3-16}$$

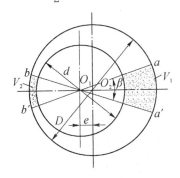

图 3-15 单作用叶片的排量计算

因为叶片数为 Z，故在转子转一周时，容积变化量即几何排量 $q_B=(V_1-V_2)Z$。由于叶片夹角 $\beta=2\pi/Z$，故几何排量 q_B 可表示为

$$q_B = (V_1-V_2)Z = 2\pi e D B \tag{3-17}$$

如果考虑叶片体积(宽度 B，厚度为 δ，有效高度为 $2e$，叶片倾角为 θ，叶片数为 Z)，则几何排量 q_B 可表示为

$$q_B = 2eB\left(\pi D - \frac{Z\delta}{\cos\theta}\right) \tag{3-18}$$

式中，B —— 叶片宽度；

D —— 定子内径；

e —— 定子与转子之间偏心距；

Z —— 叶片数；

δ —— 叶片厚度；

θ —— 叶片安装倾角。

由式(3-17)和式(3-18)可以看出，改变叶片泵的偏心距 e 可改变它的几何排量 q_B，即改变输出流量 Q_B。

单作用叶片泵的流量也具有脉动性。对单作用叶片泵的瞬态流量研究表明，泵内叶片数越多，流量脉动率越小。此外，叶片为奇数时流量均匀性较好，叶片数通常为 13 或 15 片。

3.3.3 限压式变量叶片泵

限压式变量叶片泵是一种常用变量泵，根据其改变偏心距 e 的方式不同，有内反馈式和外反馈式两种形式，其中外反馈式变量叶片泵应用较多。

1. 外反馈限压式变量叶片泵

图 3-16 所示为外反馈限压式变量叶片泵工作原理图。转子中心 O_1 是固定的，定子中心 O_2 可左右移动。定子右侧有一弹簧，其预压缩量为 x_0，左部有柱塞式控制液压缸，有效面积为 A。初始时，定子在弹簧预压力 kx_0 作用下，它与转子偏心距 O_1O_2 为最大，即 $O_1O_2 = e_0 = e_{max}$。

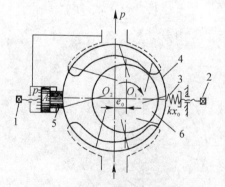

1—偏心调节螺钉；2—预紧力调节螺钉；3—限压弹簧；4—定子；5—柱塞；6—转子

图 3-16 外反馈限压式变量叶片泵工作原理图

当转子顺时针转动时，下部为吸油低压腔，上部为排油高压腔。泵出口压力油液经内部通道作用在柱塞上，则作用在定子上液压力为 pA，与弹簧预压力 kx_0(k 为弹簧刚度，x_0 为弹簧预压缩量)相平衡。当 $pA \leqslant kx_0$ 时，定子不动，偏心距为最大($e = e_{max}$)，泵的流量为最大，即 $Q(p) = Q_{max}(p)$，并可表示为

$$Q_{\max} = k_q e_{\max} - C_L p \tag{3-19}$$

式中，k_q——泵流量系数；

　　　$e_{\max}$——最大偏心距；

　　　C_L——泵泄漏系数；

　　　p——泵的负载压力。

当液压力 $pA > kx_0$ 或泵工作压力 p 大于限定压力 $p_0 = kx_0/A$ 时，定子右移距离为 x，偏心距减小，此时 $e = e_{\max} - x$，泵流量变小；当负载压力 p 继续升高，则偏心距继续变小，流量进一步变小，直至为零，这时泵的工作压力 $p = p_{\max}$。

当 $pA > kx_0$ 时，其流量和压力平衡方程为

$$Q = k_q e - C_L p = k_q(e_{\max} - x) - C_L p \tag{3-20}$$
$$pA = k(x_0 + x) \tag{3-21}$$

式中，x——定子位移量（弹簧压缩增加量）。

由式(3-21)可求出 x

$$x = \frac{pA}{k} - x_0 = \frac{A}{k}(p - p_0) \tag{3-22}$$

将式(3-22)代入式(3-20)，则有

$$Q = k_q\left[e_{\max} - \frac{A}{k}(p - p_0)\right] - C_L p \qquad (p > p_0) \tag{3-23}$$

式(3-20)和式(3-23)描述了外反馈限压式变量叶片泵的流量—压力特性，如图 3-17 所示。当泵的工作压力小于 p_0 时，其流量 Q 变化按斜线 AB 变化，在该阶段变量泵相当于一个定量泵，图中 B 点为曲线的拐点，其对应的压力就是限定压力 p_0，它表示泵在原始偏心量 $e_{\max}$ 时可达到的最大工作压力。当泵的工作压力 p 超过 p_0 时，偏心量 e 减小，输出流量随压力的增高而急剧减少，流量按 BC 段曲线变化，C 点所对应压力 $p_{\max}$ 为截止压力（又称为最大压力）。当更换不同刚度的限压弹簧时，可改变曲线 BC 段的斜率，弹簧刚度 k 值越小（越"软"），BC 段越陡，$p_{\max}$ 值越小；反之，弹簧刚度 k 值越大（越"硬"），曲线 BC 段越平缓，$p_{\max}$ 值亦越大。

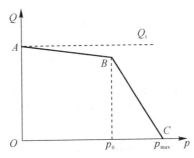

图 3-17　限压式变量叶片泵流量—压力特性曲线

限压式变量叶片泵的流量—压力特性曲线表明了它的静态特性。调节偏心调节螺钉 1（见图3-16）可以改变泵的最大流量，使特性曲线 AB 段上下平移；调节预紧力调节螺钉 2 可改变限定压力 p_0 的大小，使特性曲线 BC 段左右平移。

与定量泵相比，限压式变量叶片泵结构复杂，存在轴向不平衡液压力，噪声比较大，容积效率与机械效率低于定量叶片泵。但从上图流量与压力特性曲线可以看出，限压式变量

叶片泵工作在曲线的 AB 段，可以供给执行元件大流量，实现快速行程；工作在曲线的 BC 段，可以满足执行元件工作进给时负载压力升高，流量减少的要求。

2. 内反馈限压式变量叶片泵

内反馈限压式变量叶片泵的工作原理与外反馈限压式变量叶片泵相似，不同的是内反馈限压式变量叶片泵是将排油腔的油液压力直接作用在定子上来控制变量的，其工作原理如图 3-18 所示。

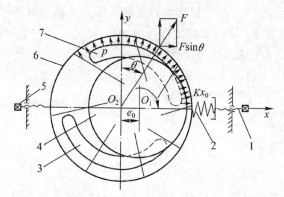

1—偏心调节螺钉；2—限压弹簧；3—吸油口；4—转子；

5—预紧力调节螺钉；6—定子；7—排油口

图 3-18　内反馈限压式变量叶片泵工作原理图

从图 3-18 中可以看出，由于内反馈限压式变量叶片泵配流盘的吸、排油窗口相对泵中心线不对称分布，吸、排油窗口中心与泵中心线（y 向）存在着偏角 θ，因此泵在工作时，排油区的压力油作用于定子的力 F 也存在偏角 θ，F 在 x 轴方向的分力为 $F\sin\theta$。当分力 $F\sin\theta$ 超过限压弹簧限定压力时，则定子向右移动，定子与转子偏心量 e_0 减小，使泵的输出流量减少，实现泵的流量调节。

3.4　轴向柱塞泵

利用柱塞在缸体内作往复运动而工作的液压泵称柱塞泵。柱塞轴线与缸体轴线平行或略有倾斜的柱塞泵称轴向柱塞泵。其中，若柱塞轴线与缸体轴线平行称直轴式轴向柱塞泵，简称直轴泵；若柱塞轴线与缸体轴线略有倾斜、缸体与驱动轴有明显倾角，称斜轴式轴向柱塞泵，简称斜轴泵。轴向柱塞泵又因支承柱塞头部的零件为斜盘，称为斜盘泵。斜盘泵分为两种，如驱动轴线不穿越斜盘的称半轴式轴向柱塞泵；驱动轴线穿越斜盘的称通轴式轴向柱塞泵，简称通轴泵。

与齿轮泵及叶片泵相比，由于密封容积是由缸孔和柱塞构成的，轴向柱塞泵具有配合表面质量和尺寸精度易达到设计要求、密封性好、泄漏量小、效率高的优点。同时柱塞泵工作压力高、转速高、变量容易，在各工业部门得到广泛应用。

3.4.1　斜盘式轴向柱塞泵

1. 工作原理

斜盘式轴向柱塞泵工作原理如图 3-19 所示，它由传动轴 5、斜盘 1、柱塞 2、缸体 3、配流盘 4 和弹簧 6 等构成。传动轴 5 与缸体 3 用花键连接并带动缸体 3 转动,缸体 3 上沿圆周均匀分布多个(通常为奇数)平行于主轴轴线的缸孔,孔中装有柱塞 2 以形成密封工作容积;柱塞在尾部弹簧力和低压液压力的作用下,其头部压紧在斜盘平面上,斜盘倾角 γ(斜盘法线与主轴轴线的交角)是可调的,调节好后就固定在一定位置上。

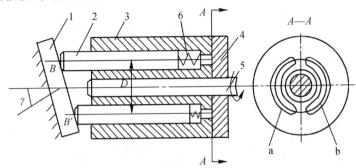

1—斜盘;2—柱塞;3—缸体;4—配流盘;5—传动轴;6—弹簧;a、b—腰形吸、排油孔

图 3-19 斜盘式轴向柱塞泵工作原理图

当传动轴 5 带动缸体 3 按图示方向(从右侧看为逆时针方向)转动时,柱塞 2 在弹簧或斜盘平面的制约下,相对缸体 3 作往复运动。缸体转角在 π～2π 之间,柱塞在弹簧力的作用下,相对缸孔外伸,密封容积不断变大,形成局部真空,油液经配流盘腰形孔 a 被吸入,完成吸油过程。缸体转角在 0～π 之间,柱塞在斜盘平面制约下,相对缸孔内移,密封容积不断变小,受挤压的油液经配流盘腰形孔 b 被排出而输向系统,实现排油过程。

2. 几何排量

主轴(或缸体)转一周时,每一柱塞均完成一次往复运动而完成吸、排油过程。当调节斜盘倾角 γ 时,可调节斜盘泵的几何排量。

斜盘泵的几何排量等于柱塞排油行程($S = D\tan\gamma$)、柱塞面积($A = \pi d^2/4$)与柱塞数(Z)之积。如图 3-19 所示,如柱塞分布圆直径为 D,柱塞从上止点 B 按图示方向旋转至下止点 B' 的过程中,排液的最大行程 $S_{max} = D\tan\gamma$,则可确定柱塞泵的几何排量 q_{Bv} 为

$$q_{Bv} = \frac{\pi}{4} d^2 ZD\tan\gamma \tag{3-24}$$

式中,d ——柱塞直径;

   Z ——柱塞数;

   D ——柱塞分布圆直径;

   γ ——斜盘倾角。

3.4.2 直轴式柱塞泵典型结构

如图 3-20 所示为 SCY14-1 型手动变量轴向柱塞泵结构,主要包括泵的主体(零件 1～14)与手动变量机构(零件 15～23)两部分。

泵体由中间泵体 1 和前泵体 8 组成。传动轴 9 支承在前泵体 8 的滚动轴承上,穿越配流盘 7(由销钉 6 固定在前泵体 8 上),与缸体 5 用花键相连接。用圆柱滚子轴承 2 支承在中间泵体 1 上的缸体 5 内均布 7 个轴向孔,孔内装有柱塞 4,其头部与滑靴 3 用球铰联接,可随意转动。回程盘 14 将滑靴 3 压紧在斜盘 20 上,为减小摩擦,滑靴和柱塞中心加工有直径

为 1 mm 的小孔,以使压力油液引到滑靴底部而形成静压支承。装在传动轴 9 内的定心弹簧 10 通过钢球 13 给回程盘 14 施加压紧力。当传动轴 9 带动缸体 5 和柱塞 4 转动时,回程盘 14 上的弹簧力使柱塞 4(通过滑靴 3)相对缸体外移,而斜盘 20 则强制使柱塞 4(通过滑靴 3)相对缸体缩回,这样就完成吸油和排油。吸排油通道分布在前泵体的左右两侧,其内部通道与配流盘的吸、排油口相连。

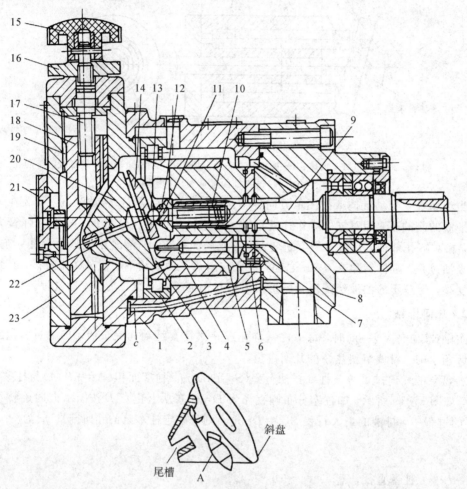

1—中间泵体;2—圆柱滚子轴承;3—滑靴;4—柱塞;5—缸体;6—销钉;7—配流盘;8—前泵体;9—传动轴;10—定心弹簧;11—内套;12—外套;13—钢球;14—回程盘;15—手柄(轮);16—螺母;17—螺杆;18—变量活塞;19—导向键;20—斜盘;21—刻度盘;22—销轴;23—变量壳体

图 3-20　SCY14-1 型手动变量轴向柱塞泵结构

3.4.3　斜轴式轴向柱塞泵

1. 斜轴式轴向柱塞泵类型

驱动轴轴线与缸体轴线成一定倾角的轴向柱塞泵称斜轴式轴向柱塞泵,简称斜轴泵。根据缸体的驱动形式,斜轴泵可分为中心铰式和无铰式两类。

如图 3-21 所示,中心铰式斜轴柱塞泵通过连接驱动轴和缸体的中心万向铰(中心柱

7)来驱动缸体作旋转运动。

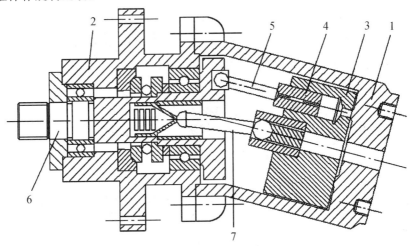

1—油缸泵体；2—轴承壳体；3—缸体；4—柱塞；5—连杆；6—传动轴；7—中心柱

图 3-21 中心铰式斜轴柱塞泵

无铰式斜轴柱塞泵是在中心铰式的基础上发展起来的，它是斜轴泵的主要结构形式。通过安装在主轴上的连杆 2(另一头与柱塞相连接)的锥形表面与柱塞内壁的接触来拨动缸体运动，而缸体内的中心杆件仅起支承缸体运动而不是传递运动的作用，如图 3-22 所示。

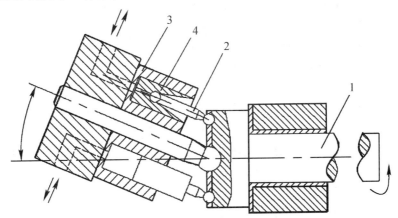

1—主轴；2—连杆；3—缸体；4—柱塞

图 3-22 无铰式斜轴柱塞泵

2. 工作原理

斜轴式轴向柱塞泵工作原理如图 3-23 所示，它由传动轴(主轴盘)1、连杆 2、缸体 3、柱塞 4、配流盘 5 等组成。其中，柱塞 4 与缸体 3 的缸孔构成密封容积。当传动轴 1 按图示逆时针方向转动时，传动轴 1 先带动铰接在主轴盘和柱塞 4 的连杆 2 转动，连杆 2 靠紧柱塞 4 的内侧壁面，使柱塞 4 带动缸体 3 逆时针转动并在缸体内作往复运动。柱塞相对缸体往复移动，当密封容积变大，形成局部真空，油液自配流盘 5 的吸油窗口 6 被吸入；而当柱塞在主轴盘和连杆 2 的作用下，相对缸体内缩，密封容积变小，高压油液自配流盘 5 的排油窗口 7 排出而输向系统。

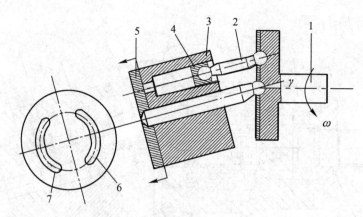

1—传动轴；2—连杆；3—缸体；4—柱塞；5—配流盘；6—吸油窗口；7—排油窗口

图 3-23　斜轴式轴向柱塞泵工作原理图

3. 几何排量

主轴盘（或缸体）转一周时，每一柱塞均完成一次吸排油过程。柱塞位移行程 $h = D\sin\gamma$，则几何排量 q_B 为

$$q_B = \frac{\pi}{4}d^2 ZD\sin\gamma \tag{3-25}$$

式中，d —— 柱塞直径；

　　Z —— 柱塞数；

　　D —— 主轴盘球窝分布圆直径（略大于缸孔分布圆直径）；

　　γ —— 缸体摆线角（主轴盘轴线与缸体轴线交角）。

与斜盘式轴向柱塞泵相比，斜轴式轴向柱塞泵因柱塞通过连杆拨动缸体，柱塞所受的液压径向力很小，柱塞受力状况比斜盘式轴向柱塞泵好，故结构强度较高、耐冲击性能好、变量范围较大，主轴与缸体的轴线夹角最大可为 40°，所以斜轴式轴向柱塞泵更适合大排量场合。斜轴式轴向柱塞泵适用于工作环境比较恶劣的矿山、冶金机械液压系统。

3.4.4　轴向柱塞泵变量机构

轴向柱塞泵通过安装不同的变量控制机构来变更斜盘或斜轴相对于缸体轴线的倾角，以实现柱塞泵排量与输出流量的改变。

1. 手动变量机构

如前所述，图 3-20 所示轴向柱塞泵安装的即是直动式手动变量机构。手轮 15 的转动带动丝杠转动，使变量活塞 18 上下移动并通过销轴 22 带动斜盘 20 绕其回转中心摆动，从而改变斜盘相对于缸体轴线的倾角达到调节泵排量的目的。

2. 手动伺服变量机构

如图 3-24 所示，柱塞泵的手动伺服变量机构主要由缸体 1、变量活塞 2 以及伺服阀芯 4 组成，机构操纵省力，适用于高压大流量的液压泵。其中，泵上的斜盘与缸体通过球铰 3

与活塞下端相连。当伺服阀芯下移时，泵的高压油由缸体下部的 a 腔流经通道 c 到达缸体上部的 b 腔。由于作用于活塞上部高压油的作用面积大于下部 a 腔作用面积，使得活塞下移。当活塞下移到一定位置时，伺服阀的阀口再一次关闭，活塞停止移动。同理当变量活塞向上移动时，下阀口打开，活塞上部 b 腔的油液经打开的通道 d、e 流回油箱。在 a 腔压力油的作用下，变量活塞向上移动至使下阀口关闭，活塞停止移动。可以看出，手动伺服变量机构变量活塞的移动量与手柄(通过伺服阀芯)的位移量是相等的。阀芯的移动改变了斜盘的倾角从而调节泵的排量。

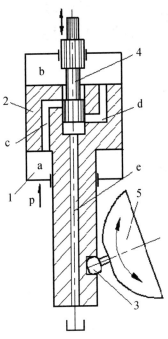

1—缸体；2—变量活塞；3—球铰；4—伺服阀芯；5—斜盘；

a—缸体下腔；b—缸体上腔；c、d、e—通道

图 3 - 24　柱塞泵的手动伺服变量机构

3. 恒功率变量机构

除上述变量机构以外，轴向柱塞泵还有其他变量机构，使泵的输出量(压力、流量、功率等)按一定的变化规律进行控制，以满足液压系统对油源提出的多种需要。

图 3 - 25(a) 所示为恒功率变量机构的原理图，又称压力补偿变量机构。泵工作时，泵出口的一小部分压力油液流经中间泵体上的通道到达变量活塞 9 上腔，并经过阻尼孔到达控制活塞 3。内弹簧 5 安装高度与弹簧座之间的距离为 L。弹簧 8 安装在伺服阀 7 的下部。当作用于活塞 3 的液压力大于弹簧 6、8 的弹簧力之和时，控制活塞推动伺服阀的阀芯下移，油口 a、b 连通，压力油液进入到变量活塞下腔。由于变量活塞下腔作用面积大于其上腔作用面积，变量活塞上移。通过拨销 2 带动配流盘 1 与缸体 10 一起绕 O 点摆动，减小缸体摆动角。同时，拨销使控制活塞与弹簧 8 上移复位，油口 a、b 再次闭合。此时，弹簧力与液压力达到平衡，控制活塞稳定在一定位置，柱塞泵在缸体的某一摆角下，输出定流量的

高压油液。若泵的出口压力升高，活塞所受液压力进一步增大，重复上述过程，泵的输出流量随出口压力的升高而减少。如变量活塞下移的行程等于 L 时，内弹簧 5 将参与工作，这时，作用于控制活塞的液压力与弹簧 5、6、8 的弹簧力合力相平衡。

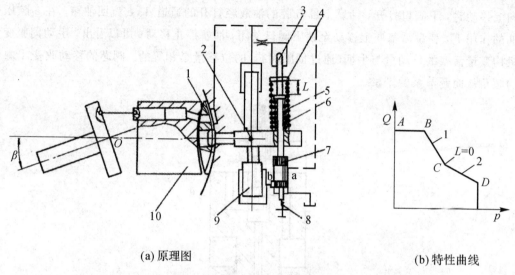

(a) 原理图   (b) 特性曲线

1—配流盘；2—拨销；3—控制活塞；4—弹簧座；5、6、8—弹簧；
7—伺服阀；9—变量活塞；10—缸体
图 3-25 恒功率变量机构

恒功率变量机构的特性曲线如图 3-25(b)所示。外弹簧的刚度决定了曲线 1 的斜率，而内外弹簧的合成刚度决定了曲线 2 的斜率。改变弹簧 8 的预压缩量，曲线 BCD 沿水平方向平移。

由此可以看出，恒功率变量机构的工作特点是在一定压力范围内，泵的输出流量随压力升高而减小，随压力降低而增大，压力和流量近似成双曲线关系，即泵的输出功率 pQ 近似为常数。

3.5 径向柱塞泵

柱塞轴线与缸体轴线垂直的柱塞泵称径向柱塞泵。根据配流方式可分为轴配流式和阀配流式；根据柱塞泵的放置方式可分为径向式及卧式，后者的柱塞是水平放置的，不加特别说明的径向柱塞泵，默认为柱塞径向均布的轴配流式径向柱塞泵。径向柱塞泵的排数有单排和多排之分。

3.5.1 工作原理

图 3-26 为径向柱塞泵工作原理图。径向柱塞泵由柱塞 1、转子 2、衬套 3、定子 4 和配流轴 5 等构成。在转子(缸体)2 上径向均匀排列着柱塞孔，柱塞 1 可在转子的柱塞孔中自由滑动，它与缸孔构成可改变的密封工作容积。衬套 3 固定在转子轴向内孔并随转子一起旋转。配流轴 5 固定不动，配流轴的中心与定子中心有偏心 e，定子能左右移动。当转子与柱塞顺时针

方向转动时，柱塞在离心力（或在低压油）的作用下压紧在定子 4 的内表面上，在上半周，柱塞向外伸出，径向孔内的密封工作容积不断增大，产生局部真空，油液经配流轴上的 a 孔进入 b 腔；在下半周，柱塞受定子的内表面制约而相对缸孔向内退回，密封工作容积不断减小，将 c 腔的油液从配流轴上的 d 孔向外排出。转子每转一周，柱塞在每个径向孔内吸油、排油各一次。改变定子与转子偏心量 e 的大小，可以改变泵的排量；改变偏心量 e 的方向，泵的吸、排油方向或吸、排油腔交换。因此径向柱塞泵可以做成单向或双向变量泵。

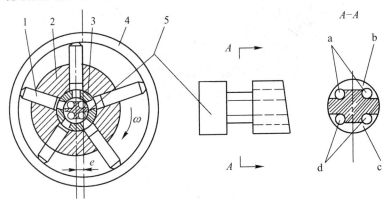

1—柱塞；2—转子；3—衬套；4—定子；5—配流轴

图 3-26 径向柱塞泵工作原理图

径向柱塞泵的径向尺寸大、结构复杂、自吸能力差。配流轴上径向液压力不平衡，配流轴必须做得直径较粗，以免变形过大。配流轴与衬套之间磨损后的间隙不能自动补偿，泄漏较大。这些原因一定程度上限制了径向柱塞泵的转速和额定压力的进一步提高。

3.5.2　排量

当径向柱塞泵的转子和定子间的偏心量为 e 时，柱塞在缸体内孔的行程为 $2e$，若柱塞数为 Z，柱塞直径为 d，则泵的排量 q_B 为

$$q_B = \frac{\pi}{4} d^2 \times 2eZ \tag{3-26}$$

由于柱塞在缸体中径向运动速度是变化的，而各个柱塞在同一瞬时径向运动速度也不一样，所以径向柱塞泵的瞬时流量是脉动的，理论上奇数柱塞要比偶数柱塞的瞬时流量脉动小得多，所以径向柱塞泵采用的柱塞数为奇数。

3.5.3　径向柱塞泵的典型结构

图 3-27 是一种典型的径向柱塞泵。柱塞 5 共有 4 排，每排 13 个柱塞。泵体右端为固定不动的直径较大的配流轴 6，主动轴 2 通过花键与转子（缸体）3 连接并带动它一起转动，主动轴 2 同时驱动齿轮泵 1 向径向柱塞泵供液。当主动轴 2 和转子 3 一起转动时，柱塞 5 在离心力和齿轮泵 1 供液压力作用下压紧定子 4 的内表面，柱塞 5 在缸体 3 内作径向往复运动。通过衬套 8 由配流轴 6 上的吸、排油窗口实现吸油和排油。定子 4 可在导轨 7 中左右移动（见图 3-27(b)），调节泵转子与定子间的偏心距可调节泵的几何排量及流量。

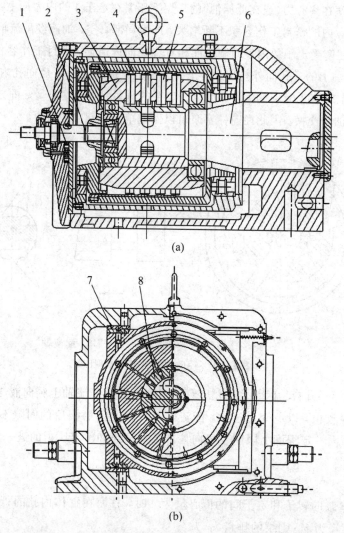

(a)

(b)

1—齿轮泵；2—主动轴；3—转子(缸体)；4—定子；5—柱塞；6—配流轴；7—导轨；8—衬套

图 3-27　径向柱塞泵的结构

3.6　各类液压泵的性能比较及应用

　　合理地选择液压泵对降低液压系统油耗、提高工作效率、降低噪声和保证系统安全可靠工作十分重要。

　　在设计液压系统时，首先根据主机工况、功率大小和系统对工作性能要求确定合适的液压泵的结构类型。然后基于系统对压力、流量大小要求确定所选泵的规格型号，最后根据系统计算得出最大工作压力和最大流量等具体参数。同时考虑定量、变量、原动机类型、转速、容积效率、总效率、自吸特性、噪声等因素来选定具体规格。

　　比较各类液压泵的性能，有利于在实际液压系统设计中选用。按目前统计资料，将各类液压泵的性能及应用列于表 3-2 中。

表3-2 各类液压泵的性能及应用

类型\性能参数	齿轮泵 内啮合 渐开线式	齿轮泵 内啮合 摆线式	齿轮泵 外啮合	叶片泵 单作用	叶片泵 双作用	螺杆泵	柱塞泵 轴向 斜盘式	柱塞泵 轴向 斜轴式	柱塞泵 径向 轴配流	柱塞泵 径向 阀配流
压力范围/MPa（低压型）（中、高压型）	2.5≤30	1.6 16	2.5≤30	≤6.3	6.3 ≤32	2.5 10	≤40	≤40	35	≤70
排量范围/(mL/r)	0.3~300	2.5~150	0.3~650	1~320	0.5~480	1~9200	0.2~560	0.2~3600	16~2500	<4200
转速范围/(r/min)	300~4000	1000~4500	3000~7000	500~2000	500~4000	1000~18000	600~6000	700~4000	≤1800	—
容积效率/%	≤96	80~90	70~95	58~92	80~94	70~95	88~93	80~90	90~95	—
总效率/%	≤90	65~80	63~87	54~81	65~82	70~85	81~88	81~88	81~83	83~86
流量脉动	小	小	小	中等	小	很小	中等	中等	中等	中等
功率重量比/(kW/kg)	大	中	中	小	中	小	大	中~大	小	大
噪声	小	小	大	较大	小	很小	大	大	大	大
对油液污染敏感性	不敏感	不敏感	不敏感	敏感	敏感	不敏感	敏感	敏感	敏感	敏感
流量调节	不能	不能	不能	能	不能	不能	能	能	能	能
自吸能力	好	好	好	中	中	好	差	差	差	差
价格	较低	较低	最低	中	中低	高	高	高	高	高
应用范围	机床、农业机械、工程机械、航空、船舶、一般机械			机床、注塑机、工程机械、飞机等		精密机床及机械、食品、化工、石油、纺织机械等	工程机械、运输机械、锻压机械、船舶、机床和液压机			

本 章 小 结

本章重点介绍了液压泵的工作原理、参数计算及多种典型液压泵的结构特点，重点掌握以下内容。

1. 液压泵的概念、分类和基本工作原理(条件)

液压泵基本工作原理可简要概括为：高低压腔要隔开、密封容积可变化及相应配流方法。分析液压泵的密封容积构成及转动时密封容积变化规律是分析各种液压泵工作原理的基本方法。

2. 液压泵基本参数计算

液压泵的常用计算参数为

输出流量：$Q_B = n_B q_{Bv} \eta_{Bv}$；

输出功率：$P_B = p_B Q_B$；

输入功率：$P_{Bi} = \dfrac{P_B}{\eta_B} = \dfrac{p_B Q_B}{\eta_{Bv}\eta_{Bm}} = \dfrac{p_B Q_t}{\eta_{Bm}}$；

输入扭矩：$T_{Bi} = \dfrac{p_B q_{Bv}}{2\pi\eta_{Bm}}$。

3. 齿轮泵

外啮合齿轮泵的密封容积由齿廓线、壳体内表面及前后端盖构成，齿面啮合接触线将高低压腔隔开，轮齿脱离啮合侧，密封容积变大，吸油；轮齿进入啮合侧，密封容积变小而排油。其主要问题有泄漏、困油和径向液压力不平衡。内啮合齿轮泵工作原理可参照外啮合齿轮泵分析。

4. 叶片泵

单、双作用叶片泵的密封容积由两相邻叶片、定子的内表面、转子外表面及配流盘构成。单、双作用叶片泵的叶片相对缸体外伸时完成吸油，相对缸体退回时完成排油。限压式变量叶片泵的转子是固定的，依靠定子的位置变化调节几何排量，有外反馈和内反馈两种方式，其流量—压力特性曲线的特点是：在一定压力范围内，输出流量呈现定量泵特性，达到某一限定压力时，输出流量随压力的增高而急剧减少，直至为零而工作压力达到最大值。

5. 轴向柱塞泵

轴向柱塞泵的密封容积由柱塞和缸孔(体)构成。对于斜盘式轴向柱塞泵，通常假定斜盘法线指向右部的斜上方，传动轴带动缸体转动时，柱塞在尾部弹簧力和低压液压力的作用下逐步伸出，密封容积变大而吸油，在斜盘作用下逐步退回，密封容积变小而排油。反向旋转时吸、排油腔交换或斜盘倾角变化(法线向右下方时)也引起吸、排油腔交换。调节斜盘倾角 γ，可调节几何排量 $q_{Bv} = \pi d^2 ZD\tan\gamma/4$。排量的调节方式主要有手动、手动伺服和恒功率自动控制等。奇数柱塞泵流量均匀性优于偶数柱塞泵。

斜轴式轴向柱塞泵工作原理是驱动轴盘通过固连在它的端面上的连杆拨动缸体转动，使柱塞在缸体内作往复运动完成吸油和排油过程。斜盘泵和斜轴泵均靠配流盘配流。

6. 径向柱塞泵

径向柱塞泵密封容积同样由柱塞和缸体构成。它是靠转子(缸体)与壳体(定子)的偏心量 e 而使柱塞在缸体内作往复运动而工作的。柱塞伸出和退回与叶片泵的叶片相似。径向柱塞泵通常采用配流轴或配流阀配油。

思考与练习

3-1　容积式液压泵的工作原理是什么?

3-2　液压泵装于液压系统中之后,它的工作压力是否就是液压泵铭牌上的压力?为什么?

3-3　液压泵在工作过程中会产生哪些能量损失?产生损失的原因是什么?

3-4　齿轮泵泄漏的主要途径都有哪些?可以采取哪些措施来提高齿轮泵的压力?

3-5　什么是齿轮泵的困油现象?产生困油现象有何危害?如何消除困油现象?其他类型的液压泵是否有困油现象?

3-6　提高双作用叶片泵的工作压力的措施有哪些?

3-7　限压式变量叶片泵的拐点压力和最大流量如何调节?调节时,泵的流量—压力特性曲线如何变化?

3-8　从理论上讲,为什么柱塞泵比齿轮泵和叶片泵的额定压力高?

3-9　与斜盘式轴向柱塞泵相比,斜轴式轴向柱塞泵有哪些特点?

3-10　轴向柱塞泵的变量机构主要形式有哪些?原理分别是什么?

3-11　某液压泵额定压力 $p=2.5$ MPa,机械效率 $\eta_{Bm}=0.9$。

(1) 当泵的转速 $n=1450$ r/min,泵的出口压力为零时,其流量 $Q_1=106$ L/min。当泵出口压力为2.5 MPa时,其流量 $Q_2=100.7$ L/min。试求泵在额定压力时的容积效率。

(2) 当泵的转速 $n=500$ r/min,压力为额定压力时,泵的流量为多少?容积效率又为多少?

(3) 以上两种情况时,泵的驱动功率分别为多少?

3-12　某液压泵额定工作压力为 10 MPa,几何排量为 12 mL/r,理论流量为 24 L/min,容积效率为 0.90,机械效率为 0.80。试求

(1) 转速和角速度;

(2) 输出和输入功率;

(3) 液压泵输入轴上的转矩。

3-13　已知齿轮泵的齿轮模数 $m=3$ mm,齿数 $Z=15$,齿宽 $B=25$ mm,转速 $n=1450$ r/min,在额定压力下输出流量 $Q_B=25$ L/min,求该泵的容积效率 η_{Bv}。

3-14　某叶片泵公称压力为 6.3 MPa,理论流量为 63 L/min。设容积效率为 $\eta_{Bv}=0.85$,机械效率 $\eta_{Bm}=0.85$。试确定

(1) 输出流量;

(2) 输出功率;

(3) 所需输入功率,应选择电动机型号。

3-15　某组合机床动力滑台采用双联叶片泵 YB-40/6。快速进给时两泵同时供油,

工作压力为1.0 MPa；工作进给时，大流量泵卸荷，其卸荷压力为0.3 MPa，此时系统由小流量泵供油，其供油压力为4.5 MPa。若泵的总效率为 $\eta_B = 0.8$，求该双联泵所需电动机功率（大泵流量为40 L/min，小泵流量为6 L/min）。

3-16 某直轴式轴向柱塞泵分布圆半径 $R = 30$ mm，倾盘最大倾角 $\beta_{max} = 18°$，柱塞直径 $d = 12$ mm，柱塞数 $Z = 7$，斜盘泵转速 $n_B = 1500$ r/min。试求

(1) 最大理论排量；

(2) 实际输出流量的最大值（假定 $\eta_{Bv} = 0.90$）；

(3) 柱塞相对缸体的最大速度。

3-17 斜盘泵的柱塞数 $Z = 9$，柱塞直径 $d = 16$ mm，其分布圆直径 $D = 125$ mm，容积效率 $\eta_{Bv} = 0.95$，机械效率 $\eta_{Bm} = 0.90$，工作压力为15 MPa，输出流量 $Q_B = 90$ L/min，泵转速 $n_B = 1500$ r/min，试求

(1) 斜盘泵的斜盘倾角 β；

(2) 斜盘泵的理论功率 P_{Bt}；

(3) 斜盘泵的输入功率 P_{Bi}；

(4) 斜盘泵的输入扭矩 T_{Bi}。

3-18 某斜盘式轴向柱塞泵的性能参数如下：最大工作压力 $p_{Bmax} = 16$ MPa，要求它有最大流量 $Q_{Bmax} = 100$ L/min，转速 $n_B = 1475$ r/min。试确定其结构参数并选择电动机。

3-19 轴配流径向柱塞泵数据如下：输入轴的转矩为27 N·m，机械效率为0.9375，容积效率为0.95，工作压力为10 MPa，偏心距调整到5 mm，柱塞直径为15 mm，驱动柱塞泵的电动机的输出轴上的功率为4241.15 W。试求

(1) 电动机的转速（它直接驱动柱塞泵）；

(2) 柱塞泵的柱塞数；

(3) 柱塞泵的流量脉动率；

(4) 柱塞泵的泄漏系数。

第4章　执 行 元 件

将液压能重新转换成机械能的动力装置称为执行元件。电液元件具有类比性，液压泵类似发电机，执行元件类似电动机。因执行元件消耗液压能而做功，有时还称为液动机。根据执行元件能量转换的方式或输出机械能形式，又可分为两类3种：液压马达、摆动液压马达和液压缸。液压马达作连续回转运动，输出转矩和转速；液压缸作往复直线运动，输出力和速度；摆动液压马达作往复摆动（回转或摆角小于360°），输出转矩和角速度。由于摆动液压马达运动的往复性与液压缸类似，亦称摆动液压缸；但由于输出运动的形式与液压马达类似，又称摆动液压马达。摆动液压马达是比较科学的称谓，而摆动液压缸的称呼又得到广泛认可。本章分别介绍这3种执行元件的典型结构和工作原理。

4.1　液压马达的分类和主要性能参数计算

4.1.1　液压马达的分类

将输入液压能转换成作连续回转运动、输出转矩和转速的执行元件称为液压马达（简称马达）。液压马达有多种，通常根据结构将其分为齿轮马达、叶片马达和柱塞马达（螺杆马达归入齿轮类；钢球马达归入柱塞类）。由于液压泵和液压马达的作用不同，同一类型的液压泵和液压马达在结构上也有一定的差异。除少数轴向柱塞泵与轴向柱塞马达可以互换外，其他液压泵不可作液压马达使用，阀式配流的柱塞泵在原理上也不能作液压马达使用。另外，液压马达的变量方式与液压泵也有差别，除通常的连续（无级）变量外，还有有级变量形式。另一种常见的分类方法是根据输出转速高低和转矩的大小，将其分为高速小转矩液压马达和低速大转矩液压马达。一般认为额定转速高于 500 r/min 的属于高速马达，低于 500 r/min 的属于低速马达。高速小转矩马达的基本形式有齿轮式、叶片式和轴向柱塞式，低速大转矩马达的基本形式是径向柱塞式，如单作用曲轴连杆式、静压平衡式和多作用内曲线式等。另外，轴向柱塞式、叶片式和齿轮式中也有低速大转矩结构形式。液压马达的职能符号见图 4-1。

（a）单向定量马达　　（b）双向定量马达　（c）单向变量马达　　　（d）双向变量马达

图 4-1　液压马达职能符号

4.1.2 液压马达主要参数及计算

1. 液压马达的主要参数

液压马达的主要参数与液压泵几乎是相同的，如下所述。

1）压力

（1）额定压力 p_{MR}：按试验标准进行满载和连续运转的试验压力，是允许使用的最高压力。

（2）最高压力 p_{Mmax}：液压马达短时间内所允许的极限压力。

（3）工作压力 p_M：它是由负载决定的液压马达进（入）口处的实际工作压力 p_{Mi}。

（4）压力差 Δp_M：即液压马达输入（入口）与输出（出口）压力之差。出口压力亦称背压力，记为 p_{MT}，即有 $\Delta p_M = p_{Mi} - p_{MT}$。当液压马达背压（回液压力）为零（绝对压力为大气压力）时，$\Delta p_M = p_{Mi}$。与液压泵不同的是，为使液压马达启动平稳或其他要求，液压马达通常有一定背压。因而，液压马达的工作压力 p_M 或入口压力 p_{Mi} 在无背压条件下决定于负载；在有背压情况下，主要取决于负载，但还受到背压大小的影响。在工程计算中最常用到的是液压马达的压力差或压力降 Δp_M。

2）转速

（1）额定转速 n_{MR}：它是按实验标准规定进行连续满载运转的转速，在设计中使用。

（2）工作转速 n_M：它是按系统负载要求的液压马达实际转速。当负载不变时，工作转速决定于液压马达的入口流量；当入口流量不变时，如负载变大，由于泄漏量增加，转速略有降低，反之略有升高。

（3）最高（低）转速：最高转速 n_{Mmax} 是按实验标准规定，在额定压力下进行超速实验的转速。在实验工作中，液压马达可在这一转速下短暂运行。最低（小）转速 n_{Mmin} 是按实验标准规定，在额定压力下不出现爬行的最低（小）转速。一般有 $n_{Mmin} \leqslant n_M \leqslant n_{MR} < n_{Mmax}$。

3）几何排量和流量

（1）几何排量 q_{Mv}：是液压马达转一周，由其密封容积腔变化的几何尺寸计算而得到的液体体积，与液压泵几何排量 q_{Bv} 概念相同。

（2）额定流量 Q_{MR}：在额定压力下，保证额定转速所需的液压马达的输入流量。

（3）理论流量 Q_{Mt}：不计液压马达泄漏，由液压马达几何排量 q_{Mv} 计算得到的指定转速所需的输入流量或出口流量。

（4）实际流量 Q_{Mi}：在某压力下为得到所需转速，液压马达所需的进（入）口流量，它等于理论流量与泄漏量之和。

4）转矩

（1）理论输出转矩 T_{Mt}：不计液压马达机械损失，液压力作用于液压马达转子形成的转矩，即理论输出转矩。

（2）实际输出转矩 T_M：克服机械摩擦后的液压马达的输出转矩，在稳态时它等于负载转矩 T_L。

5）功率和效率

液压马达的功率可由转矩和转速得出。液压马达的机械效率 η_{Mm}、容积效率 η_{Mv} 和总效

率 η_M 与液压泵三种效率有类似的定义。

2. 液压马达参数计算

液压马达的常见计算参数有液压马达的输出转速、输出转矩和输出功率。

1）输出转速 n_M

若液压马达入口流量为 Q_{Mi}，几何排量为 q_{Mv}，泄漏流量为 ΔQ_M，产生的实际转速为 n_M，按液流连续性原理，则有

$$Q_{Mi} - \Delta Q_M = n_M q_{Mv} \tag{4-1}$$

在理想情况下，$\Delta Q_M = 0$，即 $Q_{Mt} = n_M q_{Mv}$，这时可得液压马达的理想或理论转速 n_{Mt} 为

$$n_{Mt} = \frac{Q_{Mt}}{q_{Mv}} \tag{4-2}$$

由式(4-1)计算液压马达输出转速多有不便，为此引入容积效率 η_{Mv} 的概念，它定义为在产生规定的转速下，无泄漏时所需的输入流量 Q_{Mt} 与实际输入流量 Q_{Mi} 之比，即

$$\eta_{Mv} = \frac{Q_{Mt}}{Q_{Mi}} = \frac{Q_{Mi} - \Delta Q_M}{Q_{Mi}} = 1 - \frac{\Delta Q_M}{Q_{Mi}} \tag{4-3}$$

由式(4-1)和式(4-3)可得液压马达输出转速 n_M 为

$$n_M = \frac{Q_{Mi} - \Delta Q_M}{q_{Mv}} = \frac{Q_{Mi}}{q_{Mv}} \eta_{Mv} \tag{4-4}$$

式中，n_M——液压马达输出转速，单位为 r/min；

Q_{Mi}——液压马达输入（入口）流量，单位为 mL/min（或 L/min）；

q_{Mv}——液压马达几何排量，单位为 mL/r（或 L/r）；

η_{Mv}——容积效率（当 $\eta_{Mv} = 100\%$ 时，输出转速即理论转速）。

2）输出转矩 T_M

设液压马达入口压力为 p_{Mi}，出口压力（背压）为 p_{MT}，压力差（降）$\Delta p_M = p_{Mi} - p_{MT}$，则液压马达转一周所需或消耗的液压能为 $\Delta p_M q_{Mv}$，液压马达输出的机械能为 $2\pi T(P = T\varphi, \varphi = 2\pi)$；如果不计摩擦损失，则理论输出转矩 T_{Mt} 与转角 2π 之积与液压能 $\Delta p_M q_{Mv}$ 相等，即

$$2\pi T_{Mt} = \Delta p_M q_{Mv} \tag{4-5}$$

则有

$$T_{Mt} = \frac{\Delta p_M q_{Mv}}{2\pi} \tag{4-6}$$

液压马达是有机械损失的，设损失转矩为 ΔT_M，则液压马达的实际输出转矩 $T_M = T_{Mt} - \Delta T_M$。为计算 T_M，引入液压马达机械效率 η_{Mm} 的概念，它定义为液压马达的实际输出转矩 T_M 与理论输出转矩 T_{Mt} 之比，即

$$\eta_{Mm} = \frac{T_M}{T_{Mt}} \tag{4-7}$$

联立式(4-6)和式(4-7)，则有

$$T_M = T_{Mt} \eta_{Mm} = \frac{\Delta p_M q_{Mv}}{2\pi} \eta_{Mm} \tag{4-8}$$

式中，Δp_M——液压马达进出口压力差（降），单位为 Pa；

q_{Mv}——液压马达几何排量，单位为 m^3/r；

η_{Mm}——机械效率。

在计算中,要注意将几何排量的常用单位 mL/r 化成 10^{-6} m³/r 的形式。

3) 输入和输出功率

液压马达的输入功率为入口压力与入口流量之积,即 $P_{Mi} = p_{Mi}Q_{Mi}$。如果液压马达回液压力为零(大气压力)即无背压损失,其输出机械功率 P_M 可表示为

$$P_M = p_{Mi}Q_{Mi}\eta_{Mv}\eta_{Mm} = P_{Mi}\eta_M \qquad (4-9)$$

当液压马达有背压 $p_{MT} > 0$ 时,尽管液压马达输入液压功率仍为 $p_{Mi}Q_{Mi}$,但转换为输出机械能的有效液压能变为 $(p_{Mi} - p_{MT})Q_{Mi}$,它在扣除容积损失功率 ΔP_v、摩擦损失功率 ΔP_f 后,转换为输出机械功率,这时

$$P_M = \Delta p_M Q_{Mi}\eta_{Mv}\eta_{Mm} = P'_{Mi}\eta_M = T_M\omega_M \qquad (4-10)$$

式中,P'_{Mi}——有效输入液压能功率,$P'_{Mi} = (p_{Mi} - p_{MT})Q_{Mi} = \Delta p_M Q_{Mi}$,单位为 W;

Δp_M——液压马达压力差(降),单位为 Pa;

p_{Mi}——液压马达入口压力,单位为 Pa;

p_{MT}——液压马达出口压力(背压),单位为 Pa;

η_{Mv}——容积效率;

η_{Mm}——机械效率;

η_M——总效率,$\eta_M = \eta_{Mv}\eta_{Mm}$;

T_M——输出转矩,单位为 N·m;

ω_M——液压马达角速度,$\omega_M = 2\pi n_M$,单位为 rad/s。

如果引入压力效率 η_{Mp} 的概念,则有

$$\eta_{Mp} = \frac{p_{Mi} - p_{MT}}{p_{Mi}} = \frac{\Delta p_M}{p_{Mi}} \qquad (4-11)$$

则液压马达的输出机械功率仍可用输入液压功率 P_{Mi} 表示为

$$P_M = P_{Mi}\eta_{Mp}\eta_{Mv}\eta_{Mm} = P_{Mi}\eta_M\eta_{Mp} = p_{Mi}Q_{Mi}\eta_M\eta_{Mp} = T_M\omega_M \qquad (4-12)$$

液压马达能量转换图如图 4-2 所示。

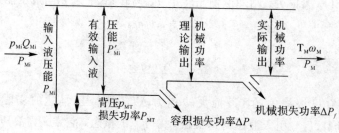

(a) 水力高度形式

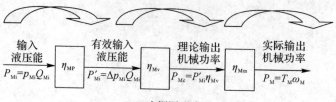

(b) 方框图形式

图 4-2 液压马达能量转换示意图

4.2　高速液压马达

4.2.1　液压马达基本工作原理

　　与液压泵相同，液压马达也是利用密封容积变化工作的。与液压泵相反的是，密封容积变大时高压油液（液压能）源源不断地输入，密封容积变小时低压油液源源不断地排出，这样才能保证液压马达连续转动和输出转矩。向液压马达供入高压油液是一种比较方便或习惯性的说法，实际上它是由液压马达的外负载引起或决定的。为保证液压马达连续转动或高压油液不断进入、低压油液不断排出，必须有适当的配流方式来保证。为驱动外负载（转矩），液压马达的运动部件（转子）必须产生相应的液压转矩。液压马达的基本工作原理简要概括如下。

　　(1) 要形成可变的密封工作容积。如果形不成密封容积，则建立不起工作压力；如果密封容积不是可变化的，高压油不能源源进入，液压马达就失去了动力源，同时低压油不能排出。

　　(2) 转子要产生驱动负载的液压转矩。转子不产生转矩，则不能转动，不能驱动外负载。只有转子转动才能引起密封容积的变化，为高压油液的进入和低压油液的排出创造条件。

　　(3) 适当的配流方式。即密封容积变大时，高压油液可以进入，密封容积变小时，低压油液能够排出。

　　对于给定的液压马达进行工作原理分析时，上述条件都是必需的。问题的关键是对转子上的周向液压力及其产生的转矩或净转矩（有背压时）的分析。

4.2.2　叶片马达

　　液体压力作用在转子径向槽中可往复滑动的叶片上，使转子转动而工作的液压马达称为叶片马达。叶片马达有单作用叶片马达和双作用叶片马达。单作用叶片马达为变量马达，因转子上径向液压力不平衡又称非平衡式叶片马达；排量为 $10 \sim 200$ mL/r，额定工作压力为 16 MPa，最高可达 20 MPa，最低允许转速为 100 r/min，最高为 2000 r/min；容积效率一般为 90%，机械效率一般为 80%，总效率为 75% 左右；噪声较小，价格较低，对油液污染较敏感。双作用叶片马达为定量马达，因转子上径向液压力平衡又称平衡式叶片马达；排量为 $50 \sim 220$ mL/r，额定工作压力为 16 MPa，最高为 25 MPa，其他参数与单作用叶片马达相当。

1. 单作用叶片马达工作原理

　　图 4-3 所示为单作用叶片马达工作原理图。它由叶片 1、定子 2、转子 3、配流盘 4 及前后端盖（图中未画出）等组成，它们构成若干密封容积（图中为 10 个，一般为 14～16 个），定子（壳体）与转子偏心距 $OO_1 = e$，定子内表面半径为 R，转子外半径为 r，叶片宽度为 B。当向左配流窗口供入压力为 p_M 的高压油时，叶片 a、b 之间左部叶片均浸入高压油中，仅叶片 a、b 上液压力不平衡，其中一侧为高压，一侧为低压。假定右配流窗口的回油压力为 p_T，则作用在叶片 a 上的液压力 $F_1 = (p_M - p_T)[(R+e)-r]B = \Delta p[(R+e)-r]B$，它产生的顺时针转矩 $T_1 = F_1[(R+e)+r]/2$；作用在叶片 b 上的液压力 $F_2 = (p_M - p_T)[(R-e)-r]B = \Delta p[(R-e)-r]B$，它产生的逆时针转矩 $T_2 = F_2[(R-e)+r]/2$。由于顺

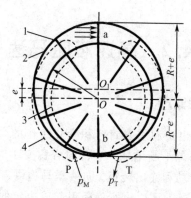

1—叶片；2—定子；3—转子；4—配流盘

图 4 - 3 单作用叶片马达工作原理图

时针转矩 T_1 大于逆时针转矩 T_2，故在净转矩 $T=T_1-T_2$ 作用下，转子顺时针转动，左腔密封容积不断变大，高压油液经左配流窗口不断进入，右腔密封容积不断变小，低压油经右配流窗口不断排出，驱动负载 T_L 连续转动。转子上的转矩平衡方程为

$$T_L = T\eta_{Mm} = (T_1 - T_2)\eta_{Mm} = \frac{\Delta p_M q_{Mv}}{2\pi}\eta_{Mm} \qquad (4-13)$$

式中，T_L——负载转矩，单位为 N·m；

T——液压转矩，单位为 N·m，$T=T_1-T_2$；

T_1——顺时针转动力矩，单位为 N·m，$T_1=F_1[(R+e)+r]/2$；

F_1——顺时针周向液压力，单位为 N，$F_1=\Delta p[(R+e)-r]B$；

T_2——逆时针转动力矩，单位为 N·m，$T_2=F_2[(R-e)+r]/2$；

F_2——逆时针周向液压力，单位为 N，$F_2=\Delta p[(R-e)-r]B$；

Δp_M——压力差，单位为 Pa，$\Delta p_M = p_M - p_T$；

p_M——高压腔压力，单位为 Pa；

p_T——低压腔压力，单位为 Pa；

q_{Mv}——几何排量，单位为 m^3/r，$q_{Mv}=4\pi ReB$；

η_{Mm}——机械效率。

与单作用叶片泵相比，单作用叶片马达的最显著特点是叶片径向安装，以使单作用叶片马达可正反向转动。

2. 双作用叶片马达

双作用叶片马达工作原理图如图 4 - 4 所示，其密封容积构成与单作用叶片马达是相同的。当压力为 p_H 的高压油液从右部进油口经配流盘进油窗口（位于二、四象限）进入相邻叶片间的密封容积腔时，叶片 8、4 因两侧所受压力相同而处于平衡状态，不产生转矩。位于低压区的叶片 2、6 同样不产生转矩。位于封油区的叶片 1、5 一侧为高压，另一侧为低压，故产生顺时针转矩 T_1 为

$$T_1 = \frac{2\Delta p(R-r')B(R+r')}{2} \qquad (4-14)$$

式中，Δp——压力差，单位为 Pa，$\Delta p = p_H - p_T$；

p_H——高压区压力，单位为 Pa；

p_T——低压区(回油)压力，单位为 Pa；

B——叶片宽度，单位为 m；

R——定子长半径，单位为 m；

r'——转子外半径，单位为 m。

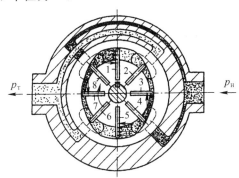

图 4 – 4 双作用叶片马达工作原理图

同样，位于封油区的叶片 3、7 产生逆时针转矩 T_2 为

$$T_2 = \frac{2\Delta p(r-r')B(r+r')}{2} \tag{4 – 15}$$

式中，r——定子短半径，单位为 m；

其他字符在式(4 – 14)中已定义。

由于 T_1 大于 T_2，故产生顺时针方向的净液压转矩 T 为

$$T = T_1 - T_2 = \Delta p B(R^2 - r^2) = \frac{\Delta p}{2\pi} \times 2\pi B(R^2 - r^2) = \frac{\Delta p q_{Mv}}{2\pi} \tag{4 – 16}$$

式中，q_{Mv}——双作用叶片马达几何排量，$q_{Mv} = 2\pi B(R^2 - r^2)$，单位为 m^3/r。

这样，转子在顺时针转矩 T 的作用下顺时针转动，高压区的叶片间的密封容积不断变大，高压油液不断进入，同时低压区的叶片间的密封容积不断变小，从低压口不断排出，双作用叶片马达作连续转动，以驱动外负载转矩 $T_L = T\eta_{Mm}$。

与相应的双作用叶片泵相比，双作用叶片马达有如下特点：

(1) 叶片槽是径向设置的(叶片径向安装)，以使双作用叶片马达作正反向转动(双作用叶片泵的叶片前倾安装，单向转动)。

(2) 叶片底部装有弹簧，以保证在初始条件下叶片能紧贴在定子内表面上，形成密封工作容积。

(3) 叶片底部始终与压力油液相通，以保证工作时叶片紧贴在定子内表面。

4.2.3 齿轮马达

利用密封在壳体内的两个或两个以上的齿轮啮合而工作的液压马达称为齿轮马达。它可分为内、外啮合齿轮马达，在结构上与相应的齿轮泵相似。

1. 外啮合齿轮马达

外啮合齿轮马达是利用一对外齿轮啮合而工作的液压马达，是高速小转矩液压马达，其排量为 50～160 mL/r，最低稳定转速为 150～500 r/min，最高转速为2000 r/min，额定工作压

力为 $16\sim20$ MPa，最高为 $20\sim25$ MPa，容积效率为 $85\%\sim94\%$，总效率为 $77\%\sim85\%$，启动转矩效率为 $75\%\sim80\%$，抗污染性能好，价格低；缺点是噪声大，转矩均匀性差。

外啮合齿轮马达除进出油口尺寸必须相同外（正反转要求），其他结构上与齿轮泵几乎是相同的，工作原理图如图 4-5 所示。

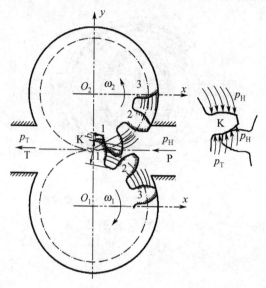

图 4-5　外啮合齿轮马达工作原理图

设齿轮马达的齿轮 1 的 1 号齿与齿轮 2 的 1 号齿在 K 点啮合。K 点到齿轮 1 根部的间距为 a，到齿轮 2 根部的间距为 b，从右进油口供入高压油液压力为 p_H；齿轮 1 的 2 号齿在高压油液内，两侧周向液压力平衡，1 号齿在高压油液中的浸距为 a，而齿轮 1 的 3 号齿在高压油液内浸距为齿高 h，故产生顺时针方向转矩 $T_1=p_H B(h-a)R_1$，其中 R_1 为液压力合力瞬态作用点到齿轮 1 中心 O_1 的距离。同样，齿轮 2 产生的逆时针方向转矩 $T_2=p_H B(h-b)R_2$，其中 R_2 为液压力合力瞬态作用点到齿轮 2 中心 O_2 的距离。在上述转矩作用下，齿轮 1 顺时针转动，齿轮 2 逆时针转动，右高压侧的轮齿逐渐脱离啮合，密封容积变大，高压油液不断进入；左低压侧的轮齿逐渐进入啮合，密封容积变小，低压油液不断被排出，齿轮马达作连续回转运动。

与外啮合齿轮泵相比，外啮合齿轮马达有如下特点：

（1）为满足正反向转动要求，其进出油道孔径相同，左右对称，壳体上必须设置单独的外泄漏油孔，以将泄漏油液引入油箱，不像齿轮泵那样可将泄漏油液引入低压腔。

（2）具有端面间隙自动补偿的液压马达，由密封圈围成的压力补偿区间是对称的，高低压腔卸荷槽也是对称的。齿轮泵单向转动，没有这一要求。

（3）外啮合齿轮马达的转动范围很宽。必须用滚动轴承（或静压轴承）以改善启动性能。齿轮泵转速很高且比较稳定，无此限制，可使用动压（滑动）轴承。

（4）外啮合齿轮马达的齿数通常比齿轮泵多，以减少转矩的脉动性。

2. 内啮合摆线齿轮马达

根据齿轮齿廓线的形式，内啮合齿轮马达可分为渐开线式和摆线式两种，后者又称行星转子式内啮合摆线齿轮马达，简称摆线马达，其工作原理如图 4-6 所示。

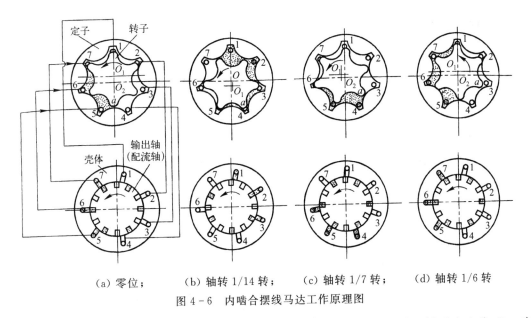

（a）零位；　　　（b）轴转 1/14 转；　　（c）轴转 1/7 转；　　（d）轴转 1/6 转

图 4 - 6　内啮合摆线马达工作原理图

转子（外齿轮，小齿轮）有 Z_1 个（图中 $Z_1 = 6$）齿形为摆线型的轮齿，转子中心为 O_1；定子（内齿轮、大齿轮）有 $Z_2 = Z_1 + 1$ 个（图中 $Z_2 = 7$）齿形为圆弧线的轮齿，定子中心为 O_2，偏心距 $O_1 O_2 = e$；转子、定子与后盖、辅助配流盘（后两者图中未画出）构成 Z_2 个密封容积。摆线马达是通过配流轴配流的，配流轴外表面设置有相间均布的两组纵向配流槽，共 $2Z_1 = 12$ 条，其中一组（6 条）与进油腔相通，相同的另一组（6 条）与回油腔相通；配流轴内孔和转子内孔均有内花键，两者通过花键连轴节连在一起，使得配流轴与转子一起转动，花键连轴节的齿数 $Z = 2Z_1 = 12$ 个。

参看图 4 - 6，当通过配流轴的进油通道向容积腔 5、6、7 供入高压油时，下齿 a（纵轴下方）上的液压力相对回转中心 O_1 产生的逆时针转矩大于上齿（容积腔 1 处）处的液压力相对 O_1 产生的顺时针转矩，故转子逆时针转动（配流轴（输出轴）与转子同时转动）。由于定子是固定不动的，所以转子在绕自身轴线（回转中心）O_1 作低速转动的同时，转子自转中心 O_1 还绕定子中心 O_2 高速反向公转，使高压腔（图 4 - 6（a）中连心线 $O_1 O_2$ 左部）密封容积变大，高压油不断进入；同时低压腔（连心线 $O_1 O_2$ 右部）密封容积不断变小，使低压油液不断排出。

转子公转一转（O_1 绕 O_2 转一转）时，自转过一个齿（即转子公转 Z_1 周时才自转一转），完成一次进排油循环，即高压腔按（5、6、7）→（6、7、1）→（7、1、2）→（1、2、3）→ … →（5、6、7）顺序循环下去，如图 4 - 6 所示。当进排油口交换时，摆线马达（输出轴）反转。由于花键连轴节齿数 Z 与配流槽数 $2Z_1$ 是相等的，当花键连轴节错一齿安装时，在进排油口不变的情况下，摆线马达（输出轴）反向转动。

摆线马达的几何排量可近似为

$$q_{\text{Mv}} = B(R_{\text{e1}}^2 - R_{\text{i1}}^2) Z_2 \tag{4-17}$$

式中，R_{e1}——转子齿顶圆半径；

R_{i1}——转子齿根圆半径；

B——转子宽度；

Z_2——定子齿数。

4.2.4 轴向柱塞马达

液压力作用在往复运动的轴向柱塞上而工作的液压马达称为轴向柱塞马达。轴向柱塞马达可分为直轴式（斜盘式）和斜轴式，它在结构上与相应的轴向柱塞泵类似，几何排量计算公式相同。有些轴向柱塞泵也可作液压马达使用，这时配流盘必须对称且对中布置，以满足正反转要求。

斜盘式轴向柱塞马达工作原理图如图 4-7 所示，柱塞 2 与缸体 3 构成密封容积。当通过向配流盘 5 的腰形窗口 P 供入压力为 p_H 的高压油液时（见图 4-7(a)），柱塞上作用力 $F_P=\pi d^2 p_H/4$ 使柱塞 2 压向斜盘 1，同时斜盘产生法向反作用力 N 作用在柱塞上（见图 4-7(c)），N 的轴向分量 F_N 与液压力 F_P 平衡，即

$$F_N = N\cos\gamma = \frac{\pi}{4}d^2 p_H = F_P \tag{4-18}$$

而作用在斜盘上的径向分量 F_r（见图 4-7(c)）为

$$F_r = N\sin\gamma = F_P\tan\gamma \tag{4-19}$$

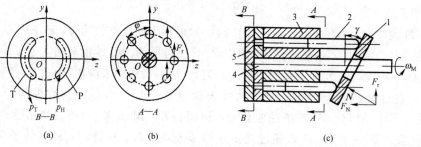

1—斜盘；2—柱塞；3—缸体；4—马达轴；5—配流盘

图 4-7 斜盘式轴向柱塞马达工作原理图

F_r 对轴线产生的转矩 $\sum F_r r_n$ 使马达逆时针（从右部轴向看去）转动，其中 $r_n = R\sin(\varphi + (n-1)\alpha)$ 为 F_r 的作用力臂。y 轴右半侧的柱塞与缸体间的密封容积变大，高压油液源源进入，而 y 轴左半侧的柱塞与缸体间的密封容积变小，低压油液从配流盘腰形窗口 T 排出，如此不止，马达连续转动。

斜盘式轴向柱塞马达的瞬态转矩为

$$T(t) = \sum_{n=1}^{m} F_r r_n = \frac{\pi}{4}d^2 p_H \tan\gamma \cdot R \sum_{n=1}^{m}\sin(\varphi + (n-1)\alpha) \tag{4-20}$$

式中，p_H——供液压力，单位为 Pa；

$\quad$ d——柱塞直径，单位为 m；

$\quad$ R——缸孔（柱塞）分布圆半径，单位为 m；

$\quad$ γ——斜盘倾角，单位为(°)；

$\quad$ φ——缸体转角（以 y 轴为零位），单位为(°)；

$\quad$ n——处于高压区的柱塞序号；

$\quad$ m——处于高压区柱塞数，一般认为柱塞数 Z 为偶数时，$m=Z/2$，Z 为奇数时，$m=(Z\pm1)/2$，并且当 $\varphi\leqslant\alpha/2$ 时 $m=(Z+1)/2$；当 $\alpha/2\leqslant\varphi\leqslant\alpha$ 时，$m=(Z-1)/2$，α 为柱塞角距，$\alpha=2\pi/Z$。

由式(4-20)知,转矩脉动与斜盘式柱塞泵流量脉动是一致的,并且调节斜盘倾角 γ 可调节输出转矩。平均理论转矩 T_t 为

$$T_t = \frac{\Delta p_M q_M}{2\pi} = \frac{(\Delta p_M d^2 DZ \tan\gamma)}{8} \qquad (4-21)$$

式中,q_M——马达几何排量,$q_M = \dfrac{\pi}{4} d^2 DZ \tan\gamma$;

$\quad\quad\ D$——柱塞分布圆直径,$D = 2R$;

$\quad\quad\ \Delta p_M$——压力差,$\Delta p_M = p_H - p_T$,一般取 $\Delta p_M = p_H$。

4.3 低速大转矩液压马达

低速大转矩液压马达的主体或应用最广泛的是径向柱塞式马达,另外还有少数双叶片马达、双斜盘轴向柱塞马达和特殊的齿轮马达。顾名思义,低速大转矩液压马达输出转速低、输出转矩大,但对其转速和转矩范围没有统一规定。一般认为低速大转矩液压马达的最低稳定转速 $n_{Mmin} < 15$ r/min,而最大允许转速却在较大范围内变化,可用转速比 n_{Mmax}/n_{Mmin} 表示。一般叶片式和内啮合齿轮式低速液压马达的转速比范围为 $50 \sim 200$,而径向柱塞式液压马达为 $1000 \sim 2000$,甚至可达 10000。低速大转矩液压马达的转矩范围也很宽,小到 $50 \sim 100$ N·m,大到 $(1.0 \sim 2.4) \times 10^5$ N·m。

低速大转矩径向柱塞马达常见的结构形式为单作用曲轴连杆式、静力平衡式和多作用内曲线式,本节主要介绍这几种马达。

4.3.1 单作用曲轴连杆式径向柱塞马达

单作用曲轴连杆式径向柱塞马达是应用较早的低速大转矩液压马达,国外称斯达法(Stafa)马达,国内生产的该类产品称 JMD 型马达,额定工作压力为 25 MPa,最高工作压力为 29.3 MPa,几何排量 $q_{Mv} = 0.188 \sim 6.40$ L/r,最低转速为 $3 \sim 5$ r/min,最高为 500 r/min,容积效率大于 95%,总效率大于 90%,启动效率大于 90%。

1. 工作原理

曲轴连杆式(型)径向柱塞马达工作原理如图 4-8 所示。在壳体 1 的圆周上放射均布 5(或 7)个柱塞缸,形成星形壳体;柱塞 2 与缸体构成密封容积,柱塞 2 的中心球窝通过球铰与连杆 3 连接;连杆 3 下端为马鞍形,紧贴在曲轴 4 的偏心轮(圆)上(偏心轮圆心为 O_1,它与曲轴回转中心 O 的偏心距 $OO_1 = e$);曲轴的一端通过十字接头与配流轴相接,曲轴(输出轴)转动时,配流轴随着一起转动,配流轴 5 的"隔墙"两侧分别为进油腔和排油腔。

高压油液经过环形配流器进入配流轴右侧的孔槽①、②、③时,相应的柱塞缸①、②、③的高压油液在相应的柱塞顶部产生液压力 P,P 通过相应的连杆传递到曲轴的偏心轮(圆)上,其大小为 N。由于连杆轴线与相应的缸体轴线有偏摆角 γ_i,故 N_i 大小可表示为

$$N_i = \frac{P}{\cos\gamma_i} \qquad (4-22)$$

式中，P——液压力，$P=\pi d^2 p_H/4$，单位为 N；

$\qquad d$——柱塞直径，单位为 m；

$\qquad p_H$——进油压力，单位为 Pa；

$\qquad \gamma_i$——第 i 号柱塞连杆的偏摆角；

$\qquad N_i$——第 i 号连杆底部对曲轴偏心轮的作用力，单位为 N。

指向偏心轮中心 O_1 的作用力 N_i（或 N）可分解为法向力 F_{fi}（或 F_f）和切向力 F_i（或 F），法向力 F_{fi}（或 F_f）的作用与连心线 OO_1 重合，不产生转矩，而切向力 F_i（或 F）产生的转矩使曲转绕中心线 O 逆时针转动。在图 4-8 中，由于柱塞在缸体中的位置不同，连杆的偏摆角 γ_i 也不同，作用在偏心轮上的力 N_i 也不同，产生的转矩 T_i 也不同。曲轴上的总转矩 T 等于处于高压区的柱塞产生的转矩之和。

当曲轴转动时，柱塞①、②、③的密封容积变大，高压油液进入；同时柱塞缸④、⑤的密封容积变小，低压油液经孔槽④、⑤通过配流轴排回油箱。由于配流轴随曲轴同步转动，当转过一定角度后，配流轴"隔墙"封闭孔槽 3，使柱塞缸③上腔与高低压腔均不相通，这时柱塞缸①、②通高压油，使马达产生转矩，柱塞缸④、⑤排出低压油。当曲轴继续转过一定角度时，柱塞缸⑤、①、②进高压油，柱塞缸④、③排出低压油。尽管在这一转动过程的某一瞬间，某一柱塞不产生转矩（$P=N$，N 指向 O），但总有其他两个柱塞产生转矩而使曲轴转动。将液压马达的进排油口交换，液压马达反转。

图 4-8 中，马达壳体固定，曲轴旋转，称轴转马达。若将曲轴固定，则可得到壳转马达。壳转马达特别适宜安装在卷扬滚筒中应用，或者将马达壳体安装在车轮轮毂中直接驱动车轮，成为车轮马达。

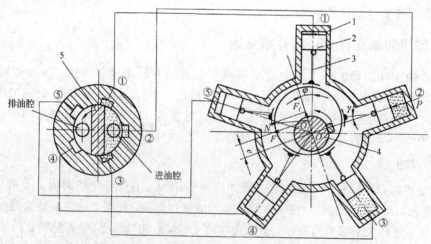

1—壳体；2—柱塞；3—连杆；4—曲轴；5—配流轴
图 4-8　曲轴连杆式径向柱塞马达工作原理图

图 4-8 中的马达采用的配流方式为轴配流，采用端面配流是国内外的一种发展趋势，它将使马达的可靠性和工作性能得到提高，结构更加紧凑。

2. 典型结构

采用配流轴（配流转阀）配流的 JMD 型曲轴连杆式径向柱塞马达结构图见图 4-9，配流轴结构图见图 4-10。其中配流轴上的径向孔道 a、b 为进、排油通道，配流轴上开有 c、 d、e、f 4 条轴向通道，c、d 与 a 口相通，e、f 与 b 口相通；c、d、e、f 一直通向配流窗口处（见图 4 - 10 中剖面 $C - C$），其中一侧为高压腔，另一侧为低压腔，在两腔之间有封油区（隔墙，见图 4 - 9 中剖面 $A - A$）。与配流轴配合的壳体颈部设有 5 条通向柱塞缸上腔的通道，分别与配流轴的高低压腔相通（见图 4 - 9 中剖面 $A - A$，其中有一条通道被封死），马达在液压力作用下转动，并通过连轴节使配流轴同步转动，使 5 个柱塞缸顶部有序地完成从高压到低压的逐步转换，使液压马达连续转动。

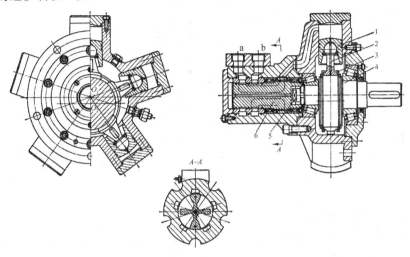

1—柱塞；2—连杆；3—挡圈；4—输出轴；5—连轴节；6—配流轴（配流阀）

图 4 - 9　JMD 型曲轴连杆式径向柱塞马达结构图

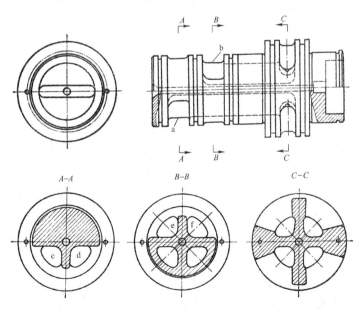

图 4 - 10　配流轴（配流阀）结构图

4.3.2　静力平衡式径向柱塞马达

静力平衡式径向柱塞马达是在 JMD 型柱塞马达的基础上演化和发展起来的，其结构原理图如图4-11所示。其壳体上有5个径向均布的缸体(壳体中心为O),缸体内装有5个带通孔的空心柱塞,柱塞底部为压力环,压力环径向均布在五星轮的径向孔中。五星轮的几何中心O_1为动点,O_1与壳体中心O的偏心距为O_1O,O为固定点。偏心曲轴既是输出轴,又是配流轴,其"隔墙"两侧设置有进排油通道。

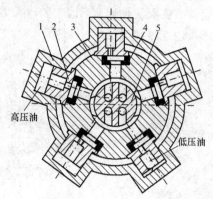

1- 壳体;2—柱塞;3—五星轮;4—压力环;5—配流轴
图4-11 静力平衡式径向柱塞马达结构原理图

当向上部的3个柱塞缸供入高压油液时(参看图4-12),压力环上的液压力P(等于柱塞顶部液压力)直接作用在偏心轮的中心O_1上,对旋转中心O(壳体几何中心)形成转矩,使偏心轮(输出轴)转动,五星轮向下向右平动,使上部柱塞腔密封容积变大,高压油不断进入,同时下部柱塞密封腔容积变小,低压油不断排出。在任一瞬间,总有两个或3个柱塞与高压腔(进油道)接通,其余柱塞腔与低压腔接通。配流轴的连续转动,完成柱塞腔进、排油的循环交替。当进、排油口交换时,液压马达反转。当输出轴固定时,则为壳转马达(车轮马达)。

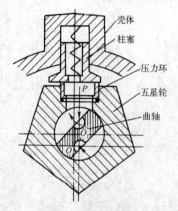

图4-12 静力平衡马达转动原理图

与曲轴连杆式马达相比,静力平衡式马达有如下特点:

(1)用五星轮代替连杆,可简化结构并减小径向尺寸。取消连杆带来的缺点是增大了柱塞与缸体的侧向力。五星轮作平移时,与柱塞底面、偏心曲轴表面相对摩擦力很大,因而影响了机械效率。

(2)偏心轴既有传递力的功能,又起配流轴作用。

(3)柱塞、压力环和五星轮上的液压力接近静压平衡,故称之为静力平衡马达。

4.3.3 多作用内曲线式径向柱塞马达

用具有特定内曲线表面的凸轮环(定子),使每一柱塞在缸体(转子)转一周的过程中发生多次往复运动的径向柱塞马达称为多作用内曲线式径向柱塞马达(简称内曲线马达)。内曲线马达的显著特点是单位功率重量轻、体积小、液压径向力平衡、效率高、启动性能好、可在极低的转速下平稳运动,并且可以设计成理论无脉动输出,因而在工程、建筑、矿山、起重、运输、船舶和军工机械中得到广泛应用,是低速大转矩马达的主要形式。其最大排量可达到 150 L/r,最低稳定转速可达 1 r/min,额定工作压力通常大于 25 MPa,最高工作压力通常大于 31.5 MPa,机械效率和容积效率通常均大于 0.95,总效率大于 90%。

如图 4-13 所示,内曲线马达由定子(凸轮环)1、转子(缸体)2、柱塞组件 3 和配流轴 4 等组成。定子内表面由 X 段均布的形状相同的、对称的内曲面段组成(通常 $X=6$),在每一内曲面段中一段为工作(进油)段,另一段为非工作(排油)段,两者之间有内外过渡区段。曲面段数 X 即是缸体转一周时柱塞往复次数(马达作用次数)。外过渡曲面段矢径 ρ_{max} 与内过渡曲面段矢径 ρ_{min} 之差,即柱塞行程 $H = \rho_{max} - \rho_{min}$。

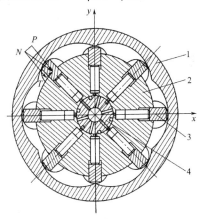

1—凸轮环(定子);2—转子(缸体);3—柱塞组件;4—配流轴

图 4-13 内曲线马达工作原理图

配流轴 4 的圆周上均布 $2X=12$ 个配流窗口,高压、低压口相隔相间,分别对应着内曲面段的进油、排油区段。缸体径向均布 $Z=8$ 柱塞组件(柱塞支承横梁,横梁上装有一对滚轮),柱塞底部的配流窗口在转子(缸体)转动过程中分别与配流轴的高压孔道(对应内曲面进油区段)、排油孔道(对应内曲面排油区段)相通。柱塞位于内、外过渡曲面段(内、外死点)上,缸体的进油、排油孔被配流轴表面封闭。

在向图 4-13 中的固定不动的配流轴输入压力为 p_H 的高压油时,x 和 y 向的柱塞处于外死点和内死点处,2、4 象限的柱塞底部缸孔与配流轴高压口接通,液压力 $P = \pi d^2 p_H / 4$ 使柱塞伸出而压向定子内曲面的工作区段,定子表面产生的法向反作用力为 N,N 的径向分力 $N\cos\gamma$ 与液压力 P 平衡,而周向分力 $N\sin\gamma$ 使柱塞带动缸体按顺时针方向转动,在转动过程中高压油液进一步推动柱塞外伸,同时处于 1、3 象限的柱塞受定子内表面的制约相对缸体内缩,将低压油经配流轴排出。当缸体转过角度 φ 时,原位于 y 轴(内死点)处的柱塞进入到内曲线的进油区段,推动缸体转动。这就是内曲线马达工作原理。内曲线马达在任何瞬间都有柱塞处在内曲面的工作区段上,保证了缸体转动的连续性。

内曲线马达的几何排量 q_{Mv} 为

$$q_{Mv} = \frac{\pi}{4}d^2 HXYZ \qquad (4-23)$$

式中，d——柱塞直径；

  H——柱塞行程，$H = \rho_{max} - \rho_{min}$，$\rho_{max}$、$\rho_{min}$ 分别为两死点区矢径；

  X——曲面段数；

  Y——柱塞排数；

  Z——柱塞数。

在柱塞运动过程中，因滚轮中心矢径 ρ 大小的变化，使矢量力 N 的方向发生变化，矢量力 N 与柱塞轴线的夹角 γ（压力角）发生变化，还可能有工作柱塞数的变化，所以瞬态扭矩是时变的。平均理论输出转矩为

$$T_M = \frac{\Delta p_M q_{Mv}}{2\pi} = \frac{d^2}{8}HXYZ\Delta p_M \qquad (4-24)$$

式中，Δp_M——液压马达压力降，$\Delta p_M = p_{Mi} - p_T$，$p_{Mi}$ 为进油腔压力，p_T 为排油腔压力，$p_T > 0$（因柱塞组件有较大质量，为保证不脱导轨，必须有一定背压）；

  q_{Mv}——马达几何排量。

4.4　摆动液压马达（摆动液压缸）

摆动液压马达习惯称为摆动液压缸，是作往复摆动（摆角小于 360°）的液压执行元件。其结构形式与叶片马达相似，按叶片多少，可分为单叶片式和双叶片式，分别如图 4-14 和图 4-15 所示。

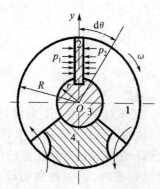

1—壳体；2—叶片；3—输出轴；4—挡块
图 4-14　单叶片式摆动液压马达

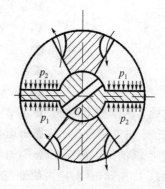

图 4-15　双叶片式摆动液压马达

4.4.1　单叶片式摆动液压马达

1. 输出转矩 T_M

单叶片式摆动液压马达工作原理简单明了。参看图 4-14，它由壳体 1（半径 R）、叶片 2（宽度为 B）、输出轴 3（半径 r）和挡块 4 构成。当向其左侧腔室供入压力为 p_1 的高压油时，其产生的顺时针方向转矩 T_1 显著大于背压 p_2 产生的逆时针方向转矩 T_2，故输出轴顺时针

方向回转，直至被挡块挡死。进油、排油口交替时，摆动液压马达反转。

作用在叶片上的力 $F=(p_1-p_2)B(R-r)$，F 的作用半径为 $(R+r)/2$，故输出转矩 T_M 为

$$T_M=\frac{\Delta pB(R^2-r^2)}{2}=\frac{\Delta pB(D^2-d^2)}{8} \tag{4-25}$$

式中，Δp——压力差，单位为 Pa；

$\quad B$——叶片宽度，单位为 m；

$\quad D$——壳体内径，$D=2R$，R 为壳体半径，单位为 m；

$\quad d$——输出轴直径，$d=2r$，r 为输出轴半径，单位为 m。

2. 回转角速度

参看图 4-14，设叶片在 y 轴上时为初始位置($t=0$ 时的位置)，经过时间 dt 转角为 $d\theta$，则供液体积为 $dV=(R^2-r^2)Bd\theta/2$，即有

$$d\theta=\frac{2dV}{(R^2-r^2)B} \tag{4-26}$$

同时对 dt 运算，则有

$$\omega=\frac{d\theta}{dt}=\frac{2}{(R^2-r^2)B}\frac{dV}{dt}=\frac{2Q}{(R^2-r^2)B} \tag{4-27}$$

式中，ω——角速度，单位为 rad/s；

$\quad Q$——供液流量，$Q=dV/dt$。

式(4-27)通常写成

$$\omega=\frac{8Q}{(D^2-d^2)B} \tag{4-28}$$

折算成转速则有

$$n=\frac{\omega}{2\pi}=\frac{4Q}{\pi(D^2-d^2)B} \tag{4-29}$$

在以上分析中，T_M 和 ω 均为理想条件下的输出值，对实际情况，应分别乘以机械效率 η_{Mm} 和容积效率 η_{Mv}。

4.4.2 双叶片式摆动液压马达

根据单叶片式摆动马达的分析方法，不难得出多叶片式摆动液压马达的输出转矩 T_M 和输出角速度 ω

$$T_M=\frac{\Delta pB(D^2-d^2)Z}{8}\eta_{Mm} \tag{4-30}$$

式中，Z——叶片数，$Z=2,3$，当 $Z=1$ 时为单叶片式；

$\quad \eta_{Mm}$——机械效率。

$$\omega=\frac{8Q\eta_{Mv}}{\pi B(D^2-d^2)Z} \tag{4-31}$$

式中，η_{Mv}——容积效率。

由以上分析知，对于单叶片式和双叶片式的摆动液压马达，在进油和排油压力相同、壳体半径 R 和输出轴半径 r 相同条件下，双叶片式摆动液压马达的输出扭矩为单叶片式的 2 倍，在供液流量 Q 相同条件下，双叶片式摆动液压马达输出角速度为单片式的 1/2。

4.5 液压缸类型及基本计算

液压缸是将液压能转换成机械能并作往复直线运动的执行元件。它结构简单、工作可靠、运动平稳、布置灵活、效率高、广泛应用于各类液压系统中。

4.5.1 液压缸分类

液压缸可以根据结构形式、供液(作用)方式和安装方式分类。

1. 按结构形式分类

1) 柱塞式

在缸筒内作相对运动的组件为柱塞的液压缸称为柱塞式液压缸,靠液压力实现柱塞在一个方向的运动(通常假定缸体固定,柱塞伸出为工作行程),靠重力或其他力实现活塞的回程运动。

2) 活塞式

在缸筒内作相对运动的组件为活塞的液压缸称为活塞式液压缸。这是一种应用极为广泛的液压缸。柱塞缸中的柱塞为较长的柱体,活塞缸中的活塞为短的圆环体,它与活塞杆构成活塞组件。根据活塞杆的数量的多少,可分为单活塞杆式液压缸和双活塞杆式液压缸。前者是只有一端有活塞杆伸出的液压缸,后者是两端均有活塞杆伸出的液压缸。

3) 叶片式

叶片式液压缸即叶片式摆动液压马达(液压缸),参看 4.4 节内容。

4) 其他液压缸

(1) 伸缩液压缸。伸缩液压缸又称多级液压缸或组合式液压缸,是在工程上应用比较广泛的液压缸。它由多级液压缸组成,行程为各级液压缸行程之和,因而行程可相当长,静态时,整个液压缸可缩得很短,广泛应用于安装尺寸较小而行程较大的场合,如汽车起重机。

(2) 增压液压缸。严格说来增压缸不是执行元件,而是一种压力变换元件,又称增压器。通常用于液压系统的局部回路中,以获得远远高于主回路的工作压力。

(3) 增力和同步液压缸。增力液压缸为两串联的共杆液压缸,可在压力不变的情况下增大输出力。同步液压缸为两结构相同的共杆液压缸,但并不是执行元件,而是控制两执行元件的同步控制器。

(4) 齿轮-齿条式液压缸。它是以液压力驱动结合在活塞杆或柱塞上的齿条,进而拨动与之啮合的齿轮而输出回转运动的液压缸。与叶片式摆动液压缸的区别是:叶片式摆动液压缸是将液压能直接转换成往复摆动的机械能,而齿轮-齿条式液压缸是通过齿轮-齿条的啮合,将往复直线运动的机械能变成了往复摆动的机械能。类似的液压缸还有导杆式液压缸、曲柄式液压缸、钢丝绳(代替活塞杆)液压缸等多种形式。

(5) 新型和特殊作用式结构的液压缸。主要有数字和伺服液压缸、膜片式液压缸(膜片替代活塞)、多位控制液压缸、自锁式液压缸、旋转式液压缸等。

常见液压缸的类型和图形如表 4-1 所列。

表 4-1　液压缸的类型和图形

名　称		图　形	说　明
活塞式液压缸	单出杆 单作用		活塞单向运动，依靠弹簧使活塞复位
	单出杆 双作用		活塞双向运动，左、右移动速度不等。 差动连接时，可提高运动速度
	双出杆		活塞左、右运动速度相等
柱塞式液压缸	单柱塞		柱塞单向运动，依靠外力使柱塞返回
	双柱塞		双柱塞双向运动
叶片式液压缸	单叶片		输出轴摆角小于 360°
	双叶片		输出轴摆角小于 180°
其他液压缸	增力液压缸		当液压缸直径受到限制而长度不受限制时，可获得大的推力
	增压液压缸		由两种不同直径的液压缸组成，可提高 B 腔的压力
	伸缩液压缸		由两级或多级液压缸组成，可增加活塞行程
	齿轮-齿条式液压缸		活塞经齿条带动小齿轮，使它产生回转运动

2. 按供液(作用)方式分类

根据作用方式即液压缸完成一次工作循环的供油次数分类，可分为单作用式液压缸和双作用式液压缸。

（1）单作用式液压缸在一个工作循环中只有一次工作供油过程，即供油时使柱塞或活塞组件伸出而工作，靠重力或弹簧力实现返程运动。柱塞式液压缸通常靠重力(竖直安装，自重)复位，活塞式液压缸通常靠弹簧力(水平安装)复位。

（2）双作用式液压缸是向活塞两面交替供油以完成正向、反向运动的液压缸。这种液压缸只能是活塞式液压缸。

3. 按安装方式分类

液压缸的安装方式是指缸体与机架固定或联接的方式，可分为轴线固定式和轴线摆动式两大类，如表 4-2 所示，其中代号是按国家标准 GB 9049—1988 规定的液压缸安装方式代号。液压缸的类型和安装方式是选择和设计液压缸的基本信息。

表 4-2 液压缸的安装方式

安装总类			简 图	说 明
轴线固定式	端盖式（E 型）	前端盖式	矩形前盖式（ME5）		这是一种采用端盖将液压缸固定在机架上的安装方式，一般仅用于中低压和缸径较小的场合
			圆形前盖式（ME7）		
			方形前盖式（ME9）		
		后端盖式	矩形后盖式（ME6）		
			圆形后盖式（ME8）		
			方形后盖式（ME10）		
	法兰式（F 型）	前法兰式	前端矩形法兰式（MF1）		它与端盖式类似，但法兰中不带油口；有时因位置不够而将法兰增设在端盖上，可用于高低压和大小缸径场合
			前端圆形法兰式（MF3）		
			前端方形法兰式（MF5）		
			带后部对中的前端圆形法兰式(MF7)		
		后法兰式	后端矩形法兰式（MF2）		
			后端圆形法兰式（MF4）		
			后端方形法兰式（MF6）		

安　装　总　类			简　图	说　明
轴线固定式	脚架式（S型）	端部脚架式（MS1）		这是一种用螺栓将液压缸固定在机架上的安装方式，多用于中低压和缸径较小的场合
		侧面脚架式（MS2）		
	双头螺柱或加长连接杆式（X型）	两端双头螺柱或加长连接杆式（MX1）		这是一种将拉杆延长，或在前端盖或后端盖上留出螺孔进行安装的方式，多用于中低压、行程较短的场合
		后端双头螺柱或加长连接杆式（MX2）		
		前端双头螺柱或加长连接杆式（MX3）		
		两端两个双头螺柱或加长连接杆式（MX4）		
		前端带螺孔式（MX5）		
		后端带螺孔式（MX6）		
	螺纹端头式（R型）	前端螺纹式（MR3）		这是利用前端盖或后端盖上制成的一根螺杆与机架连接的方式，仅用于很轻负载的场合，一般很少采用
		后端螺纹式（MR4）		
轴线摆动式	耳环式（P型）	后端固定双耳环式（MP1）		这是一种将液压缸上的耳环与机架的耳环用销轴连接起来，使液压缸能在规定平面内自由摆动的安装方式，应用较广
		后端可拆双耳环式（MP2）		
		后端固定单耳环式（MP3）		
		后端可拆单耳环式（MP4）		
		带关节轴承，后端固定单耳环式（MP5）		
		带关节轴承，后端可拆单耳环式（MP6）		
		前端可拆双耳环式（MP7）		

安 装 总 类		简　图	说　明
轴线摆动式	耳轴式（T型）	前端整体耳轴式（MT1）	 这是一种将固定在液压缸上的耳轴安装在机架的轴承内，使液压缸的轴线能在规定平面内自由摆动的安装方式，也称铰轴式，应用较广
		后端整体耳轴式（MT2）	
		中间固定或可调耳轴式（MT4）	
		前端可拆耳轴式（MT5）	
		后端可拆耳轴式（MT6）	

4.5.2　柱塞式液压缸

1. 结构特点和工作原理

柱塞式液压缸（简称柱塞杠，ZG）为单作用液压缸，多用于垂直或略有倾斜的场合，上升靠液压力，下降靠自重或外力（如弹簧力）。它结构简单，主要零件有缸底、缸筒、柱塞、导向套、密封件和限位件，如图 4-16 所示。当向其左端（或底部）油口供入压力油液时，柱塞 3 向右（或上）运动，其行程由钢丝卡环 2 限定。当将油口与油箱接通时（换向阀控制），柱塞 3 在外力（或自重）作用下返回原位，导向套 4 引导柱塞往复运动。当柱塞直径 $D > 50$ mm 时，导向套与缸筒采用螺纹连接（见图 4-16(a)），当 $D < 50$ mm 时，导向套与缸筒采用焊接连接（见图 4-16(b)）。

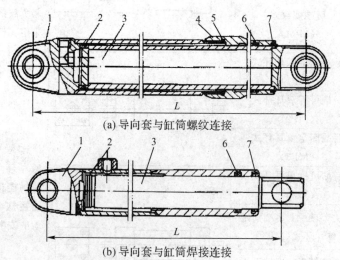

(a) 导向套与缸筒螺纹连接

(b) 导向套与缸筒焊接连接

1—缸体（缸底和缸筒）；2—钢丝卡环；3—柱塞；4—导向套；
5—O形密封圈；6—Y形密封圈；7—防尘圈
图 4-16　ZG1 型柱塞缸

柱塞缸的柱塞与缸筒内壁无配合要求,因此,缸筒内孔只需要粗加工或不加工,这就简化了缸筒的加工工艺。为减轻柱塞重量和减小柱塞弯曲变形,柱塞一般做成空心式(见图 4-17(a)),它还可以水平成对布置(见图 4-17(b))。ZG1 型柱塞缸额定压力为 16 MPa。

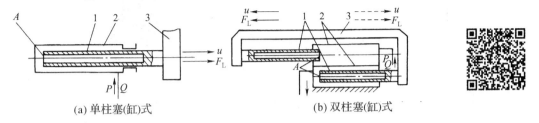

(a) 单柱塞(缸)式   (b) 双柱塞(缸)式

1—柱塞;2—缸筒;3—工作台

图 4-17　柱塞缸计算简图

2. 基本计算

负载与供液压力、速度与供液流量的平衡关系方程是液压缸的两个基本方程。对于柱塞缸有如下方程

$$\begin{cases} Ap\eta_{\mathrm{m}} = \dfrac{\pi}{4}d^2 p\eta_{\mathrm{m}} = F_{\mathrm{L}} \\[2mm] Q\eta_{\mathrm{v}} = Au = \dfrac{\pi}{4}d^2 u \end{cases} \tag{4-32}$$

式中,A——柱塞面积,$A = \pi d^2/4$,单位为 m^2;

d——柱塞直径,单位为 m;

p——供液压力,单位为 Pa;

η_{m}——机械效率;

F_{L}——外负载(垂直时 F_{L} 含自重 G),单位为 N;

Q——供液流量,单位为 m^3/s;

η_{v}——容积效率;

u——柱塞运动速度,单位为 $\mathrm{m/s}$。

4.5.3　单活塞杆(单杆)液压缸

1. 典型结构

单活塞杆液压缸有单作用和双作用两种,简称单杆单作用和单杆双作用(活塞式)液压缸。其中单杆双作用液压缸是应用极为广泛的常见液压缸,一些典型结构如下。

1) 轻型拉杆液压缸

轻型拉杆液压缸亦称拉杆型(式)液压缸,属于通用型液压缸,广泛用于橡胶、纺织、压铸等轻工机械和机床、汽车、农业机械、石油和化工机械、冶金和矿山机械等。

轻型拉杆液压缸的典型结构如图 4-18 所示,前端盖 4、后端盖 9 与缸筒 5 用 4 根(方形端盖)或 6 根(圆形端盖)拉杆连接起来。假定缸体固定,当右油口(后端盖 9 处)进入压力油液时,活塞-活塞杆组件(活塞杆 1、缓冲套筒(中隔圈)11、活塞 10、活塞密封件 8)向左运动而推动负载,左油口(前端盖 4 处)将低压油液排回油箱;反之,当左油口进入压力油液时,其右油口将低压油液排回油箱,活塞-活塞杆组件反向拉动负载。

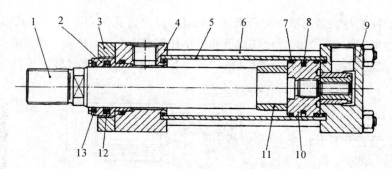

1—活塞杆；2—导向套；3—法兰；4—前端盖；5—缸筒；6—拉杆；7—导向环(支承环)；
8—活塞密封件；9—后端盖；10—活塞；11—缓冲套筒(隔离套)；12—活塞杆密封；13—防尘圈

图 4-18　轻型拉杆液压缸

轻型拉杆液压缸的缸筒通常选用高精度冷拔钢管，内表面一般不需要加工(或只需作粗加工)即可达到使用要求；缸筒长度按设计的行程相应的尺寸切割而成；前后端盖、活塞与活塞杆等主要零件为通用件。因而，轻型拉杆液压缸结构简单、拆装方便、零件通用化程度高、制造成本低、适于批量生产。但是，其行程长度、缸筒内径和额定压力受到限制。如果行程过长时，拉杆长度就相应偏长，组装时就容易偏歪而引起缸筒端部泄漏；如果缸筒内径过大和额定压力过高时，因拉杆材料强度要求，要选取大直径拉杆，但径向尺寸不允许拉杆直径过大。

一般拉杆型液压缸最大额定压力 $p_n \leqslant 20$ MPa，最大行程 $L \leqslant 2000$ mm，最大缸筒内径 $D \leqslant 250$ mm。

2) 焊接型液压缸

焊接型液压缸是指其缸底(底部端盖)与缸筒为焊接连接的液压缸，而前端盖与缸筒连接方式有多种，如内外螺纹式、内外卡环式、钢丝挡圈式和法兰式等。其安装方式有多种，其中两端铰支安装是常见的。焊接型液压缸可归于通用型液压缸或应用广泛的专用液压缸。

图 4-19 为工程机械上常用的前端盖与缸筒采用外螺纹连接的两端铰支安装的单活塞杆双作用液压缸。它的主要零件有缸底 2、活塞 8、缸筒 11、活塞杆 12、导向套 13 和端盖15 等。活塞上的支承环 9 用聚四氟乙烯等材料制成，摩擦阻力较小；活塞与活塞杆用卡环连接，拆装方便；导向套使活塞杆在轴向运动中不致歪斜，从而保护了密封件。油口 A 进油时，油口 B 排油，活塞杆伸出；反向供油时，进、排油口 A、B 交换，活塞杆退回。

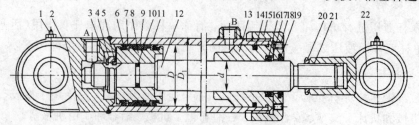

1—螺钉；2—缸底；3—弹簧卡圈；4—挡环；5—卡环(由两个半环组成)；6—密封圈；
7—挡圈；8—活塞；9—支承环；10—活塞与活塞杆之间的密封圈；11—缸筒；12—活塞杆；
13—导向套；14—导向套和缸筒之间的密封圈；15—端盖；16—导向套与活塞杆之间的密封圈；
17—挡圈；18—锁紧螺钉；19—防尘圈；20—锁紧螺母；21—耳环；22—耳环衬套圈

图 4-19　焊接型液压缸(一)

该类液压缸的特点是外部整洁，外形尺寸较小，暴露在外部的零件较少，能承受一定的冲击负载，能适用于恶劣的外界环境条件，多用于车辆、船舶、矿山和工程机械上。其额定工作压力一般为 16 MPa，缸筒内径尺寸通常为 $40 \sim 320$ mm，速度比 $\varphi = 1.33, 1.46, 2$。

前端盖为法兰的焊接型液压缸如图 4-20 所示，这也是工程机械上常用的液压缸。图 4-20 与图 4-19 的差别仅仅在于前端盖与缸筒的连接方式不同，但图 4-20 的液压缸额定工作压力较高，可达 25 MPa。

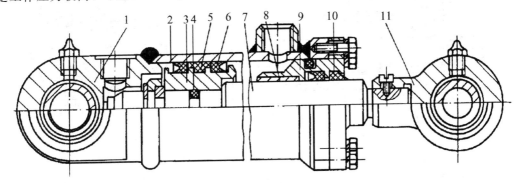

1—缸底；2—缸筒；3—活塞；4、5、6、10—密封圈；

7—活塞杆；8—导向套；9—前端盖(法兰)；11—活塞铰连组件

图 4-20　焊接型液压缸(二)

活塞上带有加长杆的焊接型单活塞杆双作用液压缸如图 4-21 所示，它是用在煤矿液压支架上的液压缸，作为液压支架的立柱(通常为 2 根或 4 根)，支承液压支架顶梁上方的顶板，以构成安全工作空间。采用加长杆的目的，是增大液压支架的支承高度，以适应煤层厚度的增加。缸体采用缸底与缸筒焊接而成，端盖与缸体(筒)采用螺纹连接；缸盖内有铜导向套(没有画出)以引导活塞杆往复运动。由于立柱液压缸承载较大，故活塞杆直径较大，以保证足够的刚度；而立柱缩回需要的液压力较小，故活塞环形面积较小，以迅速降柱。图中的左部油口为升柱口，右部油口为降柱口。液压支架中的液压缸的工作介质为乳化液(由 5% 的液压油和 95% 的水构成)，最大工作压力通常 $\leqslant 40$ MPa，乳化液泵站的额定工作压力通常为 31.5 MPa。各种焊接型液压缸的结构形式是相似的，结构上的主要差别在于缸盖与缸筒的连接方式和因安装形式不同而引起的缸底形式的变化和缸筒形式的变化。

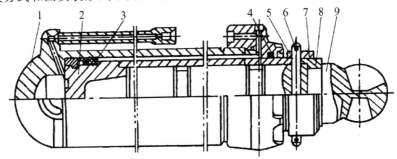

1—缸体(缸底和缸筒)；2—活塞；3—密封圈；4—防尘圈；5—销轴；7—卡套；8—卡环；9—加长杆

图 4-21　带加长杆的焊接型液压缸

3）法兰型液压缸

两端法兰型液压缸如图 4-22 所示，其特点是：缸筒与前、后端盖均为法兰连接，而法兰与缸筒有整体（铸件或锻件）式、焊接式、螺纹连接等方式（如图 4-19 所示为螺纹连接）。

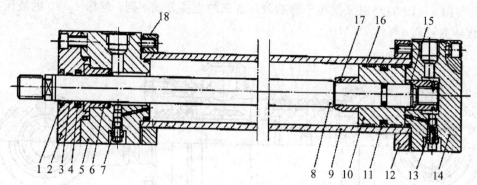

1—防尘圈；2—前盖；3—支承环；4—活塞杆密封件；5—前端盖；6—导向套；7—节流阀；
8—活塞杆；9—缸筒；10—活塞；11—活塞密封件；12—法兰；13—单向阀；14—后端盖；
15—缓冲套管；16—支承环；17—隔离套；18—法兰

图 4-22 两端法兰型液压缸

这种液压缸结构尺寸较大，适用于大、中型液压缸，缸筒内径 D 通常大于 100 mm（$D=100\sim320$ mm），额定工作压力较高（$p_n = 25\sim40$ MPa），能承受较大的冲击负载和适用于恶劣的外界环境条件，属重型液压缸，多用于重型机械、冶金机械等，最大允许行程 $S_{max}\leqslant8000$ mm。

2. 基本计算

单杆双作用液压缸在活塞杆伸出和返回时均可以一定速度驱动负载，计算简图如图 4-23 所示。对于伸出行程图 4-23(a)，方程如下

$$\begin{cases} (A_1 p_1 - A_2 p_2)\eta_m = F_L(p_2 > 0) \\ A_1 p_1 \eta_m = \dfrac{\pi}{4} D^2 p_1 \eta_m = F_L(p_2 = 0) \\ Q\eta_v = A_1 u_1 = \dfrac{\pi}{4} D^2 u_1 \end{cases} \tag{4-33}$$

式中，A_1——大腔（无杆腔）有效作用面积，$A_1 = \pi D^2/4$，单位为 m^2；

D——活塞直径（缸筒内径），单位为 m；

A_2——小腔（有杆腔）有效作用面积，$A_2 = \pi(D^2 - d^2)/4$，单位为 m^2；

d——活塞杆直径，单位为 m；

η_m——机械效率；

F_L——外负载，单位为 N；

η_v——容积效率；

Q——供液流量，单位为 m^3/s；

u_1——活塞（活塞杆、液压缸）运动速度，单位为 m/s。

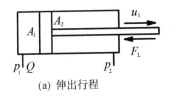 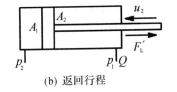

(a) 伸出行程   (b) 返回行程

图 4-23 单杆双作用液压缸计算简图

当外负载 F_L 和回油压力 p_2 已知时，可确定所需要的供油压力 p_1，或者 p_1、p_2 已知时可计算所能驱动的负载；当供油流量 Q 已知时，可以计算活塞运动速度 u_1，或者当 u_1 一定时可确定相应的供液流量 Q。

返回行程时，图 4-23(b)的两个基本方程如下

$$\begin{cases} (A_2 p_1 - A_1 p_2)\eta_m = F_L' \\ u_2 = \dfrac{Q\eta_v}{A_2} = \dfrac{4Q\eta_v}{\pi(D^2 - d^2)} \end{cases} \tag{4-34}$$

式中，F_L'——反向运动时的负载，单位为 N；

其他字符见式(4-33)注释。

比较式(4-33)和式(4-34)可知，当 p_1、p_2 相同时，正向驱动负载 F_L 大于反向驱动负载 F_L'；当供液流量 Q 相同时，返程速度 u_2 大于伸出速度 u_1；或者当 $F_L' = F_L$ 时，反向驱动负载 F_L' 时需要更高的工作压力 p_1；当 $u_2 = u_1$ 时，反向行程所需要的流量 Q 较小。

4.5.4 差动液压缸

具有缸筒两端(活塞两侧)同时供油工况，利用活塞两端面积差工作的单活塞杆液压缸称差动液压缸。不要误解为一般单杆双作用液压缸就是差动液压缸。差动液压缸通常要求快进速度 u_1 与回程速度 u_2 相同，因而要求活塞两侧面积比 A_1/A_2 为定值，因而它是一种特定的单活塞杆液压缸，在结构形式上与普通单活塞杆液压缸相同。

1. 工作原理

差动液压缸工作原理和计算简图如图 4-24 所示，当向活塞两侧同时供入压力为 p 的油液时，由于 $A_1 p > A_2 p$，故液压力($A_1 p - A_2 p$)可推动负载 F_L 向右运动，同时排油腔排出的压力油油液(流量为 Q_2)与供液流量 Q 汇合，一同供入液压缸大腔($Q_1 = Q + Q_2$)。返回行程时，有杆腔为高压腔，无杆腔为排液腔，与普遍单杆双作用液压缸相同。

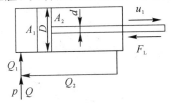

图 4-24 差动液压缸工作原理和计算简图

2. 基本计算

液压缸差动快进时的两个基本方程如下

$$\begin{cases} (A_1 - A_2)p\eta_m = \dfrac{\pi}{4}d^2 p\eta_m = F_L \\ (Q + Q_2)\eta_v = Q_1\eta_v = A_1 u \end{cases} \tag{4-35}$$

式中，Q_1——液压缸大腔流量，$Q_1 = Q + Q_2$，单位为 m^3/s；

　　　　Q——供液流量，单位为 m^3/s；

　　　　Q_2——液压缸小腔排油流量（高压），$Q_2 \eta_v = \dfrac{\pi(D^2 - d^2)u}{4}$，单位为 m^3/s；

　　　　u——液压缸速度；

　　其他字符见式（4-33）注释。

　　将排油流量 $Q_2 \eta_v = \pi(D^2 - d^2)u/4$ 代入式（4-35），整理有

$$Q\eta_v = \frac{\pi}{4}d^2 u \qquad\qquad (4-36)$$

　　由式（4-35）和式（4-36）知，差动液压缸快进时，其驱动的负载和快进速度等价于柱塞直径为 d 的柱塞缸（见式（4-32））。

　　差动液压缸由快速变成工进及回程时有关计算同单杆双作用液压缸（见图4-23），参见式（4-33）和式（4-34），不再赘述。

　　差动液压缸通常要求回程速度 u_2 等于快进速度 u_1，这时有

$$u_2 = u_1 \rightarrow \frac{4Q\eta_v}{\pi(D^2 - d^2)} = \frac{4Q\eta_v}{\pi d^2} \Rightarrow d = \frac{\sqrt{2}}{2}D \qquad (4-37)$$

　　式（4-37）是设计差动液压缸时选择活塞外径 D 与活塞杆直径 d 的依据，由此也可以看出它与普通单杆双作用液压缸的区别。

4.5.5　双杆双作用液压缸

　　双活塞杆双作用液压缸称为双杆双作用液压缸，其正反向行程速度相同，驱动负载相同，常用于机床中。

1. 典型结构

　　图4-25为用于外圆磨床上的双活塞杆（双杆）液压缸。由图知，它主要由活塞杆 1、15，活塞 8，缸筒 10，缸盖 18、24，密封件 4、7、17 等组成。其特点是，两活塞杆为空心杆，油口开在活塞杆端部，且活塞杆通过支座（图中虚线）固定在床身上，缸盖与工作台连接。

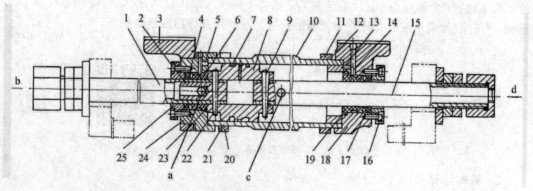

1、15—活塞杆；2—堵头；3—拖架（工作台）；4、7、17—密封圈；5、14—排气阀；

6、19—导向套；8—活塞；9、22—锥销；10—缸筒；11、20—压板；12、21—钢丝环；

13、23—密封纸垫；16、25—密封压盖；18、24—缸盖

图4-25　外圆磨床用空心双活塞杆液压缸

当从 a 口输入压力油液时，油液通过 b 口进入液压缸的左腔，作用在缸盖 24 上的液压力推动缸筒向左运动，液压缸右腔油液通过 c 孔从活塞杆 15 的 d 口排出。如果从 d 口和 c 孔向液压缸输入压力油液，缸筒向右运动，如图示状态。

由于外圆磨床对低速性能要求较高(0.02 m/min)，因此缸筒 10 与活塞之间采用密封性能较好的两只 O 形圈 7 密封；缸筒 10 与缸盖 18、24 采用密封纸垫 13、23 密封；缸盖 18、24 与活塞杆 15、1 采用密封性能较好，摩擦力较小的 Y 形密封圈 17、4 密封。为排除混入缸内的气体，设置了排气阀 5 和 14。

这种液压缸的缸筒较长，多采用冷拔无缝钢管制成，属于法兰型液压缸。由于活塞杆固定不动，工作台行程等于液压缸有效行程的两倍，占地面积较小。

缸体固定的实心双活塞杆液压缸如图 4-26 所示，它是用于平面磨床上的液压缸。它由压盖 1、密封圈 2、导向套 3、密封纸垫 4、活塞 5、缸筒 6、活塞杆 7、缸盖 8(安装支架)、工作台支架 9 等组成。压力油液从 a 口进入时，低压油液从 b 口排出，活塞杆 7(工作台)向右运动；反之，b 口进入压力油液时，活塞杆 7(工作台)向左运动。

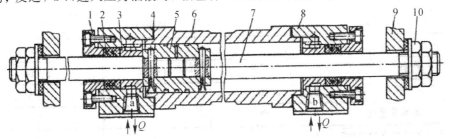

1—压盖；2—密封圈；3—导向套；4—密封纸垫；5—活塞；6—缸筒；

7—活塞杆；8—缸盖；9—工作台支架；10—螺母

图 4-26 平面磨床用实心双活塞杆液压缸

这种液压缸的缸体固定在床身上，活塞杆 7 用螺母 10 与工作台支架 9 连在一起，活塞杆只承受拉力，可以做得较细。这种液压缸的活塞与缸筒之间采用间隙密封，内泄漏较大，但对于工作压力较低、工作台速度较高的平面磨床来说还是适用的。活塞杆 7 与缸盖 8 处采用 V 形密封圈密封。这种密封圈接触面较长，密封性能好，但摩擦阻力较大，装配时不能压得过紧。

这种液压缸的工作台行程为液压缸有效行程的 3 倍，一般只适用小型机床。

2. 基本计算

参看图 4-27，双杆双作用液压缸的两个基本方程为

$$\begin{cases} F_{L1} = F_{L2} = A_2(p_1 - p_2)\eta_m = \dfrac{\pi}{4}(D^2 - d^2)\Delta p \eta_m \\ u_1 = u_2 = \dfrac{Q\eta_v}{A_2} = \dfrac{4Q\eta_v}{\pi(D^2 - d^2)} \end{cases} \qquad (4-38)$$

式中，Δp——压力差，$\Delta p = p_1 - p_2$，$p_2 = 0$ 时，$\Delta p = p_1$，单位为 Pa；

F_{L1}，F_{L2}——正反方向负载，单位为 N；

u_1，u_2——正反方向速度，单位为 m/s；

其他字符参看式(4-33)注释。

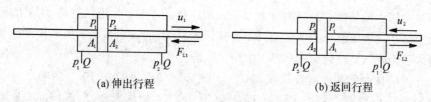

(a) 伸出行程 　　　　　　　　　　　　　　(b) 返回行程

图 4-27　双杆双作用液压缸计算简图

下面将上述 5 种液压缸计算公式一并列入表 4-3 中。

表 4-3　常见液压缸的计算公式

类型		符号及工况示意	正向速度及负载	反向速度及反向负载
活塞式液压缸	单活塞杆单作用液压缸		$F_{\mathrm{L}}=A_1 p\eta_{\mathrm{m}}$ $u_1=\dfrac{Q\eta_{\mathrm{v}}}{A_1}$	—
	单活塞杆双作用液压缸		$F_{\mathrm{L}}=(A_1 p_1-A_2 p_2)\eta_{\mathrm{m}}$ $u_1=\dfrac{Q\eta_{\mathrm{v}}}{A_1}$	$F_{\mathrm{L}}=(A_2 p_1-A_1 p_2)\eta_{\mathrm{m}}$ $u_2=\dfrac{Q\eta_{\mathrm{v}}}{A_2}$
	差动液压缸		$F_{\mathrm{L}}=(A_1-A_2) p_1\eta_{\mathrm{m}}$ $u_1=\dfrac{Q\eta_{\mathrm{v}}}{A_1-A_2}$	$F_{\mathrm{L}}'=(A_2 p_1-A_1 p_2)\eta_{\mathrm{m}}$ $u_2=\dfrac{Q\eta_{\mathrm{v}}}{A_2}$
	双杆双作用液压缸		$F_{\mathrm{L}}=(p_1-p_2) A_1\eta_{\mathrm{m}}$ $u_1=\dfrac{Q\eta_{\mathrm{v}}}{A_1}$	$F_{\mathrm{L}}=F_{\mathrm{L}}'$ $u_1=u_2$
柱塞式液压缸			$F_{\mathrm{L}}=A_1 p_1\eta_{\mathrm{m}}$ $u_1=\dfrac{Q\eta_{\mathrm{v}}}{A_1}$	—

注：1. p_1、p_2 分别为进、排油腔压力，单位为 Pa；

　　2. Q 为进油腔流量，单位为 $\mathrm{m^3/s}$；

　　3. u_1、u_2 分别为运动组件伸出、缩回速度，单位为 m/s；

　　4. A_1、A_2 分别为无杆腔(双活塞杆除外)、有杆腔有效面积，单位为 $\mathrm{m^2}$；

　　5. F_{L}、F_{L}' 分别与 u_1、u_2 方向负载，F_{L} 为被推动(活塞杆受压)的负载，F_{L}' 为被拉的负载(活塞杆受拉伸)，单位为 N；

　　6. 机械效率 $\eta_{\mathrm{m}}=0.88\sim0.95$，通常可取 $\eta_{\mathrm{m}}=0.95$；

　　7. 容积效率 $\eta_{\mathrm{v}}=0.88\sim0.95$，可取 $\eta_{\mathrm{v}}=1$；

　　8. $A_1=\pi D^2/4$，$A_2=\pi(D^2-d^2)/4$，D 为活塞(柱塞)直径，d 为活塞杆直径，单位为 m。

4.6 典型液压缸的结构

液压缸用途不同，具体结构也有很大的差别。单杆双作用液压缸是一类应用广泛的液压缸，在结构上也比柱塞和双杆双作用液压缸复杂，具有典型性。这种液压缸通常由缸筒、缸盖、缸底(底盖)、活塞组件、耳环、导向套及密封件等组成。

4.6.1 缸筒、缸底、缸盖和导向套

1. 缸筒

缸筒为柱面环形体，其内径 D 和外径 D_1(或壁厚 $\delta=(D_1-D)/2$)尺寸设计应符合国家技术规范。缸筒普遍采用退火的冷拔或热轧无缝钢管(材料为 20、35、45 号钢)或 27SiMn 合金钢。缸筒与缸底和缸盖采用焊接连接时，采用焊接性能好的 35 号钢。缸筒不与其他零件焊接时宜用 45 号钢。缸壁较厚的缸筒可采用铸铁或锻件或用厚钢板卷成筒形。焊接后需退火，焊缝需用 x 射线等探伤检查。缸筒与法兰端盖连接时，其头部可以焊接法兰或作墩粗处理。

缸筒内表面通常要磨削，表面粗糙度 $Ra=0.32\sim0.16\ \mu m$，有防腐要求时，表面镀铬厚度 $\delta=0.03\sim0.05\ mm$，并研磨抛光。

缸筒上通常还要焊接进出油口(尽量靠外侧)，对于采用中间耳轴安装的液压缸，缸筒上还要焊接中间耳轴，耳轴的结构及参考尺寸可查阅有关参考文献。

2. 缸盖和导向套

缸盖通常指与活塞杆伸出端配合的零件，缸盖的材料多用 35、45 号钢或铸 35、45 号钢或铸铁。缸盖采用耐磨铸铁时，导向套可省去。通常情况下导向套为单独零件，材料通常采用铸铁、黄铜、青铜或工程塑料。采用金属导向套时，导向套为整体式，与缸盖过渡配合。采用工程塑料的导向套时，通常采用分段式且嵌装在缸盖内，导向套内表面粗糙度以 $Ra=1.4\ \mu m$ 上下为宜。缸盖端部还要设置密封圈和防尘圈，缸盖与缸筒配合部位要设有密封圈。

缸筒与缸盖连接方式有多种，如法兰式、内外卡环式、内外螺纹式、拉杆式、焊接式，如图 4-28 所示。焊接式只能用于一端，另一端必须采用其他结构。

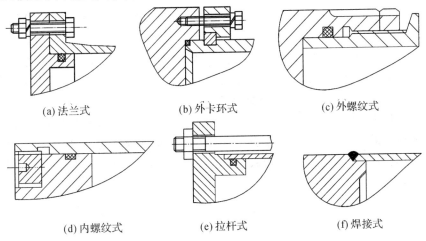

(a) 法兰式　　　　(b) 外卡环式　　　　(c) 外螺纹式

(d) 内螺纹式　　　　(e) 拉杆式　　　　(f) 焊接式

图 4-28　缸筒与缸盖的连接方式

3. 缸底(后端盖)

缸底是对柱塞式或单活塞杆液压缸而言的,亦称后端盖。它与缸筒通常为焊接式连接;对于铸造式缸筒(体),它与缸筒为一个整体零件。缸底的结构因安装形式而异,对于两端铰支安装的液压缸,安装底座可与缸底采用焊接形式或整体铸造形式,材料为 35 号铸钢,缸底上通常设计有进出油口。

4.6.2 活塞组件

1. 活塞

活塞与活塞杆一般采用分体装配式,即活塞与活塞杆均为单独零件,用适当的结构方式将两者连接在一起,如图 4-29 所示。

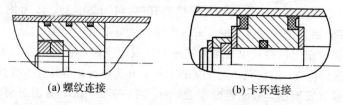

(a) 螺纹连接   (b) 卡环连接

图 4-29 活塞与活塞杆的连接方式

为保证缸筒与活塞的密封性,活塞上通常要装有密封圈和支承环。对于采用支承环的活塞,其材料通常采用 20、35、45 号钢,未采用支承环时,多采用高强度铸铁、耐磨铸铁、球墨铸铁及其他耐磨合金。一些连续工作的高耐久性活塞,可在钢制活塞的外表面烧焊青铜合金或喷镀尼龙材料。

2. 活塞杆及其连接结构

活塞杆一般采用实心结构,材料通常为 35 或 45 号钢。活塞杆也可采用空心结构,材料通常为 35 号钢或 45 号无缝钢管。实心杆强度较高,加工方便,应用较多;空心杆多用于大型液压缸或特殊要求的场合;活塞杆直径 $d > 70$ mm 时宜采用空心结构。空心活塞杆有焊接要求时,要采用 35 号钢(或 35 号无缝钢管)。有特殊要求的液压缸,活塞杆可采用锻件或铸铁。

为提高耐磨性和耐腐蚀性,活塞杆要进行热处理并镀铬,中碳钢调质硬度 HB230～280,高碳钢可调质或淬火(或高频淬火)处理,淬火硬度 HRC50～60,最后镀铬并抛光,镀层厚度为 0.015～0.05 mm。活塞杆表面粗糙度 $Ra = 0.16 \sim 0.63$ μm。

活塞杆与活塞的连接方式有多种,如焊接式(应用较少)、螺纹连接(图 4-29(a) 为内置螺母式)、卡环连接(图 4-29(b))等,其中卡环连接应用比较广泛。

活塞杆头部与工作机构相连,其头部结构形式有多种,如图 4-30 所示,可根据不同负载要求进行选择。

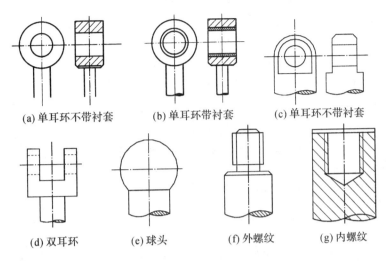

(a) 单耳环不带衬套 (b) 单耳环带衬套 (c) 单耳环不带衬套

(d) 双耳环 (e) 球头 (f) 外螺纹 (g) 内螺纹

图 4 - 30　活塞杆头部结构形式

4.6.3　密封装置

在缸筒与活塞及活塞杆与缸盖等处，通常要设置密封装置，以防止液压缸的内外泄漏。液压缸中常见的密封装置如图 4 - 31 所示。

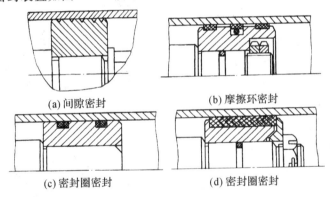

(a) 间隙密封 (b) 摩擦环密封

(c) 密封圈密封 (d) 密封圈密封

图 4 - 31　密封装置

1. 间隙密封

间隙密封是利用活塞与缸筒之间相对运动的微小间隙密封的(间隙通常为 $\delta = 0.02 \sim 0.05$ mm)，如图 4 - 31(a)所示，间隙密封多用于工作压力较低、缸体内径较小、运动速度较高的液压缸中。它结构简单、摩擦阻力小、耐高温，但泄漏量大、加工精度要求高、磨损后不可修复。为提高密封性能，并使活塞径向液压力平衡，通常在活塞上开几条 0.3 mm× 0.5 mm 的环形沉割槽，以增大局部阻力、减少泄漏。

2. 摩擦环密封

摩擦环密封是利用套在活塞上的活塞环密封的，如图 4 - 31(b)所示。活塞环用高级铸铁或铸造青铜材料或工程塑料(如尼龙)制成的截面为矩形的圆环，环上开有切口，以套在活塞的凹槽中，依靠活塞环的弹力使活塞环的外表面与缸筒内表面紧密配合而进行密封。其密封效果比间隙密封好，同时它寿命长、耐温高、摩擦阻力小、磨损后有自动补偿能力，但加工精度高、拆装不方便。

目前,国内外广泛使用斯特康封(又称同轴密封或橡塑组合滑环密封),其密封环用性能优良的工程塑料(如填充聚四氟乙烯)制成,它依靠环内的O形密封圈的弹性变形力而贴紧缸筒内表面。如果将两个同轴密封串联使用,泄漏几乎为零。

3. 密封圈密封

密封圈的种类很多,其中O形圈、Y形圈和V形圈应用比较常见。O形圈结构简单,价格低廉,既可作动密封(图4-31(c)),也可作静密封(图4-31(d))。当工作压力较高时,必须和挡圈联用。Y形圈和V形圈在液压缸活塞中使用广泛,后者的轴向尺寸较大,摩擦力也较大,但密封可靠,使用寿命长。

4.6.4 缓冲装置

当液压缸带动质量较大的部件作快速往复运动时,应设置缓冲装置,以防止活塞运动到末端时与缸盖或缸底碰撞,产生噪声和冲击并造成液压缸损坏。液压缸的缓冲装置一般都是利用节流原理来实现的。常见形式有两种:间隙缓冲装置和节流阀缓冲装置。

图4-32为环形间隙缓冲装置。当活塞达到行程末端时,长度 l 上的油液从环形间隙 s 处挤出,形成缓冲压力。在活塞杆 l 处开三角槽节流孔,油液从三角槽中挤压出去,由于三角槽节流面积愈来愈小,有较好的缓冲效果。

图4-33为节流阀缓冲装置。当活塞进入行程末端时,缓冲柱塞 a 进入缸盖孔 c 时,b腔回油液被柱塞 a 堵塞,回油口 d 被封闭,压力油液只能通过节流阀2的阀口排出,起到缓冲作用。回程时,油液经单向阀1和d口进入,可使活塞平稳启动。

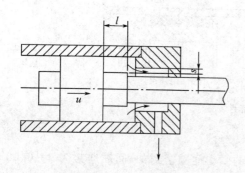

图4-32 环形间隙缓冲装置

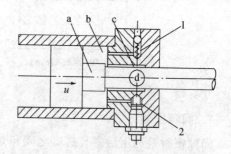

1—单向阀;2—节流阀

图4-33 节流阀缓冲装置

4.6.5 排气装置

液压系统在安装过程中或停止工作一段时间后会有空气混入系统,产生气穴现象,使液压缸爬行或振动。为此,液压缸必须设计排气装置以排出系统中的空气。排气装置应位于液压缸盖上方最高处。工作前须将排气装置打开,将空气排尽,至有油液冒出时再闭死,以保证系统正常工作。常见排气装置如图4-34所示。

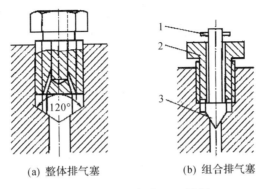

(a) 整体排气塞   (b) 组合排气塞

1—圆柱销；2—螺塞；3—锥阀

图 4-34 液压缸排气装置

4.7 液 压 缸 设 计

一般来说，液压缸是标准件，用户可根据标准产品目录进行选用，尽量避免相对耗时和费力的液压缸设计。但由于使用要求的千差万别，加之液压缸布置灵活，设计制造相对容易，相对其他液压元件而言，液压缸的设计也是极其常见的。

4.7.1 收集原始资料，整理设计依据

液压缸的设计是整机设计的一部分，因而在设计之前，需收集必要的原始资料，进行分析、研究并加以整理，作为设计的依据。液压缸的设计具体包括以下内容：

(1) 了解主机用途、工作环境及对液压缸的动作要求。例如汽车起重机、自卸汽车、煤矿中的液压支架及机床液压系统等，对液压缸的动作要求不同，工作条件也不同，这是在设计时必须考虑的第一因素。

(2) 了解液压缸的运动形态和安装约束条件。其内容包括液压缸的行程、运动速度、运动方式(直线运动或摆动、轴线摆动或固定、连续运动或间歇运动)和安装空间所允许的外形尺寸，以初步确定液压缸的安装结构形式。

(3) 了解液压缸的负载情况。其内容包括负载质量、几何形状、空间体积、摩擦阻力及活塞杆头部结构形式等。

(4) 了解液压系统的情况。其内容包括液压泵工作压力、输出流量、液压管路的通径和布置情况、管接头形式等。

(5) 了解国家相关技术标准，收集类似液压缸的设计资料作为设计参考。

4.7.2 设计的一般步骤及其注意的问题

液压缸设计并没有统一的步骤。由于液压缸各参数之间有内在联系，设计要交叉进行，反复推敲和计算，以获得满意的设计效果。下列设计步骤可作参考。

(1) 根据主机用途、对液压缸的动作要求，确定液压缸的结构形式、安装形式及连接方式。

(2) 进行负载分析和运动分析，最好画出负载图、速度图和功率图，使设计参数一目了然。

(3) 根据负载要求，选择液压缸工作压力、液压缸缸筒内径 D 与活塞杆直径 d，这是液

压缸设计的关键一步。

（4）进一步确定其他结构参数，如活塞宽度 B，活塞杆长度，活塞与活塞杆配合尺寸，活塞及活塞杆的密封形式及尺寸，缸筒厚度、外径及长度，导向长度，支承宽度，油口尺寸，中隔圈尺寸及结构，排气口设置及缓冲设置等。

（5）根据步骤(3)、(4)确定的几何尺寸进行图纸设计并校核有关零件的刚度和强度。步骤(3)~(5)是一个反复和交错过程。

（6）审定全部设计资料及其他技术文件，对图纸进行修改与补充。

（7）绘制液压缸零件图和装配图，编写设计计算说明书。

在设计中应注意以下问题：

（1）在保证液压缸性能参数条件下，应尽量简化结构、减少零件、减小几何尺寸和重量。

（2）各零件的结构形式和尺寸应尽量采用标准形式和规范要求，以便加工、装配和维修。

（3）密封装置的设计和密封件的选用要合理，保证密封的可靠性高、摩擦力小、寿命长、更换方便。

（4）活塞杆受压力负载或偏心负载作用时，要进行稳定性校核。

（5）要考虑行程末端制动问题和排气问题。缸内如无缓冲和排气装置，则在液压系统中要考虑相应措施，但并非所有液压缸都要考虑这些问题。

4.7.3 液压缸基本参数选择

在确定了液压缸的负载、速度、行程和安装形式等之后，下一步工作就是确定液压缸缸筒内径 D 与活塞杆直径 d。

1. 设计压力选择

在以输出力为主的设计中，首先要选择设计(额定)工作压力。不同液压设备或不同负载下设计参考压力如表4-4和表4-5所列。选择的设计压力应符合国家标准(见表4-6)。

表4-4　各类液压设备常用的设计压力

液压设备种类		设计压力/MPa
机床类	精加工机床(如各类磨床)	0.8~2
	半精加工机床(如组合机床)	3~5
	龙门刨床	2~8
	拉床	8~10
农业机械、小型工程机械、工程机械辅助机构		10~16
液压机、大中型挖掘机、中型机械、起重运输机械		20~32

表4-5　不同负载下的设计压力

负载/kN	≤5	5~10	10~20	20~30	30~50	≥50
设计压力/MPa	<0.8~1	1.5~2	2.5~3	3~4	4~5	≥5

表 4-6 液压缸的公称压力 p_n（GB7938—1987）

p_n/MPa	1.0	1.6	2.5	4.0	6.3	10.0	16.0	25.0	31.5	40.0

2. 液压缸缸筒内径 D 与活塞杆直径 d 的选择

在选定适当的工作压力后，对于无杆腔进液（输出力为推力）的液压缸，其缸筒内径 D 为

$$D = \sqrt{\frac{4F_L}{\pi p \eta_m}} \qquad (4-39)$$

对于有杆腔进液（输出力为拉力），液压缸内径 D 为

$$D = \sqrt{\frac{4F_L}{\pi p \eta_m} + d^2} \qquad (4-40)$$

根据式（4-39）计算出 D 后，可根据速度的要求确定活塞杆直径 d。速度比 φ 的含义是

$$\varphi = \frac{u_2}{u_1} = \frac{Q/A_2}{Q/A_1} = \frac{A_1}{A_2} = \frac{D^2}{D^2 - d^2} \qquad (4-41)$$

根据式（4-41）有

$$d = D\sqrt{1 - \varphi^{-1}} \qquad (4-42)$$

在式（4-40）中，应根据速度比要求，将式（4-42）代入求出 D，进而求出 d，液压缸速度比 φ 取值应符合国家标准 GB/2348—1993 的规定（$\varphi = 1.06, 1.12, 1.25, 1.33, 1.46, 2, 2.25$），同时还要参考工作压力进行选择，如表 4-7 所列。

表 4-7 液压缸速度比与工作压力的关系

工作压力/MPa	<10	12.5~20	>20
速度比 φ	1.33	1.46, 1.61, 2	2

在以速度为主的设计中，液压缸缸筒内径 D 的计算公式为

$$\begin{cases} D = \sqrt{\frac{4Q}{\pi u_1} \eta_v} \\ D = \sqrt{\frac{4Q}{\pi u_2} \eta_v + d^2} \end{cases} \qquad (4-43)$$

式中，u_1——无杆腔进液时的速度；

u_2——有杆腔进液时的速度；

η_v——容积效率（可取 $\eta_v = 1$）。

根据计算选择的液压缸缸筒内径 D 与活塞杆直径 d 应圆整到国家技术标准规定的数值，如表 4-8 和表 4-9 所列。

表 4-8 液压缸缸筒内径系列尺寸（GB/T2348-1993）

D/mm	10,12,16,20,25,32,40,50,63,80,(90),100(110),125,(140),160,(180),200,(220),250,(280),320,(360),400,(450),500

备注：括号内为非优选系列。

表 4 - 9 液压缸活塞杆直径系列尺寸(GB/T 2348—1993)

d/mm	4,5,6,8,10,12,14,16,18,20,22,25,28,32,36,40,45,50,56,63,70,80,90,100, 110,125,140,160,180,220,250,280,320,360

根据选择的液压缸缸筒内径 D 与活塞缸直径 d 可进行液压缸的结构设计。在设计过程中,逐项确定其他结构参数,同时进行强度和刚度校核。

4.7.4 缸筒的设计与校核

1. 缸筒材料壁厚的选择与校核

缸筒应尽量选择冷拔与热轧无缝钢管;焊接式缸体的缸筒材料选用 35 号钢,其他一般可选用 45 号钢。参考类似液压缸,选择缸筒的壁厚 δ 并作强度校核。

当 $\delta/D \leqslant 0.08$ 时为薄壁缸筒,壁厚 δ 按下式校核:

$$\delta \geqslant \frac{p_y D}{2[\sigma]} \qquad (4-44)$$

式中,p_y——液压缸试验压力,单位为 MPa。当额定(设计)压力 $p_R \leqslant 16$ MPa 时,$p_y = 1.5 p_R$;当 $p_R > 16$ MPa 时,$p_y = 1.25 p_R$。

$[\sigma]$——缸筒材料许用应力,单位为 MPa。$[\sigma] = \sigma_b/n$,σ_b 为缸筒材料抗拉强度,n 为安全系数,一般取 $n = 5$。

当 $\delta/D = 0.08 \sim 0.3$ 时为中厚壁缸,壁厚 δ 按下式校核:

$$\delta \geqslant \frac{p_y D}{2.3[\sigma] - 3 p_y} \qquad (4-45)$$

当 $\delta/D > 0.3$ 时为厚壁缸,壁厚 δ 按下式校核:

$$\delta \geqslant \frac{D}{2}\left[\sqrt{\frac{[\sigma] + 0.4 p_y}{[\sigma] - 1.3 p_y}} - 1\right] \qquad (4-46)$$

或

$$\delta \geqslant \frac{D}{2}\left[\sqrt{\frac{[\sigma]}{[\sigma] - \sqrt{3} p_y}} - 1\right] \qquad (4-47)$$

2. 技术条件

缸筒与活塞一般采用基孔制间隙配合。活塞用橡胶、皮革材质的密封件时,缸筒内孔可采用 H8、H9 公差等级;采用活塞环密封时,缸筒内孔采用 H7 公差等级;采用间隙密封时,缸筒内孔采用 H6 公差等级。缸筒内孔表面粗糙度一般为 $Ra = 0.10 \sim 0.05 \ \mu m$。

缸筒内孔的圆度、锥度、圆柱度不大于内径公差的一半;轴线的直线度不大于 0.03 mm/100 mm;缸筒断面对轴线的跳动不大于 0.04 mm/100 mm。

为防腐蚀和提高寿命,缸筒内孔镀铬厚度 $\delta = 0.03 \sim 0.05$ mm,并研磨抛光。

缸筒端部内孔倒 15°~30° 的锐角或 $R = 3$ mm 以上圆角,以防止装配时划伤密封件,表面粗糙度不低于 $Ra = 0.08 \ \mu m$。

缸筒与缸盖采用螺纹连接安装时,螺纹采用 2a 级精度的公制螺纹;采用法兰连接安装时,结合端面对轴线的垂直度不大于 0.04 mm/100 mm,缸筒与法兰的接合部位的精度等级一般可取 H8/f8、H9/f8。缸体采用耳轴(环)安装时,耳轴(环)轴线与缸筒轴线的位置度不大于 0.04 mm，垂直度不大于 0.1 mm/100 mm；采用销轴安装时，位置度不大于 0.1 mm，垂直度不大于 0.1 mm/100 mm。

缸筒端部需要焊接时，焊接处到缸筒内工作表面的距离不得小于 20 mm，焊接应在精加工之前进行。需要在缸筒上焊接油口、法兰口、排气阀座时也要在精加工之前进行。焊后调质硬度 HB≥241～285。

4.7.5　缸底结构及厚度计算

单活塞杆液压缸的缸底与缸筒多采用焊接结构，其结构形式如图 4－35 所示，缸底的厚度 h 应满足强度要求。对于平底无孔缸底（见图 4－35(a)），有

$$h = 0.433d \sqrt{\frac{p_y}{[\sigma]}} \tag{4－48}$$

式中，d——缸底止口内径，单位为 m；

p_y——试验压力，单位为 MPa；

$[\sigma]$——缸底材料的许用压力，单位为 MPa。

对于平底有孔缸底（见图 4－35(b)），有

$$h = 0.433D \sqrt{\frac{p_y D}{(D-d_0)[\sigma]}} \tag{4－49}$$

式中，D——缸筒内径，单位为 m；

d_0——缸底油孔的直径，单位为 m。

对于半椭球形缸底（见图 4－35 (c)），有

$$h = \frac{p_y D(2 + a^2/b^2)}{12[\sigma] - 1.2p_y} \tag{4－50}$$

对于半球形缸底（见图 4－35(d)），当 $h \leqslant 0.356r$ 或 $p_y \leqslant 0.665[\sigma]$时，则

$$h = \frac{p_y D}{4[\sigma] - 0.4p_y} \tag{4－51}$$

当 $h > 0.356r$ 或 $p_y > 0.665[\sigma]$时，则

$$h = r\left[\sqrt[3]{\frac{2[\sigma] + 2p_y}{2[\sigma] - p_y}} - 1\right] \tag{4－52}$$

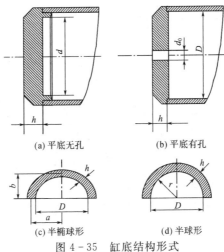

(a) 平底无孔　　(b) 平底有孔　　(c) 半椭球形　　(d) 半球形

图 4－35　缸底结构形式

4.7.6 缸盖的结构形式、设计计算及校核

1. 缸盖的结构形式及厚度

缸（端）盖的结构形式有多种，如图 4-28 所示。对于单活塞杆液压缸，缸筒头部焊有螺纹凸台结合面的法兰式结构是最常见的，如图 4-36 所示。

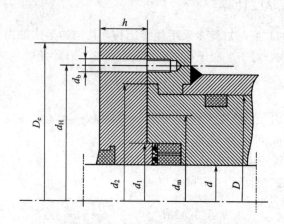

图 4-36 法兰端盖

当活塞运动到末端时，全部推力由缸盖承担，其厚度 h 为

$$h = \sqrt{\frac{3F(d_{\mathrm{H}} - d_{\mathrm{m}})}{\pi[\sigma][D_{\mathrm{e}} - d - 2d_{\mathrm{b}}]}} \qquad (4-53)$$

式中，F——法兰受力总和，单位为 N；

$[\sigma]$——材料许用应力，单位为 Pa；

D_{e}——法兰端盖外径，单位为 m；

d——活塞杆直径，单位为 m；

d_{b}——螺纹孔内径，单位为 m；

d_{H}——螺纹孔分布圆直径，单位为 m；

d_{m}——平均作用力半径，单位为 m；$d_m = (d_1 + d_2)/2$，d_1 为活塞杆导向处密封圈安装外径，d_2 为缸筒凸缘外径。

2. 缸盖连接强度校核

当缸盖与缸筒采用法兰连接时，连接螺栓的拉应力 σ、切应力 τ 及合应力 σ_{n} 分别为

$$\sigma = \frac{4kF}{\pi d_{\mathrm{b}}^2 z} \qquad (4-54)$$

$$\tau = \frac{k_1 k F d_0}{0.2 d_{\mathrm{b}}^3 z} \qquad (4-55)$$

$$\sigma_{\mathrm{n}} = \sqrt{\sigma^2 + 3\tau^2} \leqslant [\sigma] \qquad (4-56)$$

式中，F——螺栓所受拉力，单位为 N；

k——螺栓拧紧系数，静载时 $k = 1.25 \sim 1.5$；动载时 $k = 2.5 \sim 4$；

d_{b}——螺纹内径，单位为 m；

z——螺栓数；

d_0——螺纹外径，单位为 m；

k_1——螺纹内摩擦系数，一般可取 $k_1 = 0.12$；

$[\sigma]$——螺栓材料许用应力，单位为 Pa，$[\sigma] \leqslant \sigma_n / n$，$n$ 为安全系数，一般取 $n = 1.5 \sim 2.5$；

σ_n——螺栓材料的屈服极限应力，单位为 Pa。

当缸盖与缸筒采用外螺纹连接时，螺纹处拉应力 σ、切应力 τ 和合应力 σ_n 分别为

$$\sigma = \frac{4kF}{\pi(d_1^2 - D^2)} \tag{4-57}$$

$$\tau = \frac{k_1 k F d_0}{0.2(d_1^3 - D^3)} \tag{4-58}$$

$$\sigma_n = \sqrt{\sigma^2 + 3\tau^2} \leqslant [\sigma] \tag{4-59}$$

式中，d_1——缸筒外螺纹内径，单位为 m；

D——缸筒内径，单位为 m；

d_0——缸筒外螺纹外径，单位为 m；

其他符号见式(4-54)、式(4-55)和式(4-56)中定义。

3. 缸盖结构设计应考虑的问题及技术条件

缸盖的材料见 4.6.1 节，对于常见的钢质缸盖，结构设计应考虑的问题有：缸盖与缸筒端面的轴向密封，缸盖与缸筒的径向密封，活塞杆导向套的结构形式及尺寸，活塞杆处的密封圈和防尘圈结构形式及尺寸。当缸筒上设置有油口时，要注意油液的通路位置的设计。

缸盖端面与轴线的垂直度为 0.04 mm/100 mm。表面粗糙度不高于 $Ra = 1.6~\mu m$；端盖与缸筒的配合精度可取 h8，与活塞杆的配合精度可取 H8；缸筒内径 D 与活塞杆外径 d 的同轴度公差为 0.03 mm，D 和 d 的圆柱度为相应直径公差之半；导向孔表面粗糙度为 1.25 μm。

4.7.7 活塞组件设计

在通常情况下，活塞与活塞杆为两个零件，因而活塞组件的结构设计可分为活塞设计、活塞杆设计及连接部件设计，在 4.6.2 节中已作过较多地介绍，这里仅对技术条件补充说明，对于活塞的设计要求如下：

(1) 活塞的宽度一般为 $B = (0.6 \sim 1.0)D$，D 为缸筒内径。

(2) 活塞可以为整体式，也可为分体式。采用 Y 形或 V 形密封圈密封时，采用分体式更便于安装，采用整体式时密封圈要切有 45° 的缝隙。

(3) 密封沟槽和支承环沟槽要按相应国家标准设计。

(4) 采用橡塑密封件时，活塞外径公差一般取 f9，与活塞杆配合的内孔一般取 H7。

(5) 活塞外径对内孔及密封沟槽的同轴度公差不大于 0.02 mm；活塞内外孔的圆度、同轴度不大于直径尺寸公差的一半；端面对轴线的垂直度公差不大于 0.04 mm/100 mm。

(6) 活塞外圆表面粗糙度要优于 $Ra = 0.32~\mu m$。

活塞杆直径 d 已定出，在设计中应注意的问题有：

(1) 活塞杆的结构形式。除有特殊要求或活塞杆直径较大，一般应采用实心杆。

(2) 活塞杆的长度 L 应根据行程 S 等因素确定，可表示为

$$L = L_1 + L_2 + L_3 + L_4 + L_5 + S \tag{4-60}$$

式中，L_1——活塞杆末端长度(含活塞宽度)；

　　L_2——中隔圈长度(对于行程较长的液压缸，为增加稳定性而设置中隔圈，L_2 可按有关参考资料选定；短行程液压缸不需设置中隔圈)；

　　L_3——导向部位及密封圈、防尘圈处的长度；

　　L_4——活塞杆头部连接部位宽度；

　　L_5——余长，即活塞完全退回时，活塞杆头部连接件内端面与缸盖端部的距离；

　　S——液压缸行程(按设计要求)。

（3）安装活塞的杆轴径 d_1 与活塞杆直径 d 之间的台阶设计要适当，以满足活塞安装定位要求。

（4）实心活塞杆通常用 45 号钢，少数用锻钢或铸铁；焊接式空心活塞杆用 35 号钢。

（5）活塞杆要进行热处理并镀铬。中碳钢调质硬度为 HB230～280；高碳钢可调质或淬火，硬度为 HRC50～60；热处理后镀铬厚度 δ＝0.015～0.05 mm 并抛光。

（6）活塞杆配合精度等级多为 f8，可取 f7 或 f9；表面粗糙度 Ra＝0.16～0.63 μm，要求高时可取 Ra＝0.1～0.2 μm；与活塞内孔配合的轴颈可 h8 或 f8，轴颈与活塞杆的同轴度公差不大于 0.01～0.02 mm，轴肩端面与活塞杆轴线的垂直度公差不大于 0.04 mm/100 mm，活塞杆端部的卡键槽、螺纹及缓冲柱塞与活塞杆的同轴度公差与轴颈要求相同。

（7）活塞杆的头部结构形式(见图 4-30)应根据工作要求确定。

4.7.8 活塞杆(液压缸)强度及稳定性校核

1. 活塞杆强度校核

在稳定工况下，如果活塞杆只受轴向作用力，强度按下式校核

$$\sigma = \frac{4F}{\pi d^2} \leqslant [\sigma] \tag{4-61}$$

式中，F——活塞杆负载力，单位为 N；

　　d——活塞杆直径，单位为 m；

　　σ——活塞杆应力，单位为 Pa；

　　$[\sigma]$——活塞杆材料许用应力，单位为 Pa；$[\sigma]＝\sigma_b/n$，σ_b 为材料抗拉强度，n 为安全系数，一般取 $n＝1.4$。

当活塞杆所受的弯曲力矩不可忽略时，按下式校核

$$\sigma = \left(\frac{F}{A} + \frac{Fy_m}{W} \right) \leqslant [\sigma] \tag{4-62}$$

式中，A——活塞杆截面积，单位为 m²；对实心杆 $A＝\pi d^2/4$，对空心杆 $A＝\pi(d^2-d_1^2)/4$，d_1 为活塞杆内径；

　　y_m——活塞杆最大挠度，单位为 m；

　　W——活塞杆抗弯模量，单位为 m³，对实心杆 $W＝\dfrac{\pi}{32}d^3$；对空心杆 $W＝\dfrac{\pi}{32}d^3 \cdot$

　　$\left(1-\dfrac{d_1^4}{d^4}\right)$；

　　其他符号见式(4-61)注释。

2. 活塞杆轴肩、螺纹及卡键强度校核

活塞杆与活塞相配合的轴肩强度按下式校核

$$\sigma = \frac{4F}{\pi\left[(d-2c_2)^2 - (d_0+2c_1)^2\right]} \leqslant [\sigma] \tag{4-63}$$

式中，d_0——活塞孔内径，单位为 m；

$\quad c_1$——活塞孔倒角，单位为 m；

$\quad c_2$——活塞杆轴肩倒角，单位为 m；

$\quad$其他符号见式(4-61)注释。

活塞杆与活塞用螺纹连接时，螺纹外径 d_e 按下式计算

$$d_e = 1.38\sqrt{\frac{F}{[\sigma]}} \tag{4-64}$$

式中，d_e——螺纹外径，单位为 m；

$\quad [\sigma]$——螺纹许用应力，单位为 Pa；

$\quad F$——活塞杆上作用力，单位为 N。

螺纹有效工作圈数 N 按下式计算

$$N = \frac{\pi F}{4[\sigma]}(d_e^2 - d_r^2) < n \tag{4-65}$$

式中，N——螺纹有效工作圈数；

$\quad n$——螺纹实际工作圈数；

$\quad d_r$——螺纹内径，单位为 m；

$\quad$其他符号见式(4-61)注释。

螺纹强度按第四强度理论校核

$$\sigma_n = \frac{5F}{\pi d_r^2}, \ \tau = \frac{20Fk}{\pi d_r^2}, \ \sigma = \sqrt{\sigma_n^2 + 3\tau^2} \leqslant [\sigma] \tag{4-66}$$

式中，σ_n——拉应力，单位为 Pa；

$\quad \tau$——剪应力，单位为 Pa；

$\quad \sigma$——合成应力，单位为 Pa；

$\quad k$——螺纹连接摩擦系数，一般取 $k=0.07$。

活塞杆与活塞用卡键连接时，卡键接触强度按下式校核

$$\sigma = \frac{p(D^2-d_0^2)}{4d_0 l}, \ \tau = \frac{p(D^2-d_0^2)}{h(2d_0+h)} \tag{4-67}$$

式中，p——液压缸工作压力(按最大值取)，单位为 Pa；

$\quad D$——活塞外径，单位为 m；

$\quad d_0$——活塞孔内径(活塞杆轴径)，单位为 m；

$\quad l$——卡键宽(厚)度，单位为 m；

$\quad h$——卡键径向高度，单位为 m；$h=r_1-r_2$，r_1 为卡键外半径；r_2 为卡键内半径；

$\quad \sigma$——挤压应力，单位为 Pa；

$\quad \tau$——剪应力，单位为 Pa。

3. 液压缸(活塞杆)稳定性校核

活塞杆承受拉负载时仅需作强度校核而无需作稳定性校核，而在承受压负载时要同时

作两方面校核，尤其液压缸安装长度 L 与活塞杆直径 d 之比 $L/d \geqslant 10$ 时，必须作稳定性校核。按照材料力学理论，一根受压的直杆在其轴向负载 F 超过稳定临界力 F_k 时，即失去原有直线状态下的平衡，称失稳。对于液压缸，其稳定条件为

$$F \leqslant \frac{F_k}{n_k} \tag{4-68}$$

式中，F_k——液压缸稳定临界载荷，单位为 N；

  F——液压缸最大推力，单位为 N；

  n_k——稳定安全系数，一般取 $n_k = 2 \sim 4$。

液压缸纵向弯曲破坏的临界载荷 F_k 与活塞和缸体的材料、长度、刚度、两端支承状况等因素有关。F_k 的计算方法很多，目前使用较多的是欧拉法和戈登-兰金公式的等截面法，其次是非等截面法。

等截面法是将活塞杆与缸体视为直径相等的整体杆件。当活塞杆不受偏心负载，细长比（活塞杆柔度）$(L/K) \geqslant m\sqrt{n}$ 时，按欧拉公式计算 F_k

$$F_k = \frac{n\pi^2 EI}{L^2} \tag{4-69}$$

式中，I——活塞杆截面二次矩(惯性矩，转动惯量)，单位为 m^4；对于实心杆 $I=\pi d^4/64$，对于空心杆 $I=\pi(d^4-d_1^4)/64$，d 为活塞杆直杆，单位为 m；d_1 为空心活塞杆内径，单位为 m；

  E——活塞杆材料的弹性模量，对于钢材，取 $E=2.1\times10^{11}\,Pa$；

  L——活塞杆计算长度，如表 4-10 所列；

  n——末端条件系数，如表 4-10 所列；

  K——活塞杆截面回转半径，$K=\sqrt{I/A}$，单位为 m。

  A——活塞杆截面面积；

  m——柔度系数，按表 4-11 选取。

表 4-10 末端条件系数

类型	一端固定，一端自由	两端铰接	一端固定，一端铰接	两端固定
安装方式				
n	0.25	1	2	4
c	1	0.5	0.35	0.25
附注	常见安装方式	基本安装方式	应正确引导负载，否则可能出现侧负载	不太适用，容易出现侧负载
	根据实际安装装置，计算长度 L 分别取图中左半部或右半部的 L 值			

表 4-11 实验常数

材 料	铸 铁	锻 钢	低 碳 钢	中 碳 钢
f_c/MPa	560	250	340	490
a	1/1600	1/9000	1/7500	1/5000
m	80	110	90	85

当活塞杆细长比$(L/K) < m\sqrt{n}$时，可按戈登-兰金公式计算临界载荷

$$F_k = \frac{f_c A}{1 + \frac{a}{n}\left(\frac{L}{K}\right)^2} \tag{4-70}$$

式中，f_c——材料强度实验值，如表 4-11 所列；

　　　a——实验常数，如表 4-11 所列；

　　　其他符号见式(4-69)注释。

当活塞杆有偏心载荷时，F_k 按下式计算

$$F_k = \frac{\sigma_s A}{1 + 8\frac{e}{d}\sec\theta} \tag{4-71}$$

式中，σ_s——活塞杆材料的屈服极限，单位为 Pa；

　　　e——负载偏心量，单位为 m；

　　　θ——挠度，$\theta = c\sqrt{\dfrac{F_k}{EA}}\left(\dfrac{L}{K}\right)$，$c$ 为系数，如表 4-10 所列；

　　　其他符号见式(4-69)注释。

按等截面法计算的临界载荷比较保守，按非等截面法计算的结果较符合实际。非等截面法是将液压缸看做整体的阶梯杆件，临界载荷

$$F_k = k\frac{\pi^2 EI}{L^2} \tag{4-72}$$

式中，k——由形状系数 α、β 决定的系数，可由图 4-37、图 4-38 查出，$\alpha = \sqrt{I_1/I_2}$，$\beta = l/L$；

　　　I_1——活塞杆惯性矩，单位为 m^4；

　　　I_2——缸筒惯性矩(按空心杆计算)，单位为 m^4；

　　　l——活塞伸出长度(行程)，单位为 m；

　　　L——液压缸安装长度，单位为 m。

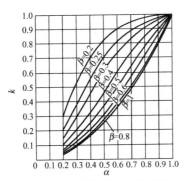

图 4-37　形状系数(β 曲线图)

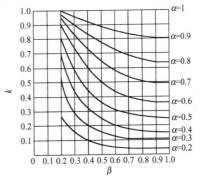

图 4-38　形状系数(α 曲线图)

4.7.9 其他设计计算

1. 排气装置设计

在4.6.5节中对排气装置的作用已做了介绍。需补充说明的一点是，排气装置也可设置在液压缸的高压管路的适当处。排气装置的设计内容有：排气旋塞的螺纹 M 及螺纹长度 L 的选择，可参考有关资料；旋塞头部锥体角通常为60°（整体式）或120°（分体式），锥面热处理硬度为 HRC38~44，材料选用优质碳素钢或合金结构钢。

2. 缓冲装置设计

在4.6.4节中已对缓冲装置的作用、类型、原理作了介绍。缓冲装置设计的第一步是判断是否要设计缓冲装置。当液压缸速度 $u<0.1$ m/s(6m/min)时，不需要设计缓冲装置；当 $u>0.2$ m/s(12m/min)时，则必须设计缓冲装置；当 0.1 m/s$<u<$0.2 m/s 时，可根据需要作出判定。

如果进行缓冲装置的设计，首先要确定缓冲节流类型，建议选择应用较多的节流阀内置式可调缓冲节流装置（图4-33）；接下来的设计内容包括计算缓冲腔平均缓冲压力 p_c、缓冲行程 L_c 等（对于不可调的节流缓冲装置，还有节流面积的计算）。

可调式缓冲装置结构原理图如图4-39所示，在缓冲过程中，缓冲腔的平均压力 p_c 产生的缓冲液压能 E_1 和运动部件产生的机械能 E_2 分别为

$$\begin{cases} E_1 = p_c A_c L_c \\ E_2 = p_1 A_1 L_c - F_f L_c + \dfrac{mu^2}{2} \end{cases} \tag{4-73}$$

式中，p_c——缓冲腔平均压力，单位为 Pa；

p_1——进油腔压力，单位为 Pa；

A_c——缓冲柱塞面积，单位为 m²；

A_1——进油腔活塞有效面积，单位为 m²；

L_c——缓冲行程，单位为 m；

F_f——液压缸内摩擦阻力及折算前液压缸上的负载摩擦阻力，单位为 N；F_f 与 u 相反时取"一"号，相同时取"＋"号；

m——工作部件质量，单位为 kg；$m=G/g$，G 为工作部件重量，单位为 N；g 为重力加速度，单位为 m/s²；

u——工作部件速度（缓冲前的速度），单位为 m/s。

当 $E_1=E_2$ 时，工作部件的机械能被缓冲腔油液所吸收，由此可得

$$p_c = \frac{E_2}{A_c L_c} = \frac{1}{A_c L_c}\left(A_1 p_1 L_c - F_f L_c + \frac{m}{2}u_0^2\right) \tag{4-74}$$

式中，u_0—缓冲时的最大速度，$u_0=u|_{t=0}$，单位为 m/s。

最大缓冲压力 p_{cmax} 发生在缓冲柱塞进入缓冲凹槽瞬间（$t=0$），假定最大加速度 $a_{max}=2a_c=u_0^2/L_c$，则有

$$p_{cmax} = \frac{p_c + mu_0^2}{2A_c L_c} \tag{4-75}$$

最大缓冲压力 p_{cmax} 不应超过液压缸允许工作压力。如果液压缸设计额定工作压力 $p_R<$

16 MPa，$p_{cmax}>1.5p_R$，或者 $p_R>16$ MPa，$p_{cmax}>1.25p_R$。如果液压缸强度不足，应采取必要的改进措施，如降低液压缸额定工作压力 p_R，或者增大缓冲行程 L_c（增大缓冲时间 $t_c=2L_c/u_0$）。

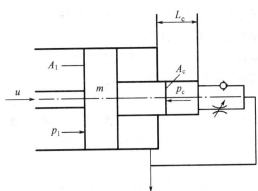

图 4-39　可调式缓冲装置结构原理图

3. 油口设计

油口设计可在缸筒（体）设计时一并考虑，有关油口尺寸可从相应的参考资料中查出，但油口直径 $d=\sqrt{4Q/\pi[u]}$ 应进行验算，其中允许流速 $[u]$ 可参照如下数据选取。当液压缸设计工作压力 $p_n \leqslant 2.5$ MPa 时，$[u]=3$ m/s；当 $p_n=2.5 \sim 10$ MPa 时，$[u]=3 \sim 5$ m/s；当 $p_n>10$ MPa 时，$[u]=5 \sim 7$ m/s。

油口尺寸较小时，油口采用螺纹连接（GB/T2878-1993）；油口尺寸较大时，油口采用法兰连接（ISO8163，ISO8137）。

本 章 小 结

本章内容在结构上分为液压马达、摆动液压马达和液压缸 3 部分。

1. 液压马达

（1）液压马达的概念、类型、符号及基本参数计算，液压泵-液压马达系统在无流量损失条件下的综合计算是本课程常考试的内容之一。

（2）学会应用液压马达的基本工作原理分析各种液压马达的工作原理（密封容积构成、液压转矩分析、供排油方式）；低速大转矩液压马达部分应重点掌握多作用内曲线马达的基本内容。

2. 摆动液压马达

主要掌握单（双）叶片摆动马达的输出转矩和角速度计算。

3. 液压缸

（1）液压缸的概念、类型、各类液压缸的基本计算，重点是单杆双作用液压缸的负载-压力、速度-流量的计算。

（2）液压缸的典型结构部分的重点是单杆双作用液压缸。

（3）对液压缸的设计做一般了解，可通过课程设计等进一步熟悉相关内容。

思 考 与 练 习

4-1 液压马达有哪些具体类型？能量转换形式有何特点？

4-2 液压马达的基本工作条件是什么？

4-3 比较轴向柱塞式液压泵与轴向柱塞式液压马达、单（双）作用叶片式泵与单（双）作用叶片式马达、齿轮式液压泵与齿轮式液压马达在结构上有什么相同、相异之处？同一类型的泵与马达可否互换使用？说明理由。

4-4 分析齿轮式液压马达、叶片式液压马达、轴向柱塞式液压马达工作原理。

4-5 分析曲轴连杆式液压马达、静力平衡式液压马达和多作用内曲线式液压马达工作原理。

4-6 解释概念：柱塞式液压缸、活塞式液压缸、单（双）作用式液压缸、单（双）出杆式液压缸、差动液压缸。

4-7 简述液压缸的基本作用及类型。

4-8 分析典型液压缸的结构。

4-9 分析单杆活塞式双作用液压缸伸出、返回行程时的速度与流量的关系，负载与工作压力的关系，并进行比较。

4-10 推导摆动液压缸的输出扭矩和角速度计算公式。

4-11 液压马达几何排量为 250 mL/r，入口压力为 10 MPa，出口压力为 0.5 MPa，机械效率和容积效率均为 0.90，若输入流量为 100 L/min，试求：

(1) 理论转速和实际（输出）转速；（提示：本题参考答案为 400 r/min，360 r/min）

(2) 理论输出和实际输出扭矩；（提示：本题参考答案为 378 N·m，340 N·m）

(3) 输入功率和输出功率。（提示：本题参考答案为 16.667 kW，12.8 kW）

4-12 两双杆活塞液压缸串联，如题图 4-1 所示，A_1、A_2 分别为液压缸Ⅰ、Ⅱ有效工作面积，它们的负载分别为 F_1、F_2。若液压缸Ⅰ、Ⅱ的泄漏、摩擦阻力及连接管道之间的压力损失不计，试求

(1) 液压缸Ⅰ、Ⅱ的工作压力 p_1、p_2；（提示：本题参考答案为 $p_2 = F_2/A_2$，$p_1 = p_2 + F_1/A_1$）

(2) 液压缸Ⅰ、Ⅱ的活塞杆运动速度 u_1、u_2；（提示：本题参考答案为 $u_1 = Q/A_1$，$u_2 = Q/A_2$）

(3) 当 $A_1 = A_2$，$F_1 = F_2$ 时，重新考虑上述两个问题。

（提示：本题参考答案为 $p_1 = 2p_2$，$p_2 = F_2/A_2 = F_1/A_1$，$u_1 = u_2$）

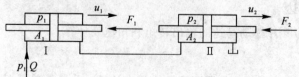

题图 4-1

4-13 两双杆活塞式液压缸并联，如题图 4-2 所示，假定 $F_1 \gg F_2$，$A_1 = A_2$，当液压缸的活塞运动时，确定两液压缸的运动速度 u_1、u_2 和供油压力 p 的大小。（提示：本题参考

答案为 $u_1=0$，$u_2=Q/A_2$，$p=F_2/A_2$）

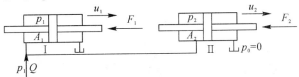

题图 4-2

4-14 两单杆活塞式液压缸串联，如题图 4-3 所示，设它的无杆腔和有杆腔的有效面积分别为 $A_1=100\ cm^2$，$A_2=80\ cm^2$，液压泵的输出压力为 0.9MPa，输出流量为 $Q=12\ L/min$。若两液压缸的负载均为 F，且不计泄漏和摩擦损失等因素，试求

（1）推动负载 F 的大小；（提示：本题参考答案 $F=5000\ N$）

（2）两液压缸活塞杆的运动速度 u_1、u_2。（提示：本题参考答案 $u_1=1.2\ m/min$，$u_2=0.96\ m/min$）

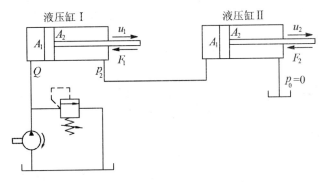

题图 4-3

第 5 章 辅 助 元 件

液压系统辅助元件有管道(油管)和管接头、油箱、冷却器、加热器、滤油器、蓄能器和密封件等。除油箱通常需要自行设计外,其余皆为标准件。辅助元件也是液压系统中不可缺少的组成部分。它们对系统的正常工作、工作效率、使用寿命等影响极大。因此,在设计、制造和使用液压设备时,对辅助元件必须予以足够的重视。

5.1 油管及管接头

5.1.1 油管

油管的种类有金属管(精密无缝钢管、普通无缝钢管、紫铜管、黄铜管)、耐油橡胶软管、尼龙管和塑料管等。选择油管材料时应考虑配管工艺和安装的方便。卡套式管接头必须采用精密无缝钢管,焊接式管接头一般采用普通无缝钢管,在高压系统中通常选择无缝钢管,紫铜管用于压力较低($p \leqslant 6.5 \sim 10$ MPa)的管路中,中低压系统中通常选择紫铜管;橡胶软管主要用于两个相对运动件之间的连接;尼龙管和塑料管价格便宜,承载能力差,主要用于回油路、泄油路等处。

5.1.2 管接头

管接头是油管与油管、油管与液压元件之间的可拆装连接件。管接头的种类很多,具体可查阅有关手册。

1. 硬管接头

硬管接头有扩口式管接头、卡套式管接头和焊接式管接头 3 种。

1) 扩口式管接头

扩口式管接头如图 5-1 所示,它适用于铜管、铝管或薄壁钢管,也可用来连接尼龙管等低压管道。接管 2 穿入导套 4 后扩成喇叭口(约 74°～90°),再用螺母 3 把导套连同接管一起压紧在接头体 1 的锥面上形成密封,不需要其他密封件密封。这种接头结构简单,允许使用压力为:碳钢管为 5～16 MPa,紫铜管为 3.5～16 MPa。扩口式管接头适用于以油、气为介质的压力较低的薄壁管件管路系统。

2) 卡套式管接头

卡套式管接头如图 5-2 所示,它由接头体 1、螺母 3 和卡套 4 这 3 个基本零件组成。卡套是一个在内圆端部带有锋利刃口的金属环,刃口的作用是在装配时切入被连接的油管而起连接和密封作用。这种管接头轴向尺寸要求不严、拆装方便,不须焊接或扩口;但对油管的径向尺寸精度要求较高。这种接头通常用于连接冷拔无缝钢管,使用压力可达 31.5 MPa。油管外径一般不超过 42 mm。卡套式管接头适用于油、气及一般腐蚀性介质的管路系统。

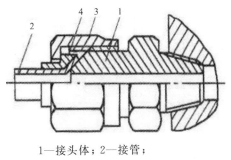

1—接头体;2—接管;
3—螺母;4—导套

图 5-1　扩口式管接头

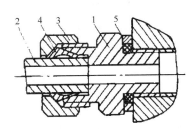

1—接头体;2—接管;3—螺母;
4—卡套;5—组合垫圈

图 5-2　卡套式管接头

3) 焊接式管接头

焊接式管接头如图 5-3 所示,它是把相连管子的一端与管接头的接管 1 焊接在一起,通过螺母 2 将接管 1 与接头体 4 压紧。接管与接头体间的密封方式可采用端面密封焊接或锥面密封焊接两种形式。前者接头体和接管之间用 O 型密封圈密封,机构简单、密封性好、对管子尺寸精度要求不高,但要求焊接质量高,拆装不便。其工作压力可达 31.5 MPa,适用于以油为介质的管路系统;后者由于 O 形密封圈装在 24°锥体上,使密封有调节的可能,密封更可靠,工作压力可达 31.5 MPa,适用于以油、气为介质的管路系统,是目前国内外应用最广泛的一种形式。

2. 伸缩式管接头

伸缩式管接头(见图 5-4)由内管和外管组成,内管可在外管内自由滑动,并用密封圈密封。内管外径必须进行精密加工。伸缩式管接头适用于连接两元件有相对直线运动的管道。

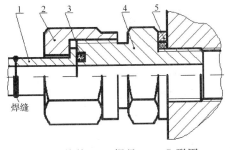

1—接管;2—螺母;3—O 形圈;
4—接头体;5—组合垫圈

图 5-3　焊接式管接头

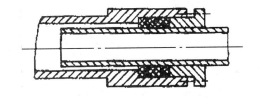

图 5-4　伸缩式管接头

3. 胶管接头

胶管接头有扣压式和可拆卸式两种,如图 5-5(a)、(b)所示。扣压式管接头(见图 5-5 (a))由接头外套和接头芯组成,软管装好后再用模具扣压,使软管得到一定的压缩量。此结构具有较好的抗拔脱和密封性能。可拆卸式管接头（见图 5-5(b)），在外套和接头芯上做成六角形，便于经常拆装软管，适用于维修和小批量生产。这种结构拆装大管径连接件比较费力，只用于小管径连接。

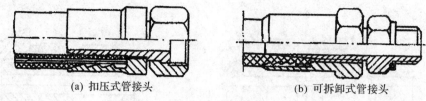

(a) 扣压式管接头 (b) 可拆卸式管接头

图 5-5　胶管接头

4. 快速管接头

当系统中某一局部不需要经常供油时，或是执行元件的连接管路要经常拆卸时，往往采用快速接头与高压软管配合使用。图 5-6 是快速管接头的结构示意图，各零件的位置为油路接通位置，外套 6 把钢球 8 压入槽底使接头体 10 和 2 连接起来，单向阀阀芯 4 和 11 互相推挤使油路接通。当需要断开时，可用力将外套向左推，同时拉出接头体 10，油路断开。与此同时，单向阀阀芯 4 和 11 在各自弹簧 3 和 12 的作用下外伸，顶在接头体 2 和 10 的阀座上，使两个管内的油封闭在管中，弹簧 7 使外套 6 回位。这种接头在液压和气压系统中均有应用。

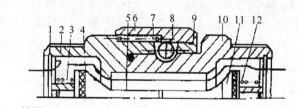

1—挡圈；2、10—接头体；3、12—弹簧；4、11—单向阀阀芯；
5—O 形圈；6—外套；7—弹簧；8—钢球；9—弹簧卡圈

图 5-6　快速管接头

5.2　油　箱

5.2.1　油箱的功用

油箱的主要功用是储油、散热、分离油中空气、沉淀油液杂质等。对于中小型液压系统，油箱顶板还用于安装泵及一些液压元件等。

5.2.2　油箱的分类和结构

油箱按是否与整机合为一体可分为总体式油箱和分离式油箱两种，按箱内液面是否与大气相通可分为开式油箱和闭式油箱。总体式油箱是利用机器设备机身内腔作为油箱（如压铸机、注塑机等），其结构紧凑、回收漏油比较方便，但维修不便、散热条件不好。分离式油箱设置有一个单独油箱，与主机分开，减少了油箱发热及液压源振动对工作精度的影响，因此得到了普遍应用。开式油箱的箱内液面与大气相通，为防止油液被大气污染，一般在箱顶设置空气滤清器，并兼作注油孔。闭式油箱一般指液面不直接与大气相通，而将通气孔与具有一定压力的惰性气体相接，充气压力可达 0.05 MPa。

　　如图 5-7(a)所示是一种典型的分离式油箱结构原理图，油箱职能符号如图 5-7(b)所示。为保证油箱的功能，结构上应注意以下几点。

　　(1) 箱体一般用 2.5～4 mm 的薄钢板焊接而成，表面涂有耐油涂料。

　　(2) 吸油管 1 和回油管 3 应尽量分开布置，并采用多块隔板 6、8 隔开，分成吸油区和回油区。隔板高度约为油面高度的 3/4。吸油管距离油箱底面距离大于油管 2 倍外径，离油箱箱边距离大于 3 倍油管外径。吸油管和回油管管端应切成 45°斜面，回油管的斜面应朝着箱壁。

　　(3) 油箱顶部的箱盖 4 用较厚的钢板制造，用以安装电动机、液压泵、集成块等部件。在箱盖上装有滤油器 2，用以注油时过滤，防止异物进入油箱。

　　(4) 在易见的油箱侧面装有液位计(俗称油标)5，用以显示油液高度。

　　(5) 油箱底部应有适当斜度，并在最低处装排油阀 7，以便换油时排油及排污。

　　(6) 油箱底部应离地面 150 mm 以上，以便于搬移、放油和散热。

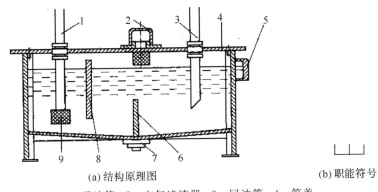

(a) 结构原理图　　　　　　　　　　　(b) 职能符号

1—吸油管；2—空气滤清器；3—回油管；4—箱盖；
5—液位计；6、8—隔板；7—排油阀；9—滤油器

图 5-7　分离式油箱

5.3　滤　油　器

　　滤油器是液压系统中的重要组件，用于清除油液中的污染物，保持油液清洁，确保系统元件工作的可靠。

5.3.1　滤油器功用

　　滤油器又称过滤器，其功用是清除油液中的各种杂质，以免其划伤、磨损甚至卡死有相对运动的零件，或堵塞零件上的小孔及缝隙，影响系统正常工作，降低液压元件的使用寿命，甚至造成液压系统的故障。

　　滤油器一般安装在液压泵的吸油口、出油口及重要元件的前面。通常，液压泵吸油口安装粗滤油器，液压泵出油口与重要元件前安装精滤油器。

5.3.2 滤油器的类型

滤油器按结构形式分为网式滤油器、线隙式滤油器、纸芯式滤油器、烧结式滤油器和磁性滤油器。

1. 网式滤油器

如图 5-8 所示,网式滤油器由筒形骨架 2 上包一层或两层铜丝滤网 3 组成。过滤精度与铜丝网层数及网孔大小有关。其结构简单、通流能力大、清洗方便,但过滤精度低。其常用在泵的吸油管路对油液进行粗过滤。

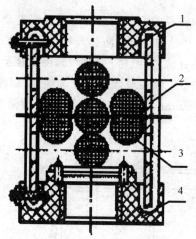

1—上盖;2—骨架;3—滤网;4—下盖
图 5-8 网式滤油器

2. 线隙式滤油器

如图 5-9 所示,线隙式滤油器由端盖 1、壳体 2、带有孔眼的筒形芯架 3 和绕在芯架外面的铜线或铝线 4 组成,依靠线间微小间隙来挡住油液中杂质的通过。工作时,油液经孔 a 进入滤油器,经线隙过滤后进入芯架内部,再由孔 b 流出。线隙式滤油器的特点是结构简单、通油能力大、过滤精度比网式滤油器高,但不易清洗、滤芯强度较低,一般用于压力低于 2.5 MPa 回路或辅助回路。

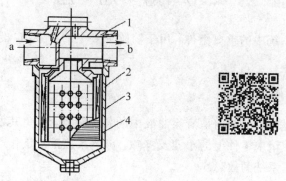

1—端盖;2—壳体;3—筒型芯架;4—铜线或铝线
图 5-9 线隙式滤油器

3. 纸芯式滤油器

纸芯式滤油器(见图 5－10)与线隙式滤油器的区别在于用纸芯代替了线隙式滤芯。纸芯部分是把平纹或波纹的酚醛树脂或木浆微孔滤纸绕在带孔的用镀锡铁片制成的骨架上。为增大过滤面积,滤纸成折叠形状。纸芯滤油器的滤芯能承受的压力差较小(0.35 MPa),为了保证滤油器能正常工作,不致因杂质逐渐聚集在滤芯上引起压差增大而破坏纸芯,一般在滤油器顶部装有堵塞状态发信装置。这种滤油器过滤精度高,但易堵塞,无法清洗,常需要更换纸芯,因而费用较高,一般用于需要精过滤的场合。

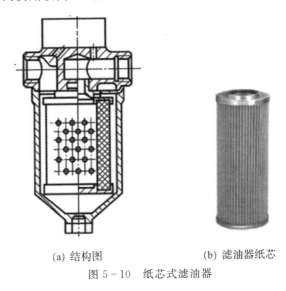

(a) 结构图　　　　　(b) 滤油器纸芯

图 5－10　纸芯式滤油器

4. 烧结式滤油器

如图 5－11 所示,烧结式滤油器的滤芯 2 通常由青铜等颗粒状金属烧结而成,工作时利用金属颗粒间的微孔来挡住油中杂质通过。该滤油器的过滤精度高、滤芯能承受高压,但金属颗粒易脱落,堵塞后不易清洗,适用于精过滤。

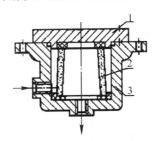

1—顶盖；2—滤芯；3—壳体

图 5－11　烧结式滤油器

5. 磁性滤油器

磁性滤油器的滤芯由永久磁铁制成,能吸住油液中的铁屑、铁粉或带磁性的材料,常与其他形式滤芯合成起来制成复合式滤油器。

滤油器的职能符号如表 5-1 所示。

表 5-1　滤油器的职能符号

一般滤油器	磁性滤油器	带发信装置的滤油器

5.3.3　滤油器的选用

滤油器按其过滤精度不同可分为粗滤油器、普通滤油器、精密滤油器和特精滤油器 4 种，它们可分别过滤大于 $100~\mu m$、$10\sim100~\mu m$、$5\sim10~\mu m$ 和 $1\sim5~\mu m$ 的杂质颗粒。

选择滤油器时应满足如下要求：

(1) 过滤精度满足预定要求；

(2) 在较长时间内保持足够强度；

(3) 滤芯有足够的强度；

(4) 滤芯抗腐蚀性能好；

(5) 滤芯更换与清洗方便。

因此应根据液压系统的技术要求，按过滤精度、通流能力、工作压力、油液黏度、工作温度等条件选择合适型号的滤油器。

5.3.4　滤油器的安装位置

滤油器在液压系统中的安装位置一般有 5 种(见图 5-12)，具体情况如下：

1. 安装在液压泵吸油口(见图 5-12 中的 1)

(1) 要求滤油器有较大的通流能力和较小的阻力(阻力不大于 0.02 MPa)，为此一般采用过滤精度较低的粗滤油器或普通滤油器，其通油能力至少是泵流量的两倍。

(2) 主要用来保护液压泵不致吸入油箱中较大的机械杂质。

(3) 必须通过液压泵的全部流量。

2. 安装在液压泵出油口(见图 5-12 中的 2)

(1) 要求滤油器能承受较大的工作压力和冲击压力，过滤阻力不应超过 0.35 MPa，以减小因过滤所引起的压力损失和滤芯所受的液压力，故一般采用 $10\sim15~\mu m$ 过滤精度的滤油器。为了防止滤油器堵塞时引起液压泵过载或使滤芯损坏，压力油路上宜并联一旁通阀或串联一堵塞指示装置。

(2) 可以保护除液压泵以外的其他液压元件。

(3) 必须通过液压泵的全部流量。

3. 安装在主溢流阀溢流口(见图 5-12 中的 3)

(1) 系统工作时只需通过液压泵全部流量的 20%～30%，因此可以采用较小规格的滤油器。

(2) 不会在主油路中造成压降，滤油器也不必承受系统的工作压力。

4. 安装在执行元件的回油路中(见图 5 - 12 中的 4)

(1) 回油管路压力小,允许采用滤芯强度和刚度较低的滤油器,允许滤油器有较大的压降。与滤油器并联的单向阀起旁通阀的作用,防止油液低温启动时,高黏度油通过滤芯或滤芯堵塞等引起的系统压力升高。

(2) 可以滤掉液压元件磨损后生成的金属屑和橡胶颗粒,保护液压系统。

(3) 必须通过液压泵的全部流量。

5. 独立过滤回路(见图 5 - 12 中的 5)

独立过滤回路的特点是可以不间断地清除液压系统中的杂质,尤其适用于大型机械的液压系统。

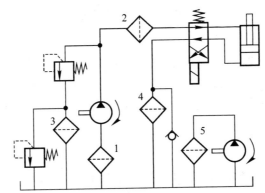

1—安装在液压泵吸油口;2—安装在液压泵出油口;3—安装在主溢流阀溢流口;

4—安装在执行元件的回油路中;5—独立过滤回路

图 5 - 12　滤油器在液压系统中的安装位置

5.4　蓄　能　器

5.4.1　蓄能器的类型及其工作原理

蓄能器又称蓄压器式储能器,是一种存储和释放油液压力能的液压元件。蓄能器按结构可分为重力式、弹簧式和充气式 3 种类型。

1. 重力式蓄能器

重力式蓄能器结构如图 5 - 13 所示 。它是利用重物的垂直位置变化来储存、释放压力能的。重物通过连杆将重力作用在液压油上,使之产生一定的压力。储存能量时,油液从 a 孔经单向阀进入蓄能器内,通过柱塞推动重物上升;释放能量时,油液从 b 孔输出,柱塞同重物一起下降。这种蓄能器结构简单、压力稳定,但体积庞大、笨重、运动件惯性大、反应不灵敏、密封处易漏油。故重力式蓄能器只供蓄能之用,常用于大型设备的液压系统。

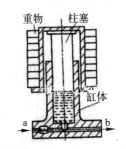

图 5 - 13　重力式蓄能器结构

2. 弹簧式蓄能器

弹簧式蓄能器结构如图 5-14 所示。它利用弹簧的压缩和伸长来储存和释放压力能，弹簧和压力油之间由活塞隔开。它的结构简单、反应灵敏，但容量小、易内泄并有压力损失，不适于高压和高频动作的场合。一般弹簧式蓄能器可用于小容量、低压($p < 12$ MPa)系统，用作蓄能和缓冲。

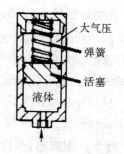

图 5-14 弹簧式蓄能器结构

3. 充气式蓄能器

充气式蓄能器一般都使用惰性气体——氮气。按结构的不同，充气式蓄能器可分为直接接触式(气瓶式蓄能器)和隔离式两类。隔离式又可分为活塞式和气囊式两种。

1）气瓶式蓄能器

图 5-15(a)为气瓶式蓄能器，这是一种直接接触式蓄能器。其结构简单、容量大、体积小、惯性小、反应灵敏。它的缺点是气体容易混入油液中，使液体的压缩性增加，从而影响执行元件运动的平稳性。另外，这种蓄能器耗气量大，必须经常补气，因此适用于中、低压大流量系统。

2）活塞式蓄能器

图 5-15(b)为活塞式蓄能器，这是一种隔离式蓄能器。其特点是结构简单、工作可靠、安装容易、维修方便。但由于活塞的外圆和缸筒的内壁是配合表面，加工要求较高，故成本较高。另外，由于活塞摩擦力的影响，活塞式蓄能器的反应不够灵敏，且活塞不能完全防止气体渗入油液，所以性能不是十分理想。

3）气囊式蓄能器

图 5-15(c)为气囊式蓄能器，这也是一种隔离式蓄能器。它主要由充气阀、气(皮)囊、壳体和提升阀等组成。充气阀只在为气囊充气时才打开，平时关闭。提升阀可使油液进出蓄能器并托住气囊，防止皮囊从油口挤出。这种蓄能器结构简单、工作可靠、安装容易、维护方便，缺点是皮囊和壳体制造工艺要求较高，而皮囊强度不够，压力允许波动值受到限制，只能在-20～-70℃的温度范围内工作。气囊式蓄能器主要用来储存能量，供中、高压系统吸收压力脉动之用。

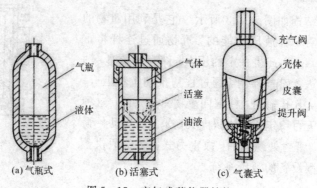

图 5-15 充气式蓄能器结构

5.4.2　蓄能器的职能符号

蓄能器的职能符号如表 5-2 所示。

表 5-2　蓄能器的职能符号

蓄能器一般符号	气体隔离式	重力式	弹簧式

5.4.3　蓄能器的用途

1) 作辅助液压源

如图 5-16 所示为用蓄能器作为辅助液压源的液压回路。在工作循环中,当液压缸慢进或保压时,蓄能器把液压泵输出的压力油储存起来,达到设定压力后,卸荷阀打开,泵卸荷;当液压缸在快速进退时,蓄能器与泵一起向液压缸供油,完成一个工作循环。这里,蓄能器容量的选择依据为蓄能器所提供的流量加上液压泵的流量能够满足工作循环所需流量要求,并能在循环之间重新充满油液。因此,在液压系统设计时,此回路中的液压泵不必按系统所需最大流量来选择。

2) 作应急液压源

某些液压系统要求在液压泵发生故障或停电而突然中断供油时,仍需有一定压力的油液使执行元件继续完成必要的动作,此种情形下采用蓄能器作应急液压源,可保障系统安全可靠工作。如图 5-17 所示,当液压泵突然停止供油时,蓄能器可以释放其储存的压力油供给系统,使系统在一段时间内继续完成工作。

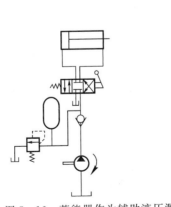

图 5-16　蓄能器作为辅助液压源

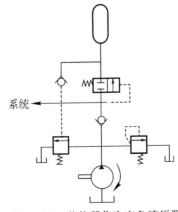

图 5-17　蓄能器作为应急液压源

3) 补偿系统泄漏,保持系统恒压

某些液压系统的执行元件在工作中要求在一定压力下保持长时间不动。如图 5-18 所

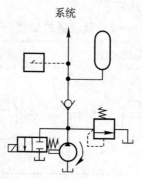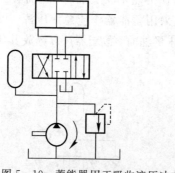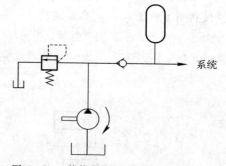

示，当液压缸夹紧工件后，液压泵供油压力达到系统最高压力时，液压泵卸荷，此时，液压缸靠蓄能器保持压力并补充漏油，减少功率消耗。

图 5-18　蓄能器用于保压和补偿系统泄漏

4）吸收液压冲击和减小压力脉动

由于换向阀突然换向、液压泵突然停车、执行元件运动中突然停止甚至对执行元件人为的突然制动，都会使管路内液体的流动发生突然变化而产生压力冲击。这种压力冲击往往引起系统中的仪表、元件和密封装置发生故障、损坏甚至管道破裂，此外还会使系统产生强烈振动。在这些场合下，需在控制阀或液压冲击源之前安装适当的蓄能器（见图 5-19），以吸收或缓和这些液压冲击。

此外，液压系统中采用齿轮泵或柱塞数较少的柱塞泵时，系统的流量脉动和压力脉动较大，这时可在液压泵的出口安装适当的蓄能器（见图 5-20），使压力脉动降到最小程度，以满足系统对较小流量和压力脉动的要求。

图 5-19　蓄能器用于吸收液压冲击　　　　图 5-20　蓄能器用于减小压力脉动

5.4.4　蓄能器的安装和使用

在使用和安装蓄能器时应注意以下问题：

（1）蓄能器是压力容器，搬运和装拆时应先将充气阀打开，排出充入的气体，以免因振动或碰撞而发生意外事故。

（2）应将蓄能器油口向下竖直安装，且应有牢固的固定位置。

（3）液压泵与蓄能器之间应设置单向阀，以防止停泵时蓄能器的压力油向泵倒流；蓄能器与液压系统连接处应设置截止阀，供充气、调整或维修时使用。

（4）用于吸收液压冲击减小压力脉动的蓄能器，应尽可能安装在冲击源或脉动源附近，以便于检修。

5.5　密　封　装　置

密封装置主要用于防止液体或气体的泄漏，良好的密封装置是液压与气压系统能够正常工作的保障。

根据需要密封的耦合面间有无相对的运动，密封可分为动密封和静密封两大类。设计或选择密封装置的基本要求是具有良好的密封性能，并随压力的增加能自动提高密封性，摩擦阻力要小，寿命长，制造简单，安装方便等。

5.5.1　密封件的要求和材料

1. 对密封件的基本要求

（1）密封可靠。在一定的压力和温度区间范围内，密封件要具有良好的密封性，保证不泄漏或少泄漏；当工作压力和温度变化时，密封件仍可保证可靠的密封性。

（2）密封寿命长。密封寿命长意味着密封件的耐磨性能、抗老化性好，在一定程度上能自动补偿密封件的磨损和几何精度误差；密封件对工作介质具有良好的相容性，不会对匹配的工作零部件产生腐蚀或划伤。

（3）密封性能稳定。密封件的摩擦阻力要小而稳定且均匀，特别是静、动摩擦系数的差值要小。

（4）其他要求。密封件要采用标准化结构和尺寸，这样才能制造简单、使用方便、拆装容易、成本低，适应液压缸工作条件和特殊要求。

2. 密封件的常用材料

常用的液压系统密封材料有以下几种：

（1）丁腈橡胶。它是一种最常用的耐油橡胶，具有良好的弹性与耐磨性，工作温度一般为 $-30\sim100℃$，广泛用于制作 O 形圈、油封、唇形密封件等。

（2）聚氨酯。它的耐油性比丁腈橡胶好，既具有高强度又具有高弹性，拉断强度比一般橡胶高。它有很好的耐磨性，目前被广泛用作动密封的密封材料，适用温度为 $-30\sim100℃$。

5.5.2　常见的密封方法

1. 间隙密封

在活塞的外圆表面一般开几道宽 0.3～0.5 mm、深 0.5～1 mm、间距为 2～5 mm 的环形沟槽，称为平衡槽。其作用是：

（1）由于活塞的几何形状和同轴度误差，工作中具有压力的液体或气体在密封间隙中的不对称分布将形成一个径向不平衡力，称为卡紧力。它使摩擦力增大。开平衡槽后间隙的差别减小，各向压力趋于平衡，使活塞能够自动对中，减小了摩擦力。

（2）增大工作介质泄漏的阻力、减小偏心量、提高密封性能。

（3）对于油缸来说，平衡槽处可储存油液，使活塞能自动润滑。

间隙密封的特点是结构简单、摩擦力小、耐用，但对零件的加工精度要求较高，且难以完全消除泄漏，故只适用于低压、小直径的快速缸中。

2. 活塞环密封

活塞环密封依靠装在活塞环形槽内的弹性金属环紧贴缸筒内壁实现密封，如图 5 - 21 所示。它的密封效果比间隙密封好，适应的压力和温度范围很宽，能自动补偿磨损和温度变化的影响。活塞环密封件能在高速中工作，具有摩擦力小、工作可靠、寿命长的优点，但不能完全密封。活塞环的加工复杂，对缸筒内表面加工精度要求高，一般用于高压、高速和高温的场合。

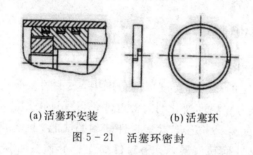

(a)活塞环安装　　　　　　(b)活塞环

图 5 - 21　活塞环密封

3. 密封圈密封

密封圈密封是液压系统中应用最广泛的一种密封。密封圈有 O 形、V 形、Y 形及组合式等几种，其材料为耐油橡胶、尼龙等。

5.5.3　密封件的类型

1. O 形密封圈

O 形密封圈简称 O 形圈，截面为 O 形，常用材料为合成橡胶，也有采用非橡胶材料制造的。它既可作静密封，也可作动密封。O 形圈结构简单、制造容易、成本低、密封性好、使用范围宽，是应用最为广泛的一种密封件。

O 形圈密封原理如图 5 - 22 所示。O 形圈装入密封槽后，其截面受到压缩后变形。在无压力时，靠 O 形圈的弹性对接触面产生预接触压力，实现初始密封；当密封腔充入高压工作介质后，在压力的作用下，O 形圈被挤向沟槽一侧，密封面上的接触压力上升，提高了密封效果。

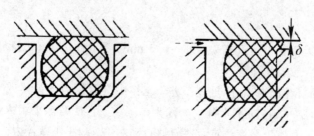

图 5 - 22　O 形圈密封原理

2. Y 形密封圈和 V 形密封圈

Y 形圈和 V 形圈都属唇形密封圈。初始，装入密封沟槽的 Y 形圈唇边受到压缩，产生初应力；当向其唇口供入高压油时，唇边被进一步径向延伸，对被密封件产生挤压应力。Y 形圈有唇边等高和唇边不等高两类，不等高唇形（Y_x 形）又分为轴用和孔用两种。Y 形（等唇高）圈既可轴用，又可孔用。Y 形圈适用压力不大于 40 MPa，压力较高时要加挡圈，最大往复速度为 $0.5 \sim 1.0$ m/s，适用温度为 $-30 \sim 80$℃。Y 形圈为标准元件，密封沟槽尺寸由国家和企业技术标准所规定。

V 形密封圈有夹织物橡胶和聚氯乙烯两种制品。它是由形状不同的支承环、密封环和压环 3 种密封件组合在一起使用。其优点是耐高压，通过调节压环压力使密封效果最佳，多用于液压缸端盖与活塞杆之间的动密封。当工作压力高于 10 MPa 时，可增加 V 形圈的数量来提高密封效果。安装时，V 形圈的开口应面向压力高的一侧。V 形圈密封性能良好、耐高压、寿命长，通过调节压紧力，可获得最佳的密封效果，但 V 形密封装置的摩擦阻力及结构尺寸较大。V 形密封圈适宜在工作压力 $p \leqslant 50$ MPa、温度为 $-40 \sim 80$℃的条件下工作。

3. 组合密封装置

组合密封装置是由聚四氟乙烯密封环 2 和丁腈橡胶 O 型密封圈 1 组合而成，如图 5-23 所示。聚四氟乙烯密封环 2 自润滑性好，与金属的摩擦阻力小，但缺乏弹性；丁腈橡胶 O 型密封圈 1 弹性好，能从密封环 2 的内表面施加一个向外的涨力，使密封环 2 产生微小变形而与配合件表面贴合，产生良好的密封效果。

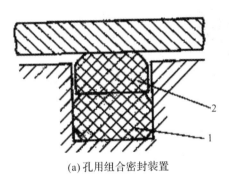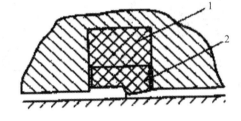

(a) 孔用组合密封装置　　　　　　(b) 轴用组合密封装置

1—丁腈橡胶 O 形密封圈；2—聚四氟乙烯密封环

图 5-23　组合密封

5.6　热 交 换 器

冷却器与加热器合称热交换器，它是调节液压系统油液温度的装置。

液压系统正常工作时，油液的温度应保持在 $30 \sim 50$℃。除环境因素外，液压系统本身损耗的能量绝大部分转换为热能，使油液温度升高。当油液温度超过 40℃时，油液黏度下降，系统效率降低；当油液温度超过 65℃时，系统的泄漏会显著变大，压力迅速下降并产生振摆，噪声和振动明显增大；当油液温度低于 40℃时，其黏度变大；当低于 15℃时，其黏度显著变大，造成液压泵吸油困难，阻力损失增大，噪声加大。受各种因素的限制，当单靠油箱本身的散热不能满足油液温度要求时，就应使用热交换器进行温度控制。

5.6.1 冷却器的类型及特点

对冷却器的基本要求是在保证散热面积足够大、散热效率高和压力损失小的前提下，要求结构紧凑、坚固、体积小和质量小，最好有自动控温装置以保证油温控制的准确性。

根据冷却介质不同，冷却器有风冷式、冷媒式和水冷式 3 种。风冷式利用自然通风来冷却，常用在行走设备上。冷媒式是利用冷媒介质（如氟里昂）在压缩机中作绝热压缩，基于散热器放热、蒸发器吸热的原理，把油中的热量带走，使油冷却。此种方式冷却效果最好，但价格昂贵，常用于精密机床等设备上。水冷式是液压系统常用的冷却方式。水冷式利用水进行冷却，按结构不同可分为板式、管式和翅片式。图 5-24(a)为蛇形管式冷却器，将蛇形管安装在油箱内，冷却水从管内流过，带走油液内产生的热量。这种冷却器结构简单、成本低，但热交换效率低、水耗大。

图 5-24(b)为大型设备常用的壳管式冷却器，它是由壳体 1、铜管 3 及隔板 2 组成的。液压油从壳体的左油口进入，经多条冷却铜管外壁及隔板冷却后，从壳体右口流出。冷却水在壳体右隔箱进水口流入，在上部铜管内腔到达壳体左封堵，然后再经下部铜管内腔通道，由壳体右隔箱下部出水口流出。由于多条冷却铜管及隔墙的作用，这种冷却器热交换效率高，但体积大、造价高。

普通冷却器职能符号如图 5-24(c)所示。

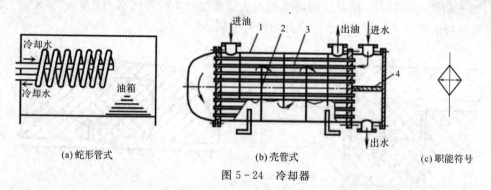

(a) 蛇形管式　　　　　　(b) 壳管式　　　　　　(c) 职能符号

图 5-24　冷却器

冷却器一般应安装在回油管路或低压管路中，图 5-25 为冷却器在液压系统中各种安装位置及说明。

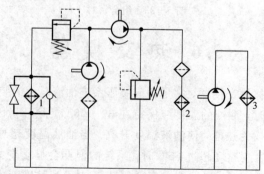

1—安装在主溢流阀溢流口；2—安装在主回油路上；3—安装在独立冷却回路上

图 5-25　冷却器在液压系统中的各种安装位置

5.6.2 加热器

加热器的作用是在低温启动时将油液温度升高到适当的值。简单方便的加热器为电加热器。电加热器结构简单、控制方便，可以设定所需的温度，误差较小。电加热器浸在油液中的位置如图 5 - 26(a)所示，通电后先局部加热，然后逐渐扩散传热，使油箱内油液升温。其缺点是加热不均匀，有时造成局部过热而使油液老化变快，因此可设置多个加热器，并且加热器的功率选择应考虑油箱中油液的容积，不宜过大。

加热器职能符号如图 5 - 26(b)所示。

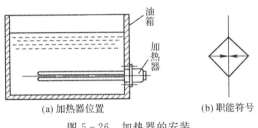

(a) 加热器位置　　　　　　(b) 职能符号

图 5 - 26　加热器的安装

5.7　压力表及开关

5.7.1　压力表

压力表的作用是检测和显示液压系统工作压力。液压系统使用的压力表按功能可划分为普通压力表、真空压力表和电接点压力表。

1. 普通压力表

普通压力表的职能符号见图 5 - 27(a)。普通压力表可检测液压泵出口油液压力或系统中任一点的工作压力，可以一表一点，也可以一表多点检测。用于单点检测时，可直接通过自身螺纹连接于检测点上，也可以通过压力表开关连接于检测点上。而一表多点检测必须通过多点转换开关与待测点连接。弹簧管式普通压力表结构如图 5 - 27(b)所示。

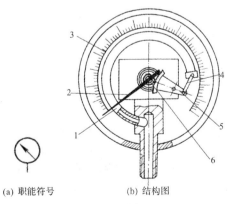

(a) 职能符号　　　　　　(b) 结构图

1—弹簧管；2—指针；3—刻度盘；4—杠杆；5—扇形齿轮；6—小齿轮

图 5 - 27　弹簧管式普通压力表

普通压力表大多数是弹簧管式，即利用压力油使弹簧管伸展变形，驱动扇形齿轮啮合指针轮转动，使指针偏转指出相应的压力。

压力表选择的主要参数是量程和精度。量程是指指针从零偏转到最大的范围，单位为MPa。选择时要考虑系统的压力峰值，系统压力峰值应在压力表量程的 3/4 以内。压力表的精度等级视具体情况而定，对于科研和实验台使用，要选用精度较高的，如 0.5 级；一般情况选用 1.5 级即可。

2. 真空压力表

真空压力表用于测量系统的真空度，如液压泵工作时吸油口的压力等。真空表的结构组成与普通压力表相似。

3. 电接点压力表

图 5 - 28 所示是电接点压力表。这种压力表具有普通压力表的功能，同时还可以通过表面中心的调节螺钉调节待测压力点的压力变化区间；结构上配有一套压力区间指针和内部开关。压力区间指针一个设为压力上限，另一个设为压力下限。工作时当压力指针指向上限指针时，内部开关的常闭触点断开；而当压力指针随压力下降指向下限指针时，内部开关的常开触点接通。

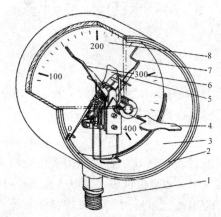

1—进油口；2—壳体；3—表面玻璃；4—调节钥匙；
5—压力指针；6—下限指针；7—上限指针；8—刻度盘
图 5 - 28　电接点压力表

电接点压力表用于控制系统工作在某压力区间，如用于控制保压压力区间是比较理想的，见保压回路。

5.7.2　压力表开关

压力表开关是将压力表和被测点连接在一起的装置，有单测点式和多测点式。单测点式可直接将压力表装于压力表开关上，然后将压力表开关安装在被测点。测量时，旋转手柄，开启节流口，油液进入压力表进行测量。测量完毕旋转手柄，关闭节流口，以防止冲击和振动损坏压力表。

图 5 - 29 是多测点式压力表开关，主要由阀体、阀芯等组成。阀体上设有压力表安装油口 M；测量油口 A、B、C 和泄油口 T。其工作原理是利用阀芯上的沟槽将 M 口与 A 口、B

口或 C 口连通，测量这些油口所连被测点的压力，或将 M 口与泄油口 T 连通，泄掉压力表内的油液，使指针回到零位，同时关闭 A、B、C 油口。测量时只要转动手柄，使标识指向标指向 A、B、C 或 T 并推拉手柄即可。

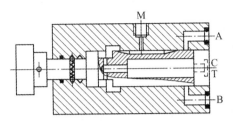

图 5-29　多测点式压力表开关

本 章 小 结

本章重点介绍了各种液压辅助元件工作原理及其选用。管件及管接头是系统各元件传递液压动力的纽带，根据输送油液的压力、流量及使用场合进行选用。油箱主要用于油液的存储、供应、回收、沉淀和散热等，通常根据不同情况进行设计。滤油器通过过滤油液中的杂质来确保液压元件及系统不受污染物的侵蚀，是系统最重要的保护元件。蓄能器一般用于吸收脉动、冲击或作为液压系统的辅助油源，有重力式、弹簧式和充气式等形式。在工作时，蓄能器基本上处于动态工况，因此在应用中要关注其动态特性。密封件用于减少系统的泄漏，提高系统的效率。加热器和冷却器主要用于维持油液的温度在规定范围之内。

思 考 与 练 习

5-1　油管和管接头有哪些类型？它们的使用范围有何不同？

5-2　对密封的一般要求是什么？比较各种密封装置的密封原理和结构特点，它们各用于什么场合比较合理？

5-3　滤油器的作用和类型是什么？如何恰当地选择滤油器？

5-4　举例说明滤油器 3 种可能的安装位置。不同位置上的滤油器的精度等级应如何选择？

5-5　简述蓄能器的作用和种类，举例说明其应用情况。

5-6　油箱的主要作用是什么？设计或选择油箱时应考虑哪些问题？

5-7　在什么情况下要设置或使用加热器、冷却器？

5-8　填空题：

1. 常用的液压辅助元件有：_____ 、_____ 、_____ 、_____ 、_____ 等。

2. 油箱的作用是用来_____ 、_____ 、_____ 、_____ 。

3. 常用的滤油器有_____ 、_____ 、_____ 、_____ 和_____ ，其中_____ 属于粗滤油器。

5-9　判断题：

1. 烧结式滤油器的吸油能力差，不能安装在泵的吸油口处。　　　　　　　　（　　）

2. 为了防止外界灰尘杂质侵入液压系统，油箱宜采用封闭式。　　　　　（　　）

3. 液压系统中一般安装多个压力表以测定多处压力值。　　　　　　　　（　　）

5-10　选择题：

1. 在中低压液压系统中，通常采取____。

A. 钢管　　　　B. 紫铜管　　　　C. 橡胶软管　　　　D. 尼龙管

2. ____不是蓄能器的功用。

A. 保压　　　　B. 卸荷　　　　C. 应急能源　　　　D. 过滤杂质

3. 滤油器不能安装的位置是____。

A. 回油路上　　B. 泵的吸油口处　　C. 旁油路上　　　　D. 油缸进口处

5-11　试画出各种液压辅助元件的职能符号。

第6章　液　压　阀

6.1　概　　述

　　液压控制阀，简称液压阀，是液压系统中用以控制流体压力、流量和流动方向，从而使之满足各类执行元件不同的动作要求的液压控制元件。液压阀的性能在很大程度上决定了整个液压系统的性能。不论是何种液压系统，都是由一些完成一定功能的基本液压回路组成，而基本液压回路主要是由各种液压控制元件按一定的需求组成的。

　　液压控制阀种类较多，内部结构与形状各不相同，但不同种类的阀在结构原理上存在着一定的共同之处：

　　（1）结构组成相似。在结构上主要都由阀体、阀芯、控制部件等部分组成。

　　（2）阀功能实现大多是通过阀芯与阀体的相对位置的变化完成的。在阀体与阀芯的位置产生变化过程中，阀的开口（简称阀口）变化（大小或通断）使得工作介质的压力、流量和方向按需要进行变化。

　　一般来说，液压控制阀的分类是按照阀的用途来分类的，将阀分为压力控制阀、流量控制阀与方向控制阀。还可以按阀芯的操纵方式、阀与外部的连接方式、控制方法等方法进行分类，具体见表6-1。

表 6-1　液压控制阀的分类

分类方法	种　类	详　细　分　类
按阀的用途	压力控制阀	溢流阀、顺序阀、卸荷阀、平衡阀、减压阀、缓冲阀、压力继电器等
	流量控制阀	节流阀、单向节流阀、调速阀、分流阀、集流阀、比例流量控制阀等
	方向控制阀	单向阀、换向阀、行程减速阀、充液阀等
按阀芯操纵方式	手动阀	手把及手轮、踏板、杠杆
	机动阀	挡块及碰块、弹簧、液压、气动
	电动阀	电磁铁控制、伺服电机和步进电机控制
按阀与外部连接方式	管式连接	螺纹式连接、法兰式连接
	板式及叠加式连接	单层连接板式、双层连接板式、整体连接板式、叠加阀
	插装式连接	螺纹式插装（二、三、四通插装阀）、法兰式插装（二通插装阀）
按控制方式	电液比例阀	电液比例压力阀、电液比例流量阀、电液比例换向阀、电液比例复合阀、电液比例多路阀
	伺服阀	单、两级（喷嘴挡板式、动圈式）电液流量伺服阀、三级电液流量伺服阀、电液比例多路阀
	数字控制阀	数字控制压力阀、数字控制流量阀与方向阀

6.2 方向控制阀

在油路中控制液压油通断或改变油液流动方向的阀称为方向控制阀,简称方向阀。常见的类型见表6-2。

表6-2 方向控制阀的分类

单向阀	普通单向阀	
	液控单向阀	
换向阀	按通路分	二通、三通、四通、五通
	按工作位置分	二位、三位、多位
	按操纵方式分	电磁换向阀
		液控换向阀
		手动换向阀
		机动换向阀
		电液换向阀
	按运动方式分	滑阀
		转阀

6.2.1 单向阀

液压系统中的单向阀分普通单向阀和液控单向阀两种。普通单向阀仅允许工作介质向一个方向流动而不能反向流动(反向截止)。液控单向阀由一个普通单向阀和一个液控回路组成,工作需要时由液控回路打开阀芯,单向阀中的油液可以反向流动。

1. 普通单向阀

图6-1(a)为单向阀结构原理图,图6-1(b)为单向阀的职能符号。图中,阀芯2在弹簧3的作用下,其锥面与阀体的锥形面(称为阀座,也可为圆柱面)紧密接触,形成密封。压力为p_1的液压油从左口P_1进入单向阀左腔内时,作用在阀芯2上的液压力克服弹簧3的弹簧力,使阀芯右移,阀口打开,液压油经阀芯的径向孔、阀芯轴向孔和通流孔,压力减为p_2,从右口P_2流出。液流从P_1到P_2的流向称为正向。当反向供液时,压力油从右口P_2进入单向阀内,作用在阀芯上的液压力使阀口关闭,阀口的密封作用使液流不能通过,所以普通单向阀不允许油液反向流动。

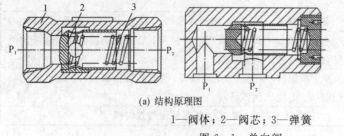

(a) 结构原理图 (b) 职能符号

1—阀体;2—阀芯;3—弹簧

图6-1 单向阀

在油路中，普通单向阀用来限制油液流动方向。油液正向流动时，要求它正向阻力小、压降损失小、动作灵敏可靠，反向阻止油液流动时，要求密封可靠、油液泄漏要少。普通单向阀作这种用途时，选用的弹簧刚度要小，以获得最小的开启压力。此时，阀的开启压力通常为 0.03~0.05 MPa，额定流量时的压降为 0.1~0.3 MPa。普通单向阀还可以用作背压阀，为系统提供一定的缓冲压力。此时，弹簧的刚度要稍大（阻力为 0.3~0.5 MPa），可以使执行元件启动平稳。

2. 液控单向阀

液控单向阀由一个普通单向阀和一个微型控制液压缸组成。当微型液压缸不动作时，液控单向阀像普通单向阀一样工作。如图 6-2(a)所示，当控制口 K 通入压力油时，活塞 1 被推向右边，克服弹簧弹力、液压力等阻力，通过顶杆 2 推动阀芯 3 右移，阀口打开，液控单向阀反向导通，油液可以从原出油口 P_2 通过阀口流向原进油口 P_1。图 6-2(a)是一种简式液控单向阀，K 口需要的最小控制压力为工作压力的 30%~50% 时方可正常工作。因此，在高压系统中，为了降低 K 口的控制压力，常使用一种带卸载阀芯的液控单向阀，使控制压力降至主油路压力的 4.5% 左右，这种结构称为复式液控单向阀。

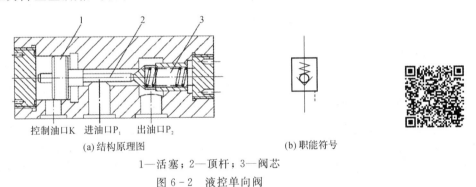

控制油口 K　进油口 P_1　出油口 P_2

(a) 结构原理图　　　　　　　　(b) 职能符号

1—活塞；2—顶杆；3—阀芯

图 6-2　液控单向阀

3. 双液控单向阀

双液控单向阀又称液压锁，它由两个液控单向阀组成，其结构和职能符号如图 6-3 所示。当压力油液从 A 口流入时，液压力将左端阀芯打开，使油液从 A→A_1 流动，同时压力油液通过控制活塞 2 将右端阀芯打开，使油液从 B_1→B 流动。反之，当压力油液从 B 口进入时，B 与 B_1 接通，A 与 A_1 接通。当两油口 A、B 均无油液供入时，A_1 和 B_1 腔有压时，两者之间的回路在压力油的作用下，两个单向阀均关闭，A_1 和 B_1 间的回路被双向锁紧（如汽车起重机的液压支腿回路）。

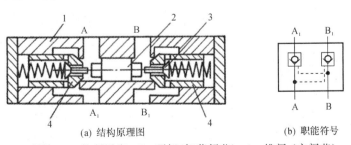

(a) 结构原理图　　　　　　　　(b) 职能符号

1—阀体；2—控制活塞；3—顶杆（卸荷阀芯）；4—锥阀（主阀芯）

图 6-3　双液控单向阀

4. 梭阀

梭阀("或"逻辑)原理上可以看成由两个单向阀组合而成，其结构与职能符号如图6-4所示，梭阀有两个进油口A、B和一个出油口P，当A口接高压、B口接低压时，阀芯在两端压差作用下被推向右边，B口关闭，A→P接通；反之，B口接高压时，A口被封闭，B→P接通。梭阀的特点是，阀口A、B的油液压力不同时，阀芯往复运动，P口始终选择与A、B的压力较高者接通（压力较低者被封闭），又称压力选择阀。

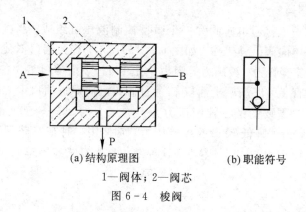

(a)结构原理图　　　　　　　　　(b)职能符号

1—阀体；2—阀芯

图6-4　梭阀

6.2.2　换向阀

换向阀是利用阀芯相对于阀体的相对运动达到特定的工作位置，使不同的油路接通或关闭，从而变换液压油流动的方向，进而改变执行元件的运动方向的控制阀。根据阀芯和阀体的结构以及相对位移方式，可分为换向滑阀和转阀两大类。换向滑阀是利用阀芯相对阀体的往复直线位移改变内部通道连通方式，从而控制油路通断，实现液流方向的控制阀；转阀则是通过阀芯的转动以改变阀芯与阀体的相对位置进行工作的。这两类换向阀在结构上虽然不同，但其工作原理基本一致。目前，在以液压油为工作介质的系统中，多以滑阀式换向阀作为主要的换向机构。

1. 滑阀式换向阀结构与工作原理

如图6-5所示为滑阀式换向阀，阀芯安放于阀体内部，阀体上开设有A、B、P及T 4个油口。其中，T口一般表示回油口，即回油箱的接口，P口表示来自油泵的压力油入口，而A，B两个油口表示与执行机构相连的油路接口。阀芯在阀体内可以左右移动，实现阀体油口的3种不同连通方式，即有3个工作位置：左位、中位与右位。其结构原理和职能符号分别如图6-5中(a)、(b)、(c)所示。

图6-5(a)是阀芯处于中间位置的情形，这时阀芯直径大的部分将A、B、P、T 4个油口封闭，此时4个油口互不相通，执行机构锁定，不能移动；工作时，以某种操纵方式（见表6-2）控制阀芯的动作，从左边推动阀芯使其向右移动一定距离后，阀芯处于图6-5(b)的位置，P与A相通，同时B与T相通，执行机构从A口进油，从B口回油，这种状态称为"右位"；反之，当从右边推动阀芯使其向左移动一定距离后，阀芯处于图6-5(c)位置，此时，P与B相通，A与T相通，此时，执行机构从B口进油，从A口回油，这种状态称为"左位"。由此可见，使换向阀处于不同的位置，就可以控制执行元件的运动状态。

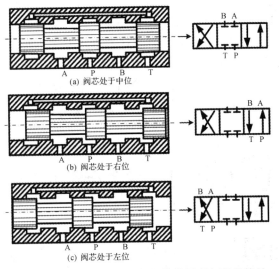

图 6－5　滑阀式换向阀的结构原理与职能符号

　　根据换向阀的阀体油口数以及阀体与阀芯的位置，滑阀式换向阀有许多种类，来实现液压回路中不同的换向功能。更多换向阀的名称、结构以及职能符号如表 6－3 所示。其中，职能符号中，每一个方框代表换向阀的一个工作位，位数即为阀芯相对于阀体的工作位置的数量；阀体上与系统油路相连的油口数，称作通路数；对于三位换向阀来说，处于中位时油路的连通方式称作换向阀的中位机能。

表 6－3　常见滑阀式换向阀结构与职能符号

名　称	结构原理图	职能符号	用途说明
二位二通阀			接通与切断油路，相当于一个油路开关
二位三通阀			改变液流流向，从一条油路转换到另一条油路
二位四通阀			进油和回油不变的情况下，切换两个出油口的流向
三位四通阀			左、右位与二位四通阀作用相同，中位时关断所有油口
三位五通阀			左、右位与二位五通阀作用相同，中位时关断所有油口

对于三位或三位以上的换向阀来说，中间工作位置经常有特殊的功能。对表 6-3 中的三位四通阀来说，其阀芯处于中间位置时，工作介质的进口与出口通路均被切断，此时，A 与 B 间的工作机构处于闭锁状态。根据中位油路的连通方式不同，可分为 O、P、M、H、C、U、Y 型多种，可参看表 6-4。

表 6-4　常见三位换向阀的中位机能

中位机能型号	滑阀状态	中位职能符号 四通	特点
O			各油口封闭，系统不卸荷，工作机构锁定
H			各油口互通，系统卸荷，工作机构浮动
Y			系统不卸荷，缸两端与回油口连通
C			缸一腔与压力油连通，另一腔封闭，回油口也封闭
P			缸两腔都与压力油连通，回油口封闭
K			系统卸荷。缸一腔与回油口连通，另一腔封闭
M			系统卸荷，工作机构两腔封闭，锁定
U			系统不卸荷，工作机构两腔连通，浮动

2．典型的换向滑阀结构

1）手动换向阀

图 6-6 所示为一种三位四通手动换向阀。其阀芯的操作方式是通过手柄推动阀芯在阀体内滑动，可以得到换向阀的 3 个工作位置。图 6-6(a)中利用弹簧钢球定位(图(c)职能符号中的定位缺口数必与阀的位数相同)，即使松开手柄，阀芯仍能保持所在的工作位置。它适用于需要保持工作状态时间较长的情况，如机床、液压机、船舶等。图 6-6(b)是利用弹簧自动复位的，松开手柄后，阀芯立即回到中位而不能保持之前的工作位置。它适用于操作频繁、持续工作状态时间较短的情况，如工程机械等。

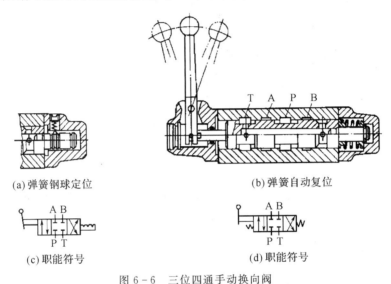

(a) 弹簧钢球定位　　　　　　　　　(b) 弹簧自动复位

(c) 职能符号　　　　　　　　　　　(d) 职能符号

图 6-6　三位四通手动换向阀

2）机动换向阀

机动换向阀常利用机床工作台上的挡铁或凸轮来压下阀的滚轮(或顶杆)，从而推动阀芯移动，达到阀芯换位的目的。工作台是在运行到固定的位置将滚轮(或顶杆)压下的，所以又称机动换向阀为行程阀。机动阀通常是二位阀，类型有二位二通(作开关阀用)、二位三通、二位四通和二位五通等多种，二位二通根据功能分常闭和常开两种。图 6-7(a)是常闭的滚轮式二位二通机动换向阀，图示位置为常闭，P 与 A 不通。当滚轮 1 被压下时，通过顶杆 2 推动阀芯 3 向右移动，换向阀处右位，P 与 A 接通。滚轮松开后，弹簧自动使阀芯复位。机动换向阀职能符号如图 6-7(b)所示。

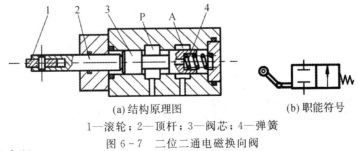

(a) 结构原理图　　　　　　　(b) 职能符号

1—滚轮；2—顶杆；3—阀芯；4—弹簧

图 6-7　二位二通电磁换向阀

3）电磁换向阀

电磁换向阀应用广泛，它通过电磁衔铁的吸合推动阀芯移动，从而达到转换工作位置的目的。电磁换向阀直接接受电信号控制，使液压系统方便地实现自动化运行。

图6-8(a)所示是三位四通电磁换向阀的结构原理图。在不通电的情况下(常态)，阀芯在左右两边的复位弹簧控制下处在中位。4个油口P、T、A、B均不相通。当右边的电磁铁线圈4通电时，衔铁6被吸合向左移动，通过推杆3推动阀芯左移，换向阀切换至右位工作状态，即P与B相通，A与T相通。左边的电磁线圈通电时，换向阀切换至左位工作状态，即P与A相通，B与T相通。图6-8(a)所示的电磁换向阀可以在2个电磁线圈都断电时，按下故障检查按钮8，通过压杆7直接推动阀芯移动换位，维修、检查非常方便。

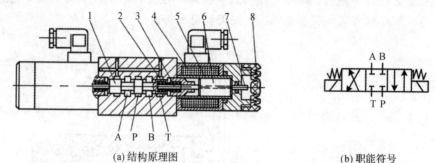

(a)结构原理图　　　　　　　　(b)职能符号

1—阀芯；2—弹簧；3—推杆；4—线圈；5—导套；6—衔铁；7—压杆；8—检查按钮

图6-8　三位四通电磁换向阀

根据使用的电源不同，电磁换向阀可以分为交流式和直流式两类，直流式的又有干式和湿式之分。衔铁工作腔不允许浸油的称为干式，衔铁浸在油中的称为湿式。图6-8(a)是一种湿式电磁换向阀，油液可以通过阀体上的油孔(图中未画出)和推杆与推杆导套之间的间隙进入衔铁工作腔，导套5将线圈4与油液隔开，保证线圈不浸油。导套5必须用软磁性材料，衔铁6则用导磁性好的材料。

直流湿式电磁换向阀具有良好的工作性能。该阀动作可靠，切换频率一般可达2 Hz，且冲击小、寿命长，因而得到普遍的应用。

4) 液动换向阀

液动换向阀是利用控制压力油来改变阀芯位置的换向阀。对于三位阀而言，按阀芯的对中形式，分为弹簧对中型与液压对中型。图6-9(a)为弹簧对中型的三位四通液动换向阀的结构原理图。当控制油路的压力油从K_1口进入滑阀的左腔、滑阀的右腔通过K_2通油箱时，液压力克服弹簧力等阻力，推动阀芯右移，P与A相通，B与T相通，换向阀处于左位状态；反之，K_2口通入压力油时，换向阀处于右位状态；P与B相通，A与T相通。当K_1、K_2都不通入压力油时，阀芯在两端的弹簧力作用下处于中位，4个油口均不相通。液动操作给予阀芯的作用力很大，因此适用于压力高、流量大、阀芯移动行程较长的场合。

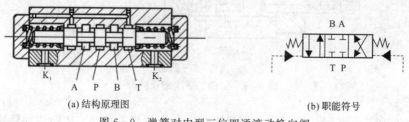

(a)结构原理图　　　　　　　　(b)职能符号

图6-9　弹簧对中型三位四通液动换向阀

5）电液动换向阀

电液动换向阀由主阀和先导控制阀组成。主阀是液动换向阀，允许通过较大流量。使主阀阀芯移动的控制液流则由一个较小的电磁换向阀提供，电磁阀起先导控制作用。这样，电液换向阀就具有这两种阀的优点。

图 6-10(a)是三位四通电液动换向阀结构原理图。当先导电磁阀左边电磁铁 6 通电时，三位四通电磁阀处于左位工作状态。来自主阀 P 口（或外接控制口）的压力油进入阀腔后，又经左邻的 A 口流入主阀左边的单向阀 5，后进入主阀阀芯的左端腔室，从而推动主阀芯向右移动，主阀处于左位状态，P 与 A 相通，B 与 T 相通。主阀阀芯的右端腔室的油液通过右边的节流阀 3，进入电磁阀再流回油箱。调节节流阀就可以控制主阀的换向速度，这在某些应用场合是必须的。反之，如果右边的电磁铁 8 通电，使电磁阀处于右位，则主阀也随之切换至右位，P 与 B 相通，A 与 T 相通。当两个电磁阀均断电时，主阀阀芯在复位弹簧的作用下回到中位，P、T、A、B 口互不相通。

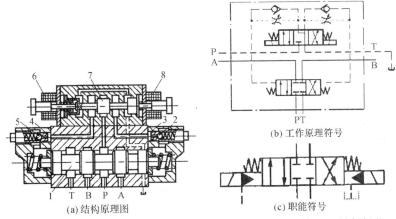

(b) 工作原理符号

(a) 结构原理图

(c) 职能符号

1—主阀阀芯；2、5—单向阀；3、4—节流阀；6、8—电磁铁；7—导阀阀芯

图 6-10　三位四通电液动换向阀（弹簧对中型）

3. 转阀

转阀的阀芯相对于阀体作旋转运动，如图 6-11 所示，扳动手柄 1，阀芯 3 在阀体 2 内作转动。图 6-11(a)、(b)、(c)分别是阀芯在左、中、右 3 个位置的情形，读者可以自行分析其连通情况。这种转阀使用手动操纵，一般用于需要手动控制的场合，如机床的对刀调整等。

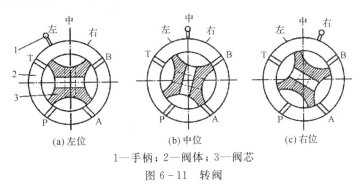

(a) 左位　　　(b) 中位　　　(c) 右位

1—手柄；2—阀体；3—阀芯

图 6-11　转阀

6.2.3 多路换向阀

1. 简述

多路换向阀是由两个或两个以上的换向阀为主体构成的一种组合阀,用以控制多个执行元件的运动。根据液压系统的要求不同,常将安全阀、单向阀、补油阀、分流阀、制动阀等组合在一起。与其他类型的换向阀相比,它具有结构紧凑、压力损失小、管路简单、多位性能、使用寿命长、安装操作方便等优点。

按阀体结构形式,多路换向阀分为整体式和分片式。整体式多路换向阀是将多个换向阀的阀体铸造成一个整体,拥有固定的滑阀阀芯及机能。多路换向阀阀体的铸造技术要求高,比较适合应用在产量相对稳定及大批量生产的机械上。分片(联)式多路换向阀由若干片(联)阀体组成,一个换向阀称为一片(联),用螺栓将叠加的各片连在一起。它可以用很少几种单元阀体合成多种不同功能的多路阀,能够满足多种机械的需要,具有通用性强、制造工艺好等优点,缺点是阀体体积大、加工面多、出现泄漏的可能性较大等。按油路连接方式,多路换向阀可分为并联、串联和串并联油路等。简介如下:

1) 并联油路

并联油路的多路换向阀结构原理和职能符号如图 6-12 所示,这类多路换向阀进口压力油可以直接通到各联滑阀的进油口,各联滑阀的回油口又都直接通到多路换向阀的总回油口。当采用这种油路连通方式的多路换向阀同时控制多个执行元件同时工作时,压力油总是先进入负载压力较低的执行元件。因此只有各执行元件的负载压力相等时,它们才能同时动作。

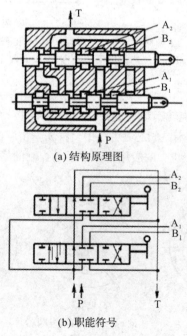

(a) 结构原理图

(b) 职能符号

图 6-12 并联油路多路换向阀

2）串联油路

串联油路的多路换向阀如图 6-13 所示，每联滑阀的进油口都和前联滑阀的中位油口相通，即前联回油口都和后联滑阀的中位进油口相通，这样，可使串联油路内的数个执行元件同时动作，其条件是串联回路多路换向阀的进油口 P 的压力要大于所有同时动作的执行元件的各腔压力之和。因此，并联油路多路换向阀的进口 P 的压力比较高，损失相应也较大。

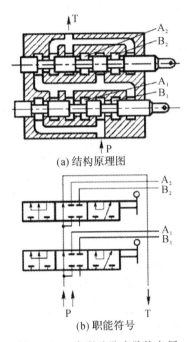

(a) 结构原理图

(b) 职能符号

图 6-13　串联油路多路换向阀

3）串并联油路

串并联油路的多路换向阀如图 6-14 所示，每联滑阀的进油口都和前联滑阀的中位油口相通，每联回油口都直接与总回油口连接，即各滑阀的进油口串联，回油口并联。串并联油路多路换向阀的特点是：当某联滑阀换向时，其后各联滑阀的进油道当即被切断。因此，一组多路换向阀中只能有一个滑阀工作，即滑阀之间具有互锁功能，可以防止误动作。

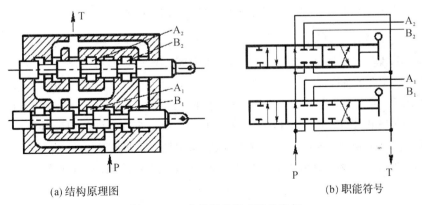

(a) 结构原理图　　　　(b) 职能符号

图 6-14　串并联油路多路换向阀

2. 多路换向阀实例

图 6-15 为一种用于叉车上的 ZFS 型多路换向阀。它由进油阀体 1、回油阀体 4 和两片换向阀 2、3 组成，彼此用螺栓 5 连接。其油路连接方式为并联连接，在相邻阀体间装有 O 形密封圈（图中未画出）。进油阀体 1 内装有溢流（安全）阀（图中仅画出其进油口 K）。换向阀为三位六通，其工作原理与一般手动换向滑阀相同。当换向阀 2、3 的阀芯未被操纵时（图示位置），压力油液从 P 口进入，经阀体内部通道直通回油阀体 4，并经回油口 T 返回油箱，液压泵处卸载状态；当换向阀 3 的阀芯向左移动时，阀内卸载通道被切断，油口 A、B 分别与 P、T 口接通；当换向阀 3 的阀芯反向移动，则油口 A、B 分别与 T、P 口接通，这样可使执行元件（倾斜缸）完成一个工作循环。

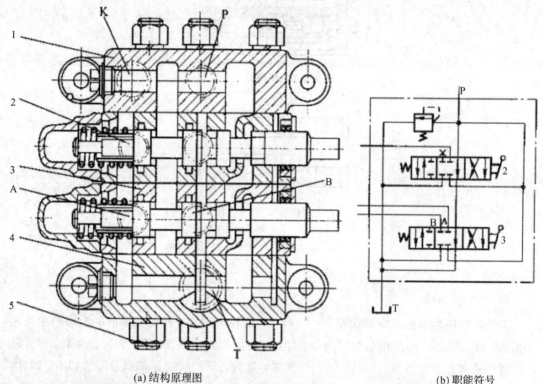

(a) 结构原理图　　　　　　　　　　　(b) 职能符号

1—进油阀体；2—升降缸换向阀；3—倾斜缸换向阀；4—回油阀体；5—连接螺栓

图 6-15　组合式（分片式）多路换向阀

一种整体式多路换向阀如图 6-16 所示，油路为串并联连接方式。阀 1 为三位（左、中、右）四通换向阀，阀 2 为四位（Ⅰ、Ⅱ、Ⅲ、Ⅳ）四通换向阀，阀 3 为单向阀，阀 4 为安全（溢流）阀。当阀 1 处中位、阀 2 处Ⅲ位（图示位置）时，从 P 口来的压力油液经中间通道直接由 T 口回油箱。当换向滑阀 1 的阀芯右移而处左位时，P 与 T 断开，来自 P 口的压力油液经换向阀的阀芯上的径向孔，打开单向阀 3 到 A_1 口，即 P→A_1 接通，同时执行元件的回油口 B_1 经阀芯上的径向孔与回油口 T 接通回油箱。当换向滑阀 1 的阀芯反向移动时，P→B_1 接通，A_1→T 接通，这样可控制一个执行元件完成一次工作循环，同样，操纵换向滑阀 2，可使另一执行元件完成相应的动作。

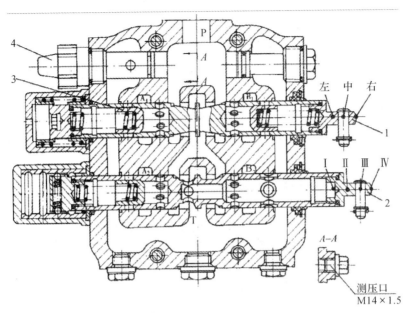

1—三位四通换向阀；2—四位四通换向阀；3—单向阀；4—安全(溢流)阀

图 6-16　整体式多路换向阀

6.3　压力控制阀

压力控制阀控制液压系统的压力或利用压力变化作为信号来控制其他元件动作，简称压力阀。压力阀是用作用在阀芯上的液压力与弹簧力保持平衡来进行工作的。这种平衡状态的破坏可使阀芯位置产生变化，从而导致压力阀的阀口通断状态改变，或是阀口开度大小的改变。按照压力控制阀在液压回路中的作用可分溢流阀、减压阀以及顺序阀。常见的压力控制阀类型见表 6-5。

表 6-5　压力控制阀的类型

名　称	分　类	作　用
溢流阀	调压溢流阀	调节系统压力
	安全阀	限压，保护系统安全
减压阀	定值减压阀	调节出口压力到设定值
	定差减压阀	进出油口压差保持恒定
	定比减压阀	进出油口压力的比值保持恒定
顺序阀	—	控制多个执行元件顺序动作
平衡阀	由顺序阀和单向阀组成	稳定系统速度
压力继电器	—	发出电信号，控制电气元件动作

6.3.1 溢流阀

液压系统中，常用的溢流阀有直动式和先导式两种。溢流阀在液压系统中主要起调节压力或安全保护的作用，直动式应用于压力较低的系统，先导式应用于压力较高的系统。

1. 直动式溢流阀

根据阀芯形状不同，直动式溢流阀分3种：球芯式、锥芯式和滑阀式溢流阀。球芯式应用较少；锥芯式动作灵敏，适于作安全阀；滑阀式溢流阀压力稳定性好，适于作调压阀以稳定系统的工作压力。

图6-17(a)为锥芯式直动溢流阀的结构原理图，主要零件有调节手轮、调压弹簧、阀芯、阀座与阀体等。工作时，压力油从P口进入，经阀座上的阻尼孔，作用到阀芯上，阀芯在弹簧与液压力的相互作用下，处于平衡状态，阻尼孔堵住不通油，阀口处关闭状态。当进口压力增高时，油压力增大，推开阀芯，压力油经阻尼孔，从T口溢流而出。此时，系统压力下降，调压弹簧把阀芯又推回原位，阻尼孔堵住，又回到原来的工作状态。这时阀芯上的力平衡方程为

$$p \cdot A = k \cdot \Delta x + F_g + F_{bs} + F_f \qquad (6-1)$$

式中，p ——系统的工作压力；

$\quad A$ ——阀芯面积，$A = \pi d^2/4$，d 为阀芯直径；

$\quad F_g$ ——阀芯自重；

$\quad F_{bs}$ ——稳态液动力；

$\quad F_f$ ——摩擦力；

$\quad \Delta x$ ——弹簧预压缩量；

$\quad k$ ——弹簧刚度。

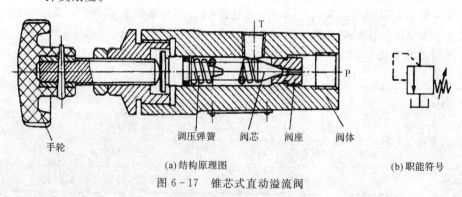

(a)结构原理图　　　　　　　　　　　　　(b)职能符号

手轮　　　　　调压弹簧　阀芯　阀座　阀体

图6-17　锥芯式直动溢流阀

通常弹簧的预压缩量很大时，F_g、F_{bs} 和 F_f 可不计，则有

$$p = p_k = \frac{k \cdot \Delta x}{A} \qquad (6-2)$$

式中，p_k ——临界压力。

由式(6-2)可知，调节调压弹簧的预压缩量，便可得到不同的稳定的工作压力（调定压力）。阀的实际工作压力 p 总是略大于 p_k，但总可保持基本稳定。当系统的负载发生变化而引起进口压力波动时，经溢流阀自动调节也可保持进口压力基本稳定。调节过程如下：假定工作压力 p 升高→阀芯上移→阀开口量 x 变大→溢流阀流量 Q 变大→阀口阻力变小→

阀口压力 p 下降，又回到原来调定值上，即溢流阀进口压力保持稳定。只要用手轮调定弹簧的预压缩量，就可以得到不同的稳定压力(称为调定压力)。

图 6-18 为滑阀式直动溢流阀的结构原理图。从进油口 P 进入的压力油通过阀芯的径向孔和阻尼孔 a 作用在阀芯底部，该液压力与弹簧的预压缩力相平衡，溢流流量从阀 P 口流向 T 口，为防止泄漏，阀芯与阀体需要一定的重叠长度。

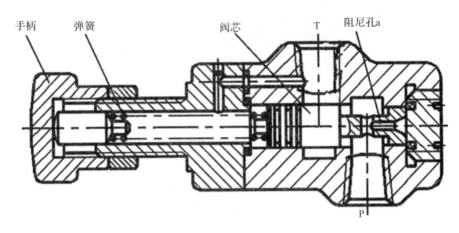

图 6-18　滑阀式直动溢流阀的结构原理图

直动式溢流阀的弹簧是直接和进口压力相平衡的。由式(6-2)可知，弹簧力的大小与所控制的压力(进口压力)成正比，如要提高系统的压力，一是减小阀芯的作用面积；二是增加弹簧的刚度。由于阀的结构限制，通常采用第二种方法，即采用大刚度的弹簧。这种情况下，当阀芯位移相同时，弹簧力变化较大，阀的稳压精度降低。所以这种滑阀式结构的溢流阀一般只能用于压力小于 2.5 MPa 的较低压力的系统中。

2. 先导式溢流阀

先导式溢流阀克服了直动式溢流阀结构上的缺点，可以应用于高压大流量的场合，同时也具有较好的压力稳定性能。图 6-19(a)是先导式溢流阀的结构原理图，图 6-19(b)是它的职能符号。

如图 6-19(a)所示，先导式溢流阀由先导阀(锥芯式直动溢流阀)和主阀组成。压力油从 P 口进入，通过阻尼孔 e、d 到达主阀芯右腔和先导阀的下腔，作用在先导阀芯 4 上(b 侧锥面)。当进口压力 p 较低时，液压力不能克服先导弹簧 3 的弹簧力，锥阀 4 不动。设主阀芯的左腔、右腔和先导阀的下腔的压力分别为 p 和 p_1，由于没有压力油流动，各腔内的油液处于静止，因此各腔内压力相等，即 $p = p_1$；又因为主阀芯左、右腔的有效面积相等(设均为 A)，故主阀芯上的液压力平衡，主阀芯在较软的主弹簧 5 的作用下处于最左位置，主阀口封闭，P 与 T 不通，无压力油通过。

如果进口压力 p 升高，p_1 随之升高，当作用在先导阀芯 4 上的液压力足以克服先导弹簧 3 的弹簧力时，先导阀芯 4 打开，液压油通过先导阀阀口、阻尼孔 a 流动到 T 回油腔，流回油箱。由于液流通过阻尼孔时产生压降 $\Delta p = p - p_1$，使主阀左腔的液压力 pA 大于右腔的液压力 $p_1 A$，当液压力差 ΔpA 大于主弹簧 5 的弹簧力和其他阻力时，主阀芯 6 右移，主阀开启，部分油液经过主阀口 T 溢流回油箱。

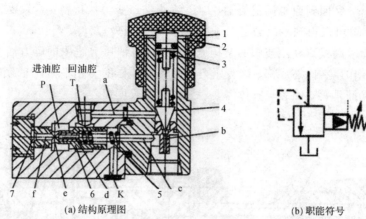

进油腔 回油腔

(a)结构原理图   (b)职能符号

1—调节螺帽；2—弹簧座；3—先导弹簧；4—先导阀芯；5—主弹簧；6—主阀芯；7—阀座

图 6-19 先导式溢流阀

忽略稳态液动力 F_{bs}、摩擦力 F_f，则主阀芯受力平衡方程式为

$$\begin{cases} p \cdot A_c - p_1 \cdot A_c = k \cdot \Delta x_1 \\ p_1 \cdot A_c = k_c \cdot \Delta x_2 \end{cases} \qquad (6-3)$$

式中，p——进口压力；

       p_1——主阀芯右腔即先导阀入口压力；

       A——主阀芯面积(上下腔面积近乎相等)；

       A_c——先导阀芯作用面积；

       k——主阀弹簧刚度；

       Δx_1——主阀弹簧预压缩量；

       k_c——先导阀弹簧刚度；

       Δx_2——先导阀弹簧预压缩量(可调节)。

根据式(6-3)可得

$$p = \frac{k_c \cdot \Delta x_2}{A_c} + \frac{k \cdot \Delta x_1}{A} \qquad (6-4)$$

由于主阀弹簧预压缩量不可调节，由上式知，先导式溢流阀的工作压力 p 主要是由先导阀调节的，主阀芯上压力差($\Delta p = p - p_1$)一般不大，故主弹簧较软($k \ll k_c$)，这样主阀溢流流量变化引起的开口量 x 的变化很小，因而对溢流压力的影响很小。先导阀的溢流量很小(约为主阀额定流量的 1%)，因此先导阀的通流面积和阀芯位移 x_c 很小，先导弹簧刚度 k_c 不必很大就能得到较高的溢流压力。

在图 6-19(a)中，K 口为远程控制口。不用时，K 口是封闭的，如图 6-19(a)所示。如果将 K 口打开，先导型溢流阀还具有远程调压、液压泵卸载等作用(具体内容详见第 7 章压力控制回路)。

图 6-20 为国产 YF 型溢流阀的结构原理图，其工作原理与图 6-19 完全相同。它的主阀口为锥阀，比滑阀形式的阀口密封性好，动作也更加灵敏(锥阀没有重叠部分，稍一移动即可打开通流缝隙，滑阀则需要增加移动长度后才能开启)。另外，YF 型溢流阀的阀芯为 3 段式(中间大，两头小)，所以能形成较大的压力差，因此系统压力的微小变化就能引起阀芯的移动，即稳压精度较高。为了增加阀芯的稳定性，阀芯下端设计了一个减振尾。三级同

心式的缺点是工艺复杂，阀芯有 3 处(封口锥面、中部大圆柱、上部小圆柱)要求同心，因此称为三级同心式。

　　图 6-21 为某引进产品的结构原理图，它是二级同心式，即阀芯的封口锥面和外圆柱面要求同心度，工艺性比三级同心式好。压力油从 P 口进入，通过阻尼孔 a 作用于先导阀前腔和主阀上腔。当压力上升使先导阀打开时，液流流动，阻尼孔的作用是在主阀阀芯上下腔产生压力差而使阀芯上移，主阀口打开。由于主阀芯受到的稳态液动力有使之关闭趋势，故主阀芯运动较三级同心式稳定。

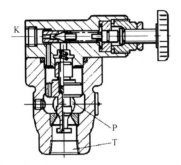

图 6-20　YF 型溢流阀(三级同心式)

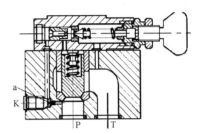

图 6-21　DB 型溢流阀(二级同心式)

3. 溢流阀的性能

1) 开启特性

　　当溢流阀稳定工作时，作用在阀芯上的力是平衡的。当溢流阀开始溢流时(即阀口将开未开时)，这时进口处的压力称为溢流阀的开启压力。当溢流阀溢流口全开，此时进口处的压力称为调定压力或全流压力。溢流阀的压力-流量关系曲线称为溢流特性曲线，理想的曲线关系是：当系统压力到达调定压力时，开始溢流，而且在溢流过程中，压力保持不变；低于调定压力时，不溢流。实际的开启压力 p_k 与调定压力 p_n 有一个偏差，称为调压偏差。调压偏差越小，压力波动性越小，压力波动引起的噪音越小，压力稳定性越好，其开启性能越好。由图 6-22(a)可以看出，直动式溢流阀开启快，但先导式溢流阀的开启压力更接近于其调定压力，可见先导式溢流阀比直动式的开启特性好。

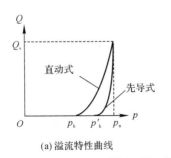

(a)溢流特性曲线　　　　　　　(b)启-闭特性曲线

图 6-22　溢流阀的特性曲线

2) 启闭特性

　　溢流阀开启和闭合全过程中的流量与压力特性称为启闭特性。由于溢流阀的阀芯在工作中受到摩擦力的作用，阀口开口变大和变小时的摩擦力方向刚好相反，因此，阀在工作中不可避免地会出现黏滞现象，使阀开启和闭合时的特性产生差异。在相同的溢流量下，开启压力大于闭合压力，如图 6-22(b)所示，其中实线为开启曲线，虚线为闭合曲线。阀口完全关闭时的压力称为闭合压力，以 p_b 表示，p_k 与 p_b 之比称为闭合比。在某流量下，开启与闭合两曲线压力坐标的差值称为不灵敏区。当压力在此不灵敏范围内升降时，溢流阀阀口开度无变化。同时，不灵敏区使受溢流阀控制的系统的压力波动范围增大。从图 6-22(b)可以看出，先导式溢流阀的不灵敏区比直动型溢流阀小，说明先导式溢流阀的启闭特性好。

3）动态性能

如图 6-23 所示，当溢流阀阀口从关闭到突然打开、溢流量由零跃至额定流量时，其进口压力即它所控制的系统压力由零迅速升至调定压力 p_H。上升时间（响应时间）为 Δt_1，但它并不能立即稳定下来，而需要一个振荡衰减过程，最终稳定在 p_H 上（当振幅在 $(1\pm5\%)$ p_H 范围内时视为稳定）。这个过渡过程经过的时间 Δt_2 称为过渡过程时间。显然，Δt_1 越小，溢流阀的响应越快；Δt_2 越小，溢流阀的过渡过程时间越短。当溢流阀卸载时，也要经过压力卸载时间 Δt_3 后，才能降到卸载压力 p_{min}。

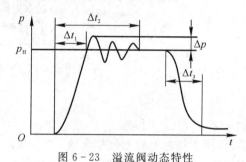

图 6-23　溢流阀动态特性

4. 溢流阀的应用

在液压系统中，溢流阀主要用途有：作为溢流阀，调定系统压力，使系统压力保持恒定；作为安全阀，限制系统最高压力，对系统起过载保护作用；作为背压阀，接在系统回油路上，提供回油阻力，使执行元件运动平稳；实现远程调压或系统卸荷（具体内容详见第 7 章压力控制回路）。

6.3.2　减压阀

减压阀是利用液体流过缝隙产生压力降的原理，使出口压力低于进口压力的控制阀，主要用于减小系统中某一支路的压力，并使之保持恒定。根据调节要求的不同，减压阀可分为以下 3 种类型：

（1）定值减压阀：在出口获得低于进口压力的稳定压力。这种减压阀最为常用，有时直接称为减压阀。

（2）定差减压阀：保持进、出油口之间的压力差不变。

（3）定比减压阀：保持进、出油口之间的压力比不变。

1. 减压阀工作的基本原理

为了获得压力的降低，在减压阀中，一般采取的是阻尼口结构，遵循两个基本原理，一是帕斯卡原理，如某些阀芯未打开时，阀芯与阀体形成密闭空间，相关的阻尼结构中液压油没有流动，此时作用在阀芯上的压力与进口压力相等，没有损失；二是液压油经过阻尼孔结构时，压力要产生损失，减压阀的结构可以调整阀芯与阀体的阻尼口的大小，从而调整压力损失的大小，使得减压阀两端的压力保持某种相应的关系，如定差、定比等。

2. 定值减压阀

减压阀在结构上可分为直动式与先导式两种。

1) 直动式减压阀的结构与工作原理

图 6-24(a) 所示为直动式减压阀的结构原理图，图 6-24(b) 为职能符号。P_1 是进油口，油液压力为 p_1。当 p_1 为零时，在弹簧力作用下，阀芯位置处于最下，阻尼口开得最大。当 p_1 压力开始升高时，经活塞中间的阻尼损失后到出口，出口 P_2 的反馈压力 p_2 作用在阀芯下部，克服弹簧力，从而推动阀芯向上，阻尼口变小，压力损失增大，出口压力 p_2 开始下降，最后出口压力与弹簧力达到平衡。其平衡方程为

$$A \cdot p_2 = k \cdot \Delta x \tag{6-5}$$

式中，p_2——减压阀出口压力；

　　A——阀芯面积；

　　k——弹簧刚度；

　　Δx——弹簧的压缩量。

上式中，阀芯上压力 p_1 作用的活塞面相互抵消，所以未出现 p_1 项，说明减压阀出口压力由弹簧力确定，出口的压力可以稳定在某一个调定值。

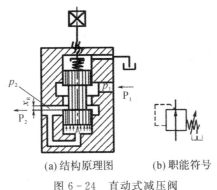

(a) 结构原理图　　(b) 职能符号

图 6-24　直动式减压阀

2) 先导式减压阀的结构与工作原理

减压阀中应用最广泛的是先导式定值减压阀(见图 6-25)，它由锥芯式先导阀和直动减压阀(主阀)两部分组成，随着进口压力升高，工作过程分两个阶段：先导阀芯打开前与打开后。当进口 P_1 油压力较低时，压力油经阻尼口到达出口 P_2，再由主阀芯上的阻尼孔 a 作用到先导阀芯上，先导阀芯未打开时，主阀芯上下的油液压力遵从帕斯卡定理，大小相等，作用力相互抵消，主阀芯上的弹簧将主阀芯顶到最下端，此时开口最大，主阀芯不起调节作用。当进口压力升高，打开先导阀芯，液压油流过主阀芯上的阻尼孔 a，产生了压力损失 Δp，主阀芯下腔压力大于上腔压力，逐渐将主阀芯顶起，导致阻尼孔开口度 x_R 减小，压降增大(压力损失)，出口压力 p_2 也有减小的趋势，主阀芯下腔压力相应减小，逐渐达到平衡状态，出口压力稳定在一个调定的值上。

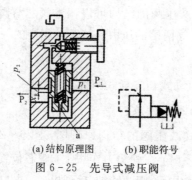

(a)结构原理图　　　　(b)职能符号

图 6-25　先导式减压阀

通过如上分析，可得减压阀处于减压状态时的导阀和主阀芯力平衡方程

$$\begin{cases} A_c p_3 = k_c(x_{0c} + x_c) & x_{0c} \gg x_c \\ A(p_2 - p_3) = k(x_0 + x_m - x_R) & x_0 \gg x_R \end{cases} \tag{6-6}$$

式中，A_c——先导阀口面积，$A_c = \pi d_c^2 / 4$，d_c 为先导阀腔口直径；

$\quad p_3$——先导阀口压力，$p_3 < p_2$；

$\quad k_c$——先导阀弹簧刚度；

$\quad x_{0c}$——先导阀弹簧预压缩量；

$\quad x_c$——先导阀阀口开度；

$\quad A$——主阀芯面积，$A = \pi d^2 / 4$，d 为主阀芯直径；

$\quad k$——主阀弹簧刚度；

$\quad x_0$——主阀弹簧预压缩量，$x_0 = \text{const}$；

$\quad x_m$——主阀口最大开度；

$\quad x_R$——主阀芯开度（主阀芯位移 $x = x_m - x_R$）；

$\quad p_2$——减压阀出口压力，$p_3 < p_2 < p_1$。

由式(6-6)可得减压阀出口压力 p_2 为

$$p_2 = p_3 + \frac{k}{A}(x_0 + x_m - x_R) \approx \frac{k_c x_{0c}}{A_c} + \frac{k(x_c + x_m)}{A} = \text{const} \tag{6-7}$$

由式(6-7)知，当主阀刚度较小时，p_2 波动较小，阀的工作稳定性较好；改变先导阀的弹簧预压缩量 x_{0c}，可调节 p_2 大小。

先导式减压阀和先导式溢流阀相比较，有如下不同：

(1) 减压阀保持出口压力基本不变，控制油液来自出油口，而溢流阀保持进口压力基本不变，控制油液来自进油口。

(2) 在自然状态下，减压阀进、出口相通（常开），而溢流阀的进、出口不通（常闭）。

(3) 减压阀的先导阀泄漏油液须通过泄油口单独外接油箱，而溢流阀的出油口是与油箱直接相接的，所以它的先导阀的泄漏油可通过阀体上的通道和出口相通，不必单独外接回油管道。

减压阀和溢流阀的这些区别也形象地表现在它们的职能符号上。

3）静态特性

对减压阀的静态特性有如下要求：

(1) 调压范围。定差减压阀的调压范围是指阀的出口压力的可调值范围，在这个范围内使用减压阀,能保证阀的基本性能。

(2)流量、进口压力对出口压力的影响。理想的减压阀在进口压力 p_1、流量 Q 发生变化时,其出口压力 p_2 应保持在调定值不变。但实际上 p_2 是随 p_1、Q 而变化的,如图 6-26 所示。当减压阀的进口压力 p_1 保持恒定时,如果通过减压阀的流量 Q 增加,则会导致减压阀出口略微变大,致使其出口压力略有降低。对于先导式减压阀,出口压力调得越低,其出口压力受流量的影响越大。鉴于流量对减压阀出口压力的影响,目前在较新型的减压阀中,已经采取了一些相应措施,以降低或消除流量对减压阀减压性能的影响。

当减压阀的出油口不输出油液时,它的出口压力仍能维持稳定,此时有少量的油液通过减压阀阀口经先导阀流回油箱,保持该阀处于工作状态。

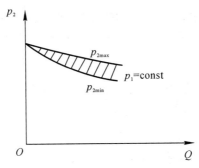

图 6-26　减压阀压力-流量特性

4)减压阀的应用

减压阀主要用于同一液压源供液而所需工作压力不同的多回路系统中,如主回路的分支夹紧回路、润滑回路等。直动叠加式减压阀(三通式减压阀)还可用在有反向冲击流量的场合。必须指出,应用减压阀必有压力损失,这将增加功耗和使油液发热。当分支油路压力比主油路压力低很多,且流量又很大时,应当采用高、低压泵分别供油的方式,不宜采用减压阀减压方案,以提高液压系统的效率。

3. 定差减压阀

定差减压阀可保持进、出油口的压力差稳定不变,其结构原理图如图 6-27(a)所示。进口压力 p_1 作用在阀芯的台阶端面上,并通过减压节流口流出,压力降为 p_2,p_2 通过阀芯中心孔作用在阀芯上腔。阀芯在进、出口压力差 Δp 和弹簧力的作用下处于平衡状态(忽略摩擦力和稳态液动力),其平衡方程为

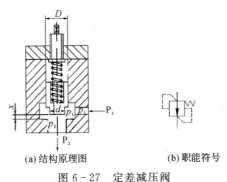

(a)结构原理图　　　(b)职能符号

图 6-27　定差减压阀

$$\Delta p = p_1 - p_2 = \frac{k_c(x_c + x)}{\frac{\pi}{4}(D^2 - d^2)} \tag{6-8}$$

式中，x_c——弹簧的预压缩量；

  x——阀芯开口量；

  k_c——弹簧的刚度；

  D——阀芯大端直径；

  d——阀芯小端直径。

由式(6-8)可知，当 x 变化较小时，只要调定弹簧预压缩量 x_c，就可使进、出口压力差基本保持不变。

定差式减压阀主要用在组合阀中，如调速阀中的定差式减压阀(结构略有不同)，以保证节流阀的进、出口压力差恒定，从而获得稳定的流量。

4. 定比减压阀

定比减压阀能使进、出口压力的比值保持稳定，其结构原理图如图6-28(a)所示，忽略稳态液动力、摩擦力，阀芯的平衡方程为

$$p_1 A_1 + k_c(x_c - x) = p_2 A_2 \tag{6-9}$$

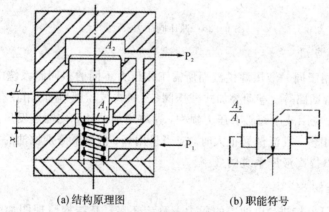

(a)结构原理图   (b)职能符号

图6-28 定比减压阀

由于弹簧刚度 k_c 设计得很小，弹簧力可以忽略，式(6-9)可简化为

$$\frac{p_2}{p_1} = \frac{A_1}{A_2} \tag{6-10}$$

由式(6-10)可知，进、出口压力始终保持固定比值，该比值由阀芯的两端面积比决定，使用时它是不能调整的。定比减压阀很少单独使用，通常用在组合阀中。

6.3.3 顺序阀

当控制压力达到预定值时，阀芯开启，使流体通过，以控制执行元件顺序动作的压力控制阀称为顺序阀。这也是一种常见压力阀，其主要作用是控制液压系统中各执行元件顺序动作。

顺序阀的结构和工作原理与溢流阀相似。根据压力控制方式不同，顺序阀可分为内控式和外控式两种，前者用阀的进口压力控制阀芯的启闭(即内控顺序阀)，后者用外来控制

压力控制阀芯的启闭(即外控顺序阀);按结构不同可分为直动式和先导式两种,前者一般用于低压系统,后者用于中、高压系统;按泄漏方式不同可分为外泄式和内泄式,前者需要单独的管道,以将泄漏油液流回油箱,后者是将泄漏油液与阀出口油液一起流回油箱,不需设置单独泄漏管道。

1. 结构与工作原理

直动式自(内)控顺序阀结构原理图及其职能符号如图 6-29 所示,当来自进油口 P_1 的油液压力 p_1 小于弹簧调定压力时,阀芯在弹簧的作用下处于最下位置,进油口 P_1 和出油口 P_2 不通;当 P_1 口压力 p_1 升高并超过弹簧调定压力时,液压力克服弹簧力使阀芯上移,阀口打开,P_1、P_2 相通,则出口油液压力 p_2 推动回路中执行元件工作。

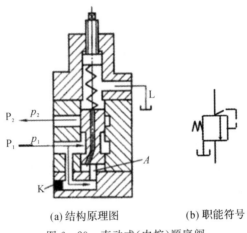

(a)结构原理图　　　　(b)职能符号

图 6-29　直动式(内控)顺序阀

图 6-29 所示的顺序阀的阀芯开启的控制压力来自进油口 P_1,称为内控式顺序阀。如果另外设置一控制口 K,使用其他的油路控制阀芯动作,则称为外控式顺序阀,如图 6-30 所示。

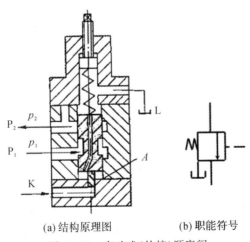

(a)结构原理图　　　　(b)职能符号

图 6-30　直动式(外控)顺序阀

先导式顺序阀的原理如图 6-31 所示,与图 6-19 的先导式溢流阀原理基本相同。二者差别仅仅在于前者出口 P_2 一般接工作回路,L 口处的泄漏油液需用单独的管路导入油箱;而后者的出口 T 则直接接油箱。

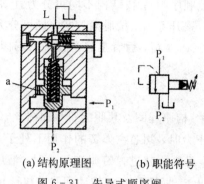

(a) 结构原理图   (b) 职能符号

图 6-31　先导式顺序阀

2. 性能要求

为使执行元件准确地实现顺序动作，要求顺序阀的调压偏差小，在压力-流量（$p \sim Q$）特性中，通过额定流量时的调定压力应与启闭压力尽可能接近，因而调压弹簧的刚度小一些好。另外，阀关闭时，在进口压力作用下各密封部位的内泄漏应尽量小，否则可能引起误动作。

3. 顺序阀的应用

顺序阀相当于一个液控开关阀（或液控二位二通阀），可以根据控制口的压力变化来接通或关闭进、出口之间的油路。顺序阀可以有多种用途。如可以使多个执行元件按压力顺序自动实现顺序动作，可以用来作为回路的背压阀或系统卸载阀；与单向阀并联组成的一体式阀称为单向顺序阀，它可以作为平衡阀，用于防止执行元件在下放重物时可能发生的失控现象。

6.3.4　平衡阀

在一些设备上，由于油缸垂直安装，当自重很大时，油缸向下运动时会因自重而产生向下快速滑动的现象。为防止因自重而产生的下滑现象，必须加装平衡阀以平衡自重。在液压系统中，用单向阀和顺序阀组合而成的平衡阀如图 6-32 所示。

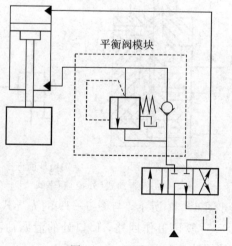

图 6-32　平衡阀

在图 6-32 中，如果没有平衡阀模块，在相同的油压力下，系统在举起与下放重物时，活塞与重物的重力始终向下，导致下放重物时的速度比举起重物的速度大，有时甚至可能导致失速。增加了平衡阀模块后，系统举起重物时，压力油由单向阀直接进入液压缸的下腔，顺序阀反向不导通。系统下放重物时，单向阀不能导通，液压缸下腔中的压力油需要克服顺序阀的阻力才能回到油箱。理论上，顺序阀的阻力要求约等于活塞与重物的重量，这样，系统在工作时，上升与下降的速度才能保持基本相等。目前，已有专门的、较高适应性能的平衡阀产品可供设计者选择。

6.3.5　压力继电器

压力继电器是一种将油液的压力信号转换成电信号的电液控制元件。当油液压力达到压力继电器的调定压力时即发出电信号，以控制电磁铁、电磁离合器、继电器等元件动作，使油路卸载、换向、执行元件实现顺序动作或关闭电动机使系统停止工作、起安全保护作用等。

压力继电器按结构特点可分为柱塞式、弹簧管式和膜片式等。图 6-33 所示为单触点柱塞式压力继电器。其主要零件有柱塞 1、调节螺帽 2 和电气微动开关 3。液压力作用在柱塞底部，当液压系统的压力达到调压弹簧的调定值时，液压力便直接压缩弹簧，推动柱塞上移而压下微动开关触头，发出电信号。柱塞式压力继电器由于采用比较成熟的弹性元件——弹簧，因此工作可靠、寿命长、成本低。因为它的压力腔容积变化比较大，因此不易受压力波动的影响。它的缺点是液压力直接与弹簧力平衡，弹簧刚度较大，因此重复精度和灵敏度较低，误差为调定压力的 $1.5\% \sim 2.5\%$。另外，开启压力与闭合压力的差值较大。

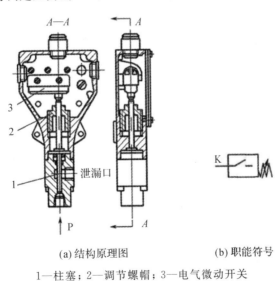

(a) 结构原理图　　　　(b) 职能符号

1—柱塞；2—调节螺帽；3—电气微动开关

图 6-33　单触点柱塞式压力继电器

图 6-34 所示为薄膜式压力继电器，其工作原理如下，P 口进入的压力油液作用到薄膜 2 上，当控制压力足以克服弹簧力时，柱塞 3 使弹簧 10 向上移动，柱塞上的斜面(凹槽)推动钢球 7 使之右移，杠杆 1 被钢球 7 向右推动，此时杠杆 1 绕支点 12(销轴)逆时针摆动，杠杆左端压下微动开关 13 的触头使电路闭合，发出电信号。当 P 口压力降到一定值时，弹

簧 10 通过钢球 8 将柱塞 3 压下，微动开关 13 触头依靠自身弹力推动杠杆 1 复位，电路断开。螺钉 14 用以调节微动开关 3 与杠杆 1 的相对位置，螺钉 4 用于调节使电路闭合与断开的压力差（返回区间），调节螺钉 11 用于调节弹簧 10 的预压缩量，进而调节压力继电器的差动压力。

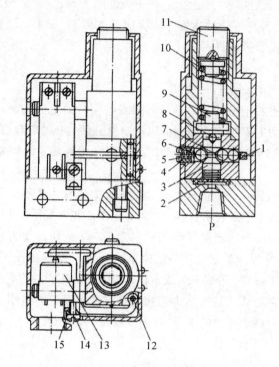

1—杠杆；2—薄膜；3—柱塞；4，11，14—螺钉；5，10—弹簧；6，7，8—钢球；
9—弹簧座；12—销轴；13—微动开关；15—垫圈

图 6-34　薄膜式压力继电器

6.4　流量控制阀

在一定压力差下，通过改变阀口通流面积（节流口局部阻力）大小或通流通道的长短来控制流量的液压控制阀称为流量控制阀。常见的类型有普通节流阀、调速阀、溢流节流阀、分流集流阀、比例流量阀等。

6.4.1　流量控制原理和节流口形式

流量控制阀是利用小孔节流原理工作的。作为节流口的小孔通常有 3 种形式：薄壁小孔、短孔和细长孔。这 3 种孔的流量公式均可表示如下

$$Q = K A_{\mathrm{T}} \Delta p^{\mathrm{m}} \tag{6-11}$$

式中，K——流量系数，决定于节流口形状、油液流态和性质等，K 值可由实验求得；

　　　A_{T}——节流口通流面积；

　　　Δp——节流口前后（上下游）压力差（降）；

　　　　m——由节流口形状决定的节流指数，$m=0.5\sim1.0$，薄壁小孔 $m=0.5$；层流细长

　　　　孔 $m=1.0$。

　　由式(6-11)可知，流过节流阀的流量与节流口形状、压差、油液的性质相关，具体如下。

　　1) 压差对流量的影响

　　节流阀两端压差 Δp 变化时，通过它的流量也发生变化，3 种结构形式的节流口中，通过薄壁小孔($m=0.5$)的流量受压差影响最小，而通过细长孔($m=1.0$)的流量受压差影响最大。

　　2) 温度对流量的影响

　　油温的变化影响到油液的黏度。对薄壁小孔，黏度对流量几乎没有影响，而对细长孔，黏度对流量的影响最大。

　　3) 节流口堵塞

　　节流口可能因为油液中的杂质或由于油液氧化后析出的胶质、沥青等而发生局部堵塞，使节流口通流面积变小，流量发生变化，尤其是当开口较小时，这一影响更为突出，严重时会完全堵塞而出现断流现象。因此，每个节流阀都有一个能正常工作的最小流量限制，称为节流阀的最小稳定流量。一般流量控制阀的最小稳定流量为 0.05 L/min。减小局部阻塞的有效措施是采用水力半径大的节流口，另外，选择化学稳定性好和抗氧化稳定性好的油液，并注意选择合适滤油器、定期更换滤芯，都有助于防止节流口阻塞。

　　综上所述，为保证流量稳定，节流口的形式以薄壁小孔较为理想。表 6-6 列出了几种典型的节流口形式。

表 6-6　典型节流口形式

类型	简　图	特　点
针阀式		调节时针阀坐轴向移动。 优点：结构简单，工艺性好，针阀所受的径向力平衡。 缺点：水力半径小，通道长，易堵塞且流量易受油温影响。 用途：一般用于要求不高的场合
偏心式		阀芯圆周上开偏心槽，调节时转动阀芯。 优点：结构较简单，工艺性好，通流截面是三角型，容易获得较小的稳定流量。 缺点：通道较长，较易堵塞且流量较易受油温影响。阀芯受径向不平衡力，使转动较费力。 用途：一般用于低压场合

续表

类型	简 图	特 点
轴向三角式		调节时作轴向移动。 **优点：**结构较简单，工艺性好，通流截面是三角型，容易获得较小的稳定流量。采用对称双边开口使阀芯径向力平衡。 **缺点：**通道较长，较易堵塞且流量较易受油温影响。 **用途：**应用较广泛
周向缝隙式	*A*——*A* 向展开	沿阀芯周向开有一条宽度不等的狭槽，调节时阀芯转动。 **优点：**阀口是薄刃型，接近理想形式。 **缺点：**工艺性不如轴向三角槽式。受径向不平衡力。 **用途：**应用于流量较小的低压阀上
轴向缝隙式	*A* 向放大	在阀孔衬套上沿轴向开有一条宽度不等的狭槽，移动阀芯调节流量。 **优点：**阀口是薄刃型，接近理想形式。 **缺点：**结构复杂，工艺性差。 **用途：**应用于要求较高的阀上

6.4.2 普通节流阀

1. 工作原理

图 6-35(a)为普通(L型)节流阀的结构原理图。这种节流阀的节流口是轴向三角槽式，压力油从进油口 P_1 进入节流阀，经孔 a 流至环形槽，再经过阀芯 1 左端狭小的轴向三角槽(节流口)通过孔 b，由出油口 P_2 流出。旋转调节手柄 3，可使推杆 2 沿着轴向移动，推杆左移时，阀芯 1 也向左移，弹簧 4 被压缩，节流口变小。旋转调节手柄 3 使推杆右移时，阀芯在弹簧力的作用下右移，节流口开大，这就调节了流量的大小。节流阀结构简单、制造容易、体积小、进出口可以互换；但负载变化时对流量稳定性影响较大，因此只适用于负载变化不大或对执行元件运动速度稳定性要求低的液压系统。图 6-35(b)是普通节流阀的职能符号。

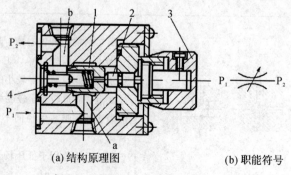

(a) 结构原理图   (b) 职能符号

1—阀芯；2—推杆；3—调节手柄；4—弹簧

图 6-35 普通节流阀

2. 节流阀的刚度

节流阀的刚度 T 定义如下

$$T = \frac{\mathrm{d}(\Delta p)}{\mathrm{d}Q} \qquad (6-12)$$

T 即当节流阀开度不变时，节流阀前后压力差的变化量与阀的流量变量化之比。T 值越大，表示压力差变化对流量的影响越小，反之亦然。节流阀的刚度表示了它抵抗负载变化干扰、保持流量稳定的能力，一般希望节流阀的刚度尽量大一些。

将式(6-11)代入式(6-12)，得

$$T = \frac{\Delta p^{1-m}}{KA_{\mathrm{T}}m} \qquad (6-13)$$

图 6-36 为节流阀特性曲线。节流阀的刚度的几何意义就是曲线上任一点的切线与横坐标的夹角 β 的余切（即切线斜率 $\tan\beta$ 的倒数），即

$$T = \cot\beta \qquad (6-14)$$

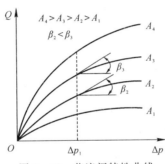

图 6-36　节流阀特性曲线

由式(6-13)和图 6-36，可以得出如下结论：

(1) 节流阀前后压力差 Δp 相同，节流阀开口（通流面积）越小，刚度越大。

(2) 节流阀阀开口（通流面积）不变时，阀前后压力差 Δp 越小，刚度越小。为了保证节流阀具有足够的刚度，在工作时必须保持其压力差 Δp 为适当数值，但也不可过大，否则将严重降低系统的效率。

(3) 减小指数 m，可以提高节流阀的刚度，薄壁小孔的节流口（$m=0.5$）刚度最好，细长孔的节流孔（$m=1$）刚度最差，短孔的刚度介于两者之间。

3. 节流阀的应用

(1) 节流调速作用。

节流阀用在定量泵系统中与溢流阀一起组成节流调速回路，可以调节执行元件的运动速度。这是节流阀的主要作用，具体请参看节流调速回路章节。

(2) 负载阻尼作用。

对某些液压系统，流量是一定的，因此改变节流阀的开口面积将导致阀的前后压力差改变。此时，节流阀起负载阻尼作用，称之为液阻，节流孔面积越小液阻越大。节流阀的液阻主要用于液压元件的内部控制。

(3) 压力缓冲作用。

在液流压力容易发生突变的地方安装节流元件，可以延缓压力突变的影响，起保护作

用，最典型的例子是开关可调式压力表，其开关的阻尼可有效缓和压力冲击。

6.4.3　调速阀

　　由于普通节流阀的刚性差，在节流口开度一定的条件下，通过它的流量受工作负载变化的影响，而工作负载的变化是难以避免的，仅使用普通节流阀不能满足对运动速度稳定性的要求。为了改善调速系统的性能，通常的做法是对节流阀进行压力补偿以保持节流阀前后压力差不变，从而达到流量稳定之目的。对节流阀进行压力补偿的方式有两种：一种是将定差减压阀与节流阀串联成一个组合阀，由定差减压阀保持节流阀前后的压力差稳定，这种组合阀称为调速阀；另一种是将定差溢流阀与节流阀并联成一个组合阀，由定差溢流阀来保持节流阀前后压力差恒定，从而保持节流阀前后的流量稳定，这种组合阀称为溢流节流阀。

　　如图 6-37(a)所示，调速阀由定差减压阀 1 和节流阀 2 组成，工作原理图如图 6-37(b)所示，定差减压阀可以使通过阀芯的流量保持稳定，而节流阀则可以调节流量。

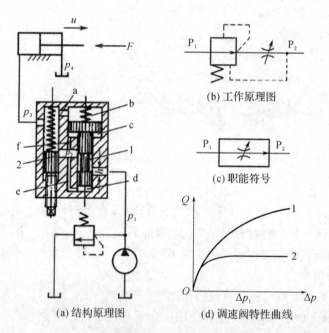

(b) 工作原理图

(c) 职能符号

(a) 结构原理图

(d) 调速阀特性曲线

1—定差减压阀；2—节流阀

图 6-37　调速阀

　　调速阀的工作过程如下：当负载增加使压力 p_3 增加时，减压阀 b 腔压力同时增加，使减压阀阀芯下移，进油口开度增大，阀口液阻减小，p_2 上升，使压力差(p_2-p_3)近乎不变。当负载减小使压力 p_3 下降时，同样有 Δp 近乎不变的结论。如果某种原因使进油口压力 p_1 增加，减压阀阀芯在瞬间来不及运动，减压阀阀口的液阻没有变化，故 p_2 也瞬间增加，定差减压阀阀芯失去平衡而向上移动，使开口减小，液阻增加，又使 p_2 减小，结果使压力差 Δp 保持不变。当进油口压力 p_1 减少时，同样可保持压力差 Δp 基本不变。总之无论调速阀进口或出口压力发生何种变化，由于定差减压阀的自动调节作用，节流阀前后的压差总能保持不变，从而保持流量稳定，如图 6-37(d)的特性曲线 2 所示。图中，横坐标 Δp 指整个阀的进出油口压力差，即 $\Delta p = p_2 - p_3$，由图 6-37(d) 曲线 1 可见，普通节流阀的流量随压力差变化较大，而调速阀在压力差大于一定数值后，流量基本保持恒定。调速阀需要达到一定的压力差后才能正常工作，这是因为当压力差很小时，弹簧力大于液压力，减压阀阀芯被弹簧力推至最下端，减压阀阀口全开，起不到稳定节流阀前后压力差的作用，故这时调速阀的性能与节流阀相同。调速阀正常工作时，一般至少要求有 $0.4 \sim 0.5$ MPa 以上的压力差。调速阀的职能符号如图 6-37(c) 所示。

6.4.4　溢流节流阀(旁通型调速阀)

溢流节流阀是由定差溢流阀与节流阀并联而成的，它也是一种压力补偿型流量阀，其结构原理图如图 6-38(a) 所示。

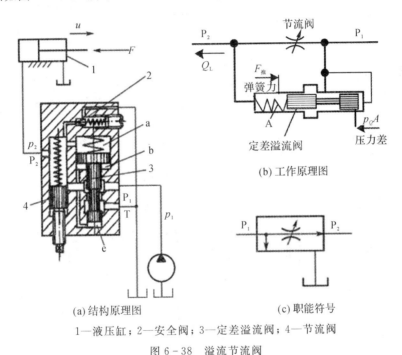

(a) 结构原理图　　　(c) 职能符号

1—液压缸；2—安全阀；3—定差溢流阀；4—节流阀

图 6-38　溢流节流阀

进油口 P_1 处的高压油一部分经过节流阀 4 供给系统，一部分经溢流阀 3 的溢流口 T 流回油箱。定差溢流阀 3 的作用是保证节流阀 4 进、出油口的压力差基本恒定。定差溢流阀 3 的阀芯上、下两端分别与节流阀 4 的进、出油口的油液相通。当负载增大时，节流阀 4 的出油口压力 p_2 增大，溢流阀 3 弹簧腔的油压随之增大，则溢流阀 3 的阀芯下移，阀口关小，溢流阻力增大，进而使节流阀 4 进油口的压力 p_1 也随之增加，以保证节流口前后压力差基本不变化；当外负载减小时，溢流阀 3 的阀芯的运动情况正好相反，同样保证节流口的前后压力差基本不变化。

此外，溢流节流阀上还附有安全阀 2，用以防止系统过载。

溢流节流阀与调速阀的不同之处是，溢流节流阀必须安装在执行元件的进油口油路上。这样溢流节流阀进油口的压力就随负载的变化而变化，其功率利用比较合理，系统的损失小，但流量稳定性不如调速阀。

6.4.5 分流集流阀

分流集流阀又称同步阀，是分流阀、集流阀和分流集流阀的统称。分流阀的作用是保证液压系统中同一个供油源向两个或以上执行元件供应相同的流量（等量分流），或按某一个比例向两个执行元件供应流量（比例分流），以实现两个执行元件的速度保持同步或定比关系。而集流阀的作用则是从两个执行元件收集相等（或按比例）回流油量，以实现执行元件的速度同步或等比。分流集流阀同时具备上面两者的功能。它们的职能符号如图6-39所示。

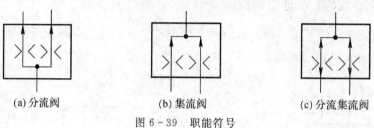

(a) 分流阀　　　　　　(b) 集流阀　　　　　　(c) 分流集流阀

图 6-39　职能符号

1. 分流阀

分流阀结构原理图如图6-40所示，它可以看作是由两个减压式流量控制阀结合为一体构成的。该阀采用"流量-压差-力"负反馈，用两个相同的固定节流孔1、2作为流量控制口，作用是将两路负载流量 Q_1、Q_2 分别转化为对应的压差值 Δp_1 和 Δp_2。

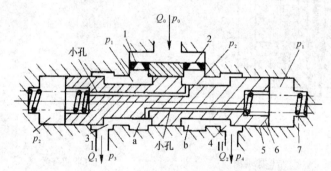

1、2—固定节流口；3、4—可变节流孔；5—阀体；6—阀芯；7—弹簧

图 6-40　分流阀结构原理图

分流阀中，3、4为减压阀的可变节流口。阀芯的中间台阶将阀分成完全对称的左右两部分。位于左边的腔室 a 通过阀芯6上的轴向小孔与右端弹簧腔相通，位于右边的腔室 b 通过阀芯6上的另一轴向小孔与左端弹簧腔相通。

当由于负载不对称而出现 $p_3 \neq p_4$，且设 $p_3 > p_4$ 时，Q_1 必定小于 Q_2，导致固定节流孔1、2的压差 $\Delta p_1 < \Delta p_2$，$p_1 > p_2$，此压差反馈至减压阀芯6的两端后使阀芯在不对称液压力的作用下左移，使可变节流口3增大，节流口4减小，从而使 Q_1 增大，Q_2 减小，直到 $Q_1 \approx Q_2$ 为止，阀芯才在一个新的平衡位置上稳定下来，即输往两个执行元件的流量相等，当两执行元件尺寸完全相同时，运动速度将同步。

2. 分流集流阀

分流集流阀同时具有分流阀和集流阀两者的功能，能保证执行元件进油、回油时均能同步。

图 6-41 为分流集流阀(作集流阀用)结构原理图,其阀芯分成左右两段(几何尺寸相同),中间由挂钩连接。分流时,因 $p_0 > p_1$(或 $p_0 > p_2$),此压力差将两挂钩阀芯 6、9 推开,处于分流工况,此时的分流可变节流口是由挂钩阀芯 6、9 在 p_1、p_2 处孔的内棱边和阀体 3 在 p_1、p_2 处孔的外棱边组成;集流时,因 $p_0 < p_1$(或 $p_0 < p_2$),此压力差将挂钩阀芯 1、2 合拢,处于集流工况,此时的集流可变节流口 1、4 是由挂钩阀芯 6、9 在 p_1、p_2 处孔的外棱边和阀体 3 在 p_1、p_2 处孔的内棱边组成。

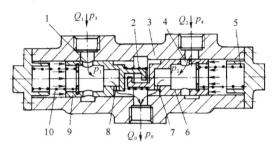

1、4—可变节流口;2—缓冲弹簧;3—阀体;
5、10—对中弹簧;6、9—挂钩阀芯;7、8—固定节流口
图 6-41　分流集流阀(作集流阀用)结构原理图

无论是分流阀还是集流阀,保证两油口流量不受出口(或进口)压力变化的影响而始终相等,是依靠阀芯的位移改变可变节流口(开口)面积进行压力补偿的。显然,阀芯的位移将使对中弹簧力的大小发生变化,即使微小的变化也会使阀芯两端的压力 p_1、p_2 出现偏差,而两个固定节流孔也很难完全相同,因此分流集流阀仍存在分流、集流误差,一般为 2%~5%。

6.5　叠加阀、插装阀

6.5.1　叠加阀

叠加阀是实现液压系统集成化的一类元件。每个叠加阀不仅起到液压阀的功能,还起到油液通路的作用,即阀体本身也是连接体,即在一个液压系统中,各叠加阀体之间不需要连接管路,结构紧凑,安装方便。

叠加阀的工作原理与一般液压阀基本相同,只是在具体结构和连接尺寸上为了适应集成化要求而与普通阀不相同。每个叠加阀都有 4 个油口(P 口、A 口、B 口、T 口),它们上下贯通,构成油路。同一规格(通径)的叠加阀的连接安装尺寸一致,互相叠加时,组成各种不同功能的液压系统。用叠加阀组成的液压系统具有以下特点:

(1) 结构紧凑,体积小,重量轻。

(2) 安装简便、装配周期短。

(3) 适应性强。液压系统如需变化、改变工况时,组装方便迅速。

(4) 元件之间实现无管连接,消除了因油管、管接头等引起的泄漏、振动和噪声。

(5) 外观整齐,维护、保养容易。

(6) 标准化、通用化和集成化程度高。

叠加阀较多,这里仅简单介绍其中两种,以便了解叠加阀特点。

1. 叠加式溢流阀

图 6-42 所示为 Y1 型叠加溢流阀。主阀芯 3 属于二级同心式结构，先导阀为锥阀。油孔 P、T、A、B、T₁ 是通孔，装配后与其他叠加阀贯通，形成油路。压力油从进油口 P 进入主阀前腔 a，作用在主阀芯 3 左端面，同时通过阻尼孔 c 进入主阀芯 3 右腔，再作用在主阀芯 3 右端面，这样，主阀芯 3 左、右端面便形成压力差，与主阀弹簧平衡。主阀右腔的压力油通过小孔 d(起稳定压力作用)，作用于先导阀阀芯 5 的锥面，与先导阀调压弹簧 7 平衡。如果 P 口压力较小，不足以打开先导阀，则主阀左、右腔的压力差很小，也不能使主阀打开，叠加溢流阀不起溢流作用。如果 P 口压力较大，足以打开先导阀，则主阀左、右腔的压力差增大，使主阀打开，叠加溢流阀开始溢流。先导阀的回油经通道 b 流向回油口 T。阀体 1 上有 4 个通孔 e，用于装配螺栓。

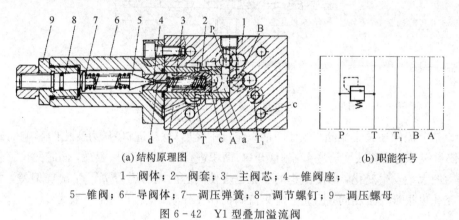

(a)结构原理图 (b)职能符号

1—阀体；2—阀套；3—主阀芯；4—锥阀座；

5—锥阀；6—导阀体；7—调压弹簧；8—调节螺钉；9—调压螺母

图 6-42 Y1 型叠加溢流阀

2. 叠加式单向调速阀

图 6-43 所示为 QA 型叠加式单向调速阀。调速阀原理与 6.4 节所介绍的调速阀原理完全一样，当液流从 A′ 口进入时，单向阀 10 反向关闭，液流通过通道 a、b 等进入定差减压阀的入口，定差减压阀使节流阀口前后的压力差保证恒定，从而保证节流流量的稳定，节流后的液流经 c 从 A 口流出。如果液流从 A 口进入时，则单向阀 10 正向打开，液流直接经过单向阀从 A′ 口流出，此时调速阀不起作用。

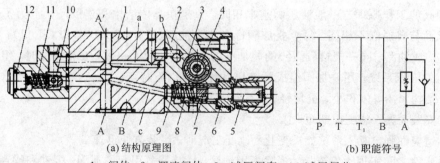

(a)结构原理图 (b)职能符号

1—阀体；2—调速阀体；3—减压阀套；4—减压阀芯；

5—调节杆；6—调节螺母；7—节流阀芯；8—节流阀套；9—弹簧；

10—单向阀芯；11—单向阀弹簧；12—单向阀体

图 6-43 QA 型叠加式单向调速阀

6.5.2　插装阀

插装阀又称二通插装阀,在高压大流量液压系统中得到广泛的应用。它由一组已经标准化的基本组件组成,根据液压系统的不同需要,将这些基本组件插入特定规格的阀块,通过与不同导阀组合,即可组成插装阀系统。与普通液压阀相比,插装阀具有以下优点:

(1) 通流能力大,特别适用于大流量的场合,它的最大通径可达 $200\sim250$ mm,流量可达 10 000 L/min。

(2) 阀芯动作灵敏,不易堵塞。

(3) 密封性能好,泄漏小,油液流经阀口压力损失小。

(4) 结构简单,易于实现标准化。

1. 插装阀基本组件

插装阀基本组件由阀芯、阀套、弹簧和密封圈构成,根据用途不同分为方向阀组件、压力阀组件与流量阀组件 3 种。同一通径的 3 种组件的安装尺寸相同,但阀芯的结构形式和阀套座孔径不同。图 6-44 为 3 种插装阀组件的结构原理图,A、B 是通油口,C 是控制口。将 C 口连接各种油路,插装阀可以组成方向阀、压力阀和流量阀等液压阀,但它们用的插装阀组件的阀芯结构略有不同,主要是面积比和尾部结构。面积比是指: $\alpha_A = A_A / A_C$。

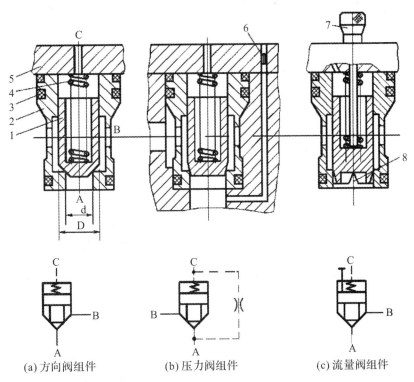

(a) 方向阀组件　　　　(b) 压力阀组件　　　　(c) 流量阀组件

1—阀芯;2—阀套;3—密封;4—弹簧;5—盖板;6—阻尼孔;

7—阀芯行程调节杆;8—尾部结构(三角形)

图 6-44　插装阀基本组件的结构原理图

3 种组件的具体要求是：

1) 方向阀组件

如图 6-44(a)所示，方向阀组件的阀芯半锥角 $\alpha = 45°$，面积比 $\alpha_A = 1 : 2$，即油口 A、B 的作用面积相等，油口 A、B 中的油液可以双向流动。

2) 压力阀组件

如图 6-44(b)所示，作减压阀用的插装阀组件阀芯为滑阀，即 $\alpha_A = 1$，B 口进油，A 口出油；作溢流阀或顺序阀的阀芯是锥阀，半锥角 $\alpha = 15°$，面积比 $\alpha_A = 1.1$，A 口进油，B 口出油。

3) 流量阀组件

如图 6-44(c)所示，为得到好的流量控制特性，常把流量阀组件的阀芯设计成带尾部的结构，尾部窗口可以是矩形或三角形，面积比 $\alpha_A = 1$ 或 1.1，一般 A 口为进油口，B 口为出油口。

先导阀用来控制插装阀组件、控制 C 口的通油方式和压力，从而控制阀口的开启和关闭，其中方向阀组件的先导阀可以是电磁滑阀，也可以是电磁球阀。为防止换向冲击，可设置缓冲阀。压力阀组件的先导阀包括压力先导阀、电磁滑阀等，其控制原理与普通溢流阀完全相同。流量阀组件的先导阀除了电磁阀外，还需在盖板上安装阀芯行程调节杆，以限制、调节阀口开度的大小。

2. 插装阀用作方向控制阀

插装阀用作方向控制阀时阀芯选用方向阀组件，通过对控制口 C 施加不同的控制，就可以组成各种方向控制阀。

1) 作单向阀

将方向阀组件的 C 腔与 A 或 B 连通，即成为单向阀，连接方法不同其导通方式也不同，如图 6-45(a)、(b)所示。在控制盖板上连接一个二位二通液动阀来变换 C 的压力，即成为液控单向阀，如图 6-45(c)所示。

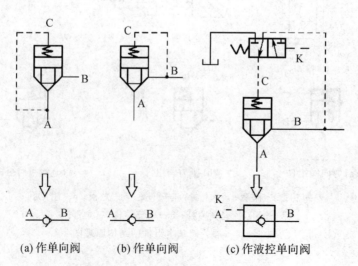

(a) 作单向阀　　(b) 作单向阀　　(c) 作液控单向阀

图 6-45　插装阀用作单向阀

2）作二位二通阀

用一个二位三通电磁阀来转换 C 腔的压力，就成为一个二位二通阀，如图 6 - 46（a）所示。当二位三通阀断电（图示位置）时，只允许液流从 A 向 B 流通，反向则不通。更完善的二位二通功能如图 6 - 46（b）所示。在 A、B、C 口之间连接一个梭阀。梭阀的作用相当于两个单向阀，这样当二位三通电磁阀断电时，无论压力方向如何，A、B 口都不相通。

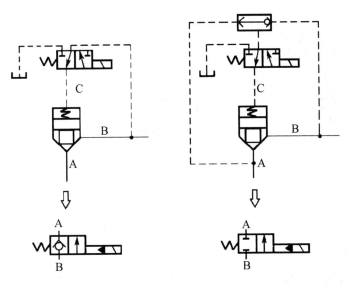

　　　（a）作单向常开式二位二通阀　　　　（b）作常闭式二位二通阀

图 6 - 46　插装阀用作二位二通阀

3）作二位三通阀

如图 6 - 47 所示，P 口接压力油，电磁阀的作用是转换二组插装阀组件的控制口 C 的控制压力。当电磁阀断电时（图示），插装阀组件 1、2 都接成单向阀形式。若 A 口压力高于 T 口压力，则组件 1 处于正向，油液从 A 口流向 T 口；同时组件 2 处于反向，A、P 不通。反之，当电磁阀通电时，组件 1 控制口通压力油，使之关闭，A、T 不通，而组件 2 处于正向，P 口压力油流向 A 口。

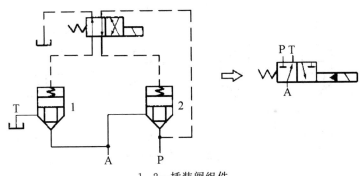

1、2—插装阀组件

图 6 - 47　插装阀用作二位三通阀

4）作二位四通阀

如图 6-48 所示，4 个方向阀插装组件组成二位四通阀。电磁阀断电时（图示），组件 1、3 的控制口接油箱，组件 2、4 的油口通压力油，所以，A、T 相通，P、B 相通。当电磁阀通电时，情况则相反，即组件 1、3 的油口通压力油，组件 2、4 的控制口通油箱，所以，P、A 相通，B、T 相通。

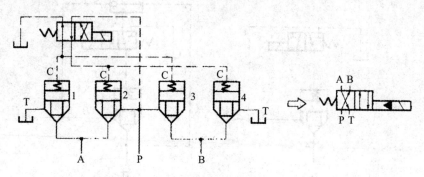

1、2、3、4—插装阀组件

图 6-48　插装阀用作二位四通阀

5）作多中位机能四通阀

图 6-49 所示为多中位机能四通阀。根据 4 个电磁阀的通断情况，理论上有 16 种组合，A 口、B 口、P 口、T 口的通断状态也有 16 种，但其中的 5 种是相同的，实际只有 12 种组合，具体见表 6-7。表中"1"表示电磁阀通电状态，"0"表示电磁阀断电状态。可见，如果把状态 9、13 作为等效换向阀的左、右位，其余作为中位，则图 6-49 相当于一个多中位机能的三位四通换向阀。

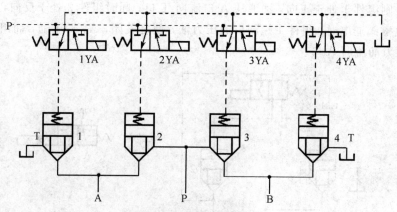

1、2、3、4—插装阀组件

图 6-49　插装阀用作多中位机能四通阀

表 6-7　电磁阀状态与滑阀机能

序号	滑阀状态 1YA	2YA	3YA	4YA	滑阀机能	序号	滑阀状态 1YA	2YA	3YA	4YA	滑阀机能
1	1	1	1	1	A B / P T	9	1	0	1	0	A B / P T
2	1	1	1	0	A B / P T	10	1	0	0	1	A B / P T
3	1	1	0	1	A B / P T	11	0	1	1	1	A B / P T
4	1	1	0	0	A B / P T	12	0	1	1	0	A B / P T
5	1	0	1	1	A B / P T	13	0	1	0	1	A B / P T
6	0	0	1	1	A B / P T	14	0	0	1	0	A B / P T
7	1	0	0	0	A B / P T	15	0	0	0	1	
8	0	1	0	0		16	0	0	0	0	

3. 插装阀用作压力控制阀

插装阀用作压力控制阀时阀芯选用压力阀组件，在控制口 C 接入直动式溢流阀作为先导阀，就可以组成压力控制阀。

图 6-50(a)为插装阀组成的溢流阀。A 口为进油口，B 口接油箱。A 腔压力油经阻尼小孔后进入控制口 C，C 口又与先导压力阀的进油口相通。这样 A 口的压力和溢流量由先导阀决定，其工作原理与先导式溢流阀完全相同。图 6-50(b)是在 C 口又接了一个二位二通电磁换向阀，当电磁铁通电时，控制口 C 处压力为零(不计换向阀口压力损失)，插装阀A、B 口相通而构成单向阀，起卸载阀作用。

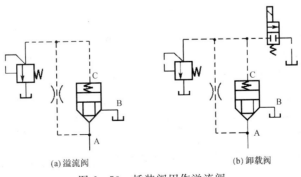

(a)溢流阀　　　　　　　　　　(b)卸载阀

图 6-50　插装阀用作溢流阀

将图 6-50(a) 的 B 口改接被控回路，就成了顺序阀，如图 6-51(a) 所示。A 口为进油口(P_1口)，B 口为出油口(P_2口)。图 6-51(b) 为插装阀组成的减压阀，其插装阀组件为面积比 $\alpha_A=1$ 的滑阀。A 口为进油口(P_1口)，B 口为出油口(P_2口)。

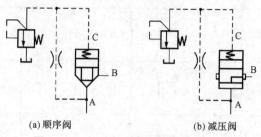

(a) 顺序阀　　　　　　　　(b) 减压阀

图 6-51　插装阀用作顺序阀和减压阀

4. 插装阀用作流量控制阀

用流量阀组件可以很容易地组成流量控制阀，组件上的调节手柄(或电磁铁)可以改变锥阀阀芯的上下位置，从而改变锥阀的通流面积，起到调节流量的作用。如图 6-52(a) 所示，A、B 分别为进、出油口，也可以反过来使用。图 6-52(b) 为插装阀组成的调速阀，插装阀滑阀组件起压力补偿的作用，保持流量阀节流口的压力差基本稳定，调速阀的进油口为 P_1，出油口为 P_2。

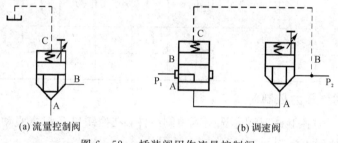

(a) 流量控制阀　　　　　　　　(b) 调速阀

图 6-52　插装阀用作流量控制阀

本 章 小 结

液压阀内容繁多，本章应重点掌握常规液压阀的结构原理、基本功能、职能符号和应用。

1. 方向阀

方向阀分为单向阀和换向阀两类，前者包括普通单向阀、液控单向阀和梭阀。单向阀的基本功能是使液流正向通过而反向截止；液控单向阀的基本功能是在液控信号作用下使液流可反向通过；梭阀即压力选择阀，其出口 P 总是与两进口 A、B 中的压力较高者接通。

换向阀主要是各种换向滑阀，主要概念有位数、通路数、控制方式、定位和复位方式，对于三位换向阀还有中位机能的概念(O、P、M、Y、U、H、X)。液压系统中换向阀为零位(原始、静态)位置，当它的控制方式起作用时，与控制方式相连的方框内的油路连通方式即工作连通方式，识图的方法是将受控方框内的连通方式取代零位或中位的原来连通方式。多路换向阀通常为手动控制，多用于工程机械中，识图方法与一般换向阀相同。

2. 压力阀

溢流阀的基本功能是维持进口压力近于恒定，使系统多余油液溢流回油箱。直动式溢流阀有锥芯式、球芯式和滑阀式 3 种，利用液压力与调压弹簧力直接相平衡而保持进口压力稳定；先导式溢流阀通常以直动锥芯式溢流阀控制柱状阀芯而保持主阀口压力近于恒定，其控制口 K 处接二位二通阀可作卸载阀，接另一先导阀时可作遥控溢流阀。

减压阀的基本功能是使出口压力低于进口压力并保持出口(二次)压力基本恒定，通常用于液压系统的分支回路上。减压阀通常指先导式定值减压阀，它的结构和工作原理与先导式溢流阀相近，其主阀口是常开的，利用出口压力控制先导阀开启，进而控制主阀芯升起，使主阀口起减压作用。由于减压阀出口为工作压力，其先导阀的回油口必须单独安装泄油管路。

顺序阀从结构到工作原理都与溢流阀相近，它相当于液压开关，在预定压力下开启，主要功能是控制执行元件的顺序动作，它通常与单向阀联合使用。另外它也可作卸载阀和平衡阀(自控或外控式，用于重物提升回路中)。

压力继电器是将液体压力信号转换成电气控制信号的控制元件，主要用于电磁阀等的自动控制。

3. 流量阀

流量阀有普通节流阀、调速阀和溢流节流阀，它们都是在压差基本稳定的情况下，通过调节阀口的节流面积(或阀口开度、液阻)调节阀口流量的。节流口的形式一般为薄壁小孔型(有利于流量稳定)，节流口的形状有全周边开口、局部周边开口、三角槽节流口等。节流阀必须与溢流阀联合使用才可调节执行元件中的流量。调速阀是利用定差减压阀和节流阀联合作用而保证阀口流量稳定的，阀口流量不受负载变化影响的原因是定差减压阀的压力补偿作用使阀口前后压差稳定。溢流节流阀是利用定差溢流阀和节流阀的联合作用来保持阀口流量稳定的，该类阀只能用于执行元件的进油管路中。

分流阀、分流集流阀是利用两个固定节流口对流量的检测作用和可变节流口的压力补偿作用来使两股液流成比例的(通常为 1∶1)，主要用于执行元件的同步控制。

4. 叠加阀和插装阀

叠加阀是利用阀的上下结合面及阀内的 4 个油口构成油路来组合成无管件的液压系统的。换向滑阀无叠加形式。插装阀是利用标准化的插装阀组件和利用换向阀、压力阀对控制腔 C 的单独或联合控制作用来构成插装式方向阀、压力阀和流量阀的，其显著特点是过流量大，密封性好。

思 考 与 练 习

6-1　单向阀的基本功能是什么？它有哪些主要用途？

6-2　液控单向阀的基本功能是什么？有哪些主要用途？

6-3　梭阀有什么特点？

6-4　什么是换向滑阀的位数、通路数和三位四通换向滑阀的中位机能？绘出 O、P、M、Y、U、H、X 型中位机能的职能符号。

6-5　换向滑阀的定位、复位及控制方式有哪些？职能符号是如何表示的？

6-6　绘制电磁（机动）控制、弹簧复位的常通（常闭）式二位二通换向滑阀的职能符号，分别说明它们是如何工作的？

6-7　绘制手动控制、钢球定位、弹簧对中复位的三位四通 O 型换向滑阀的职能符号；绘制电磁控制、弹簧对中的 H 型换向滑阀的职能符号；绘制电磁控制（液压控制）、弹簧对中的 Y 型三位四通换向滑阀的职能符号；分别说明它们是如何工作的？

6-8　溢流阀的基本功能是什么？它有哪些用途（应用）？

6-9　绘制直动式和先导式溢流阀工作原理图，进一步说明其工作原理。

6-10　说明先导式溢流阀作遥控溢流阀或卸载阀时的工作原理；遥控溢流阀的调节压力与主阀的调节压力有何关系？原因是什么？

6-11　减压阀有哪些类型？定值减压阀的基本功能是什么？它有哪些主要用途？

6-12　绘制先导定值减压阀工作原理图，进一步说明它是如何工作的？

6-13　顺序阀的基本功能是什么？它有哪些类型？主要用途是什么？

6-14　根据溢流阀、减压阀、顺序阀的职能符号比较 3 种阀的结构特点。对于结构和外观相似的 3 种压力阀，如何简便地区分开来（不需拆开）？

6-15　对流量控制阀的基本要求是什么？为何通常选择薄壁小孔形作为流量阀的节流口？

6-16　节流阀为何通常要与溢流阀联合使用？如果定量泵的出口没有溢流阀而仅装有节流阀，可否调节阀口的输出流量？原因是什么？

6-17　调速阀、溢流节流阀是如何保持节流阀口输出流量稳定的？两者的压力补偿阀有何不同？溢流节流阀为何只能用在执行元件的进油路上？调速阀的减压阀和节流阀的顺序可以互换吗？原因是什么？

6-18　压力阀和流量阀都是靠阀的节流口工作的，阀口过流面积（液阻、阀口开度等）变化对阀口的压力损失及流量有何不同的影响？

6-19　绘制单向减压阀、单向顺序阀、单向节流阀和单向调速阀的职能符号，说明其中单向阀的作用如何？

6-20　叠加阀有何特点？

6-21　插装阀有何特点？从结构原理或职能符号看，插装式压力阀、流量阀、换向滑阀要比普通的液压阀结构复杂，为何还要舍简就繁？

6-22　提升重物的液压缸回路如题图 6-1 所示，其中电磁换向阀的中位机能是待定的；液控单向阀下放重物时锁紧；单向节流阀用于控制重物下放速度。试讨论对于 O、Y、H、M 型中位机能换向滑阀，哪个有较好的锁紧效果？原因何在？液控单向阀可否与单向节流阀互换位置？

6-23　电液换向阀如题图 6-2 所示，试分析如下问题：

（1）导阀的中位机能应如何选择（O、Y、P、M、H）？

（2）图中的主阀为 O 型换向滑阀，如果导阀的控制管路与主阀的进液管路是相通的，主阀可否改为其他中位机能的换向阀（O、Y、P、M、H）？原因是什么？

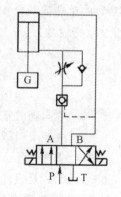

题图 6-1

（3）如果导阀的供液压力是由单独的液压泵控制的，主阀的中位机能应选择何种形式较好(O、Y、P、M、H)，原因是什么？

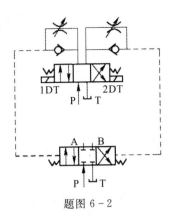

题图 6-2

6-24　在题图 6-3 所示的两个回路中，溢流阀 A、B、C 的调整压力分别为 $p_A = 4$ MPa，$p_B = 3$ MPa，$p_C = 2$ MPa，当系统外负载充分大时，液压泵的出口压力各为多少？

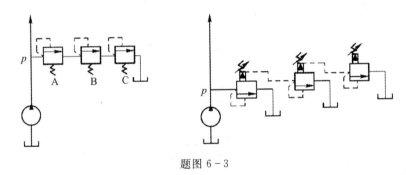

题图 6-3

6-25　由定量泵和带有二位二通电磁换向阀的先导式溢流阀构成的回路如题图 6-4 所示，溢流阀 A 调定压力为 5 MPa，若阀芯阻尼孔造成的损失不计，试判定下列情况下压力表的读数各为多少？

（1）DT 断电(阀 B 图示位)，且负载为无限大时；

（2）DT 断电，液压泵负载压力为 3 MPa 时；

（3）DT 通电(阀 B 处于上工位)，液压泵负载压力为 2～5 MPa 时。

6-26　在题图 6-5 中，溢流阀调整压力 $p_y = 5$ MPa，减压阀调整(出口)压力 $p_j = 2.5$ MPa。试分析下列情况，说明减压阀阀芯(阀口)处于什么工作状态？

（1）当液压泵工作压力 $p_B = p_y$ 时，夹紧液压缸夹紧工件后，A、C 点的压力 p_A、p_C 各为多少？

（2）液压缸夹紧后，由于其他执行元件的快进而液压泵的工作压力降为 $p_B = 1.5$ MPa 时，A、C 点的压力 p_A、p_C 各为多少？

（3）夹紧液压缸在未夹紧工件而作空载运动时，A、B、C 三点的压力各为多少？

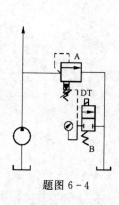

题图 6-4

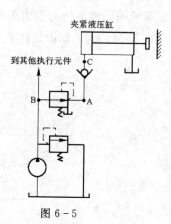

图 6-5

6-27 在题图 6-6 中，溢流阀调整压力 $p_y = 5$ MPa，减压阀调整压力 $p_j = 3$ MPa，液压缸运动时的负载压力 $p_L = 2$ MPa，不计其他损失，试确定：

(1) 活塞在运动期间及 在行程末端被挡块挡住后，管路 A、B 处的压力各为多少；

(2) 如果减压阀的外泄油口在安装时未接油箱，当活塞碰到挡块后，A、B 处的压力大小。

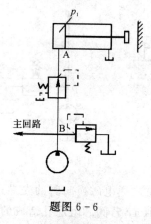

题图 6-6

6-28 使用节流阀和减压阀的回路如题图 6-7 所示，两液压缸的无杆腔和有杆腔的面积相同，且有 $A_1 = 100$ cm^2，$A_2 = 50$ cm^2；液压缸 1、2 的负载分别为 $F_1 = 14$ kN，$F_2 = 4.25$ kN；节流阀进出口的压差 $\Delta p_L = 0.2$ MPa，背压阀的调整压力 $p_2 = 0.15$ MPa。试求：

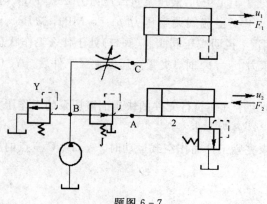

题图 6-7

（1）液压缸 1、2 分别运动时，A、B、C 处的压力各为多少？

（2）溢流阀 Y 的压力应如何调整？

（3）若液压缸 1、2 所需运动速度 $u_1 = 3.5$ cm/s、$u_2 = 4$ cm/s，泵和各液压阀的流量应如何选择？

（4）泵和溢流阀、节流阀、减压阀的额定压力如何选择？

第7章 液压回路

　　任何机械设备的液压系统，都是由一些基本回路组成的。所谓基本回路，就是由相关元件组成的用来完成特定功能的典型管路结构。它是液压传动系统的基本组成单元。通常来讲，一个液压传动系统由若干个基本回路组成。掌握典型基本液压回路的组成、工作原理和性能特点，是分析和设计液压系统的基础。

　　基本液压回路按功用可以分为方向控制、压力控制、速度控制和多缸工作控制等4类回路。本章分别介绍这些基本回路，并主要讲述调速回路和多缸运动回路。

7.1　方向控制回路

　　使执行元件启停、改变运动方向或使回路中液流通断或流向恒定的回路称为方向控制回路。常见的方向控制回路有换向回路和锁紧回路。

1. 换向回路

　　换向回路通过控制液压系统中的液流方向，从而改变执行元件的运动方向。

1）换向阀组成的换向回路

　　图7-1所示为利用行程开关控制三位四通电磁阀动作的换向回路。按下启动按钮，1YA通电，阀左位工作，液压缸左腔进油，活塞右移；当触动行程开关2ST时，1YA断电、2YA通电，阀右位工作，液压缸右腔进油，活塞左移；当触动行程开关1ST时，1YA通电、2YA断电，阀左位工作，液压缸左腔进油，活塞又向右移。这样往复变换换向阀的工作位置，就可自动改变活塞的移动方向。1YA和2YA都断电，活塞停止运动。

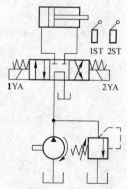

图7-1　由电磁换向阀组成的换向回路

　　由二位四通、三位四通、三位五通电磁换向阀组成的换向回路是较常用的。电磁换向阀组成的换向回路操作方便、易于实现自动化,但其换向时间短,换向冲击大(尤以交流电磁阀更甚),一般适用于小流量、对平稳性要求不高的场合。对于较大流量、换向时间需要调节的场合,通常采用电液换向阀。

2) 双向液压泵换向回路

除使用换向阀使执行元件换向外,双向液压泵也可使执行元件换向。图7-2所示为使用双向变量泵的换向回路。1为双向变量泵,既可改变流量,又可改变供油方向,实现执行部件的调速和换向,此处只讨论其换向功能。当液压泵左边油口为压油口,压力油进入液压缸左腔,活塞右行,液压缸右腔的油流回液压泵右边吸油侧(反之亦然),从而达到换向目的。单向阀2、3用于液压泵双向补油,并防止泵压油口的油误入油箱;单向阀5、6使溢流阀4在两个方向实现过载保护。这种换向回路多用于大功率、换向精度不高的液压系统中,如龙门刨床、拉床等液压系统。

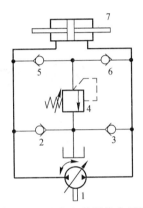

图 7-2　双向变量泵换向回路

2. 锁紧回路

为使执行元件在任意位置上停止不动或防止停止后的窜动,可采用锁紧回路。图7-3所示为使用液压锁(双液控单向阀)的锁紧回路。当液压缸5需要停止工作时,H型三位四通换向阀3处中位,双向液压锁4控制管路释压而处于关闭状态,液压缸5两腔均无油液进入和流出,活塞被锁紧。该回路常用于工程机械的双向锁紧。使用一个液控单向阀时,可单向锁紧(常用于竖直方向锁紧)。

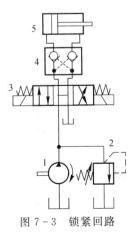

图 7-3　锁紧回路

3. 定向回路

定向回路亦称桥式整流回路，由双向液压泵 1、溢流阀 2、油箱 3、单向阀 4～7 组成，如图 7-4 所示。不管双向液压泵 1 转向如何，管路 A 总是输出高压油。该回路通常用于液压系统的补油路。

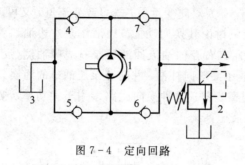

图 7-4　定向回路

7.2　压力控制回路

在液压系统中，利用压力控制元件对系统的整体或某一部分压力进行控制，以满足执行元件对力或转矩的要求，这样的回路称为压力控制回路。这类回路包括调压、增压、减压、平衡、卸荷、保压等多种回路。

7.2.1　调压回路

调压回路可以控制系统或其局部压力使之保持稳定或者限制最高（安全）压力，前者称为稳压（定压）回路，后者称为安全回路，所用元件为溢流阀。

1. 稳压和限压回路

图 7-5 所示为稳压回路（如进油节流调速回路中的液压源），系统正常工作时溢流阀始终开启，故泵的出口压力保持稳定。

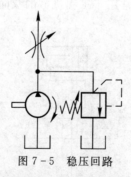

图 7-5　稳压回路

图 7-6 所示为变量泵（或定量泵）限压回路，可限制泵的最高工作压力。系统正常工作时，溢流阀闭合，泵的工作压力由负载决定。当负载压力达到溢流阀调定压力的 115%～120% 时，溢流阀开启溢流，以保障系统的安全，这种作用的溢流阀又称为安全阀。除此之外，在旁路节流调速回路或使用溢流节流阀的进油节流调速回路中，均采用溢流阀作为安

全阀，限定系统最高工作压力。

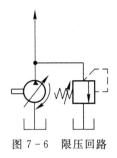

图 7 - 6　限压回路

2. 多级调压回路

如图 7 - 7 所示，先导式溢流阀 1 的遥控口串接二位二通换向阀 2 和远程调压阀 3。当两个溢流阀的调定压力符合 $p_3 < p_1$ 时，液压系统可通过换向阀的右位和左位分别得到 p_1 和 p_3 两种压力，实现二级调压。如果在溢流阀的遥控口通过多位换向阀的不同通口并联多个调压阀，即可构成多级调压回路。

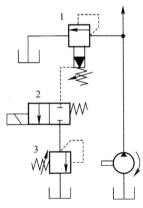

图 7 - 7　多级调压回路

3. 无级调压回路

如图 7 - 8 所示，通过改变比例溢流阀 4 的输入电流，即可实现系统的无级调压，这种调压回路可使压力切换平稳，而且容易使系统实现远距离控制或程序控制。

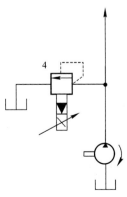

图 7 - 8　无级调压回路

7.2.2 增压和减压回路

当液压系统的局部（支路）上所需压力高于或低于主油路上的工作压力时，可采用增压或减压回路。

1. 增压回路

增压回路的功用是提高系统中某局部油路中的压力。它能使局部压力远远高于液压泵的输出压力。采用增压回路比选用高压大流量泵要经济得多，而且工作可靠、噪声小。

1）单作用增压器的增压回路

如图 7-9（a）所示，当系统处于图示工作位置时，压力为 p_1 的油液进入增压器的左腔（大活塞腔），此时在右腔（小活塞腔）即可得到高压 p_2。增压比等于增压器大、小活塞的工作面积之比，可通过设计不同的大小活塞的直径来改变增压比，获得不同的高压。当二位四通电磁换向阀右位接入系统时，增压器的活塞返回，补油箱中的油液经单向阀向右腔补油。这种回路向左返回时不能增压，故只能间断增压。

2）双作用增压器的增压回路

如图 7-9（b）所示为双作用增压器，在图示工作位置，泵输出的压力油经换向阀 5 和单向阀 1 进入增压器左端大、小活塞的左腔，大活塞右腔的油液流回油箱，右端小活塞的右腔输出高压油，经单向阀 4 供给系统，此时单向阀 2、3 被关闭；当活塞移到右端时，电磁换向阀 5 得电换向，活塞向左移动，左端小活塞的左腔输出高压油，经单向阀 3 输出，此时单向阀 1、4 被关闭。当增压器的活塞不断往复运动时，其两端便交替输出高压油，从而实现连续增压。

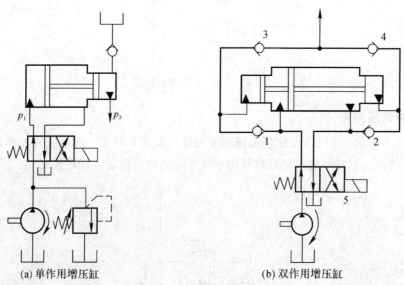

(a) 单作用增压缸　　　　　　　　(b) 双作用增压缸

图 7-9 增压回路

2. 减压回路

减压回路的作用是使系统的分支回路或某一部分的油路获得较低的稳定压力。最常见减压回路是用定值减压阀与主油路相连，如图 7-10（a）所示，主油路的压力由溢流阀 1 调定，在减压油路上安装一个减压阀 2，得到的压力（为减压阀的调整压力）低于主油路的压力。回路中单向阀 3 的作用是，当主油路压力降低到低于减压阀的调节压力时，防止油液倒流，起短时保压作用。图 7-10(b)为使用先导型减压阀的两级减压回路。利用遥控溢流阀 6（两位电磁换向阀 5 处于左位时）可使先导型减压阀 4 获得另一工作压力。但要注意，遥控溢流阀 6 控制的调整压力一定要低于先导型减压阀 4 原来的调定压力。

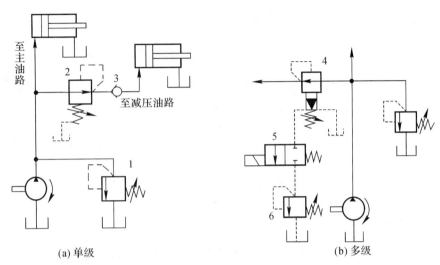

(a) 单级　　　　　　　　　　　　(b) 多级

图 7-10　减压回路

为使减压回路工作可靠，减压阀的调整压力不应小于 0.5 MPa，最高调整压力应至少比系统工作压力小 0.5 MPa。当减压回路中的执行元件需要调速时，调速元件应放在减压阀之后，以避免减压阀到油箱的泄漏（指由减压阀泄油口流回油箱的油液）对执行元件的速度产生影响。

如果需要更多级的减压回路，可使用比例减压阀代替普通（常规）减压阀。

7.2.3　平衡回路

对于作垂直或倾斜运动的执行元件，为使下放行程工作平稳和防止失压情况下重物滑动或下降，执行元件的回油腔必须保持足以平衡重力负载的压力，这种压力控制回路称为平衡回路。常用的控制元件为平衡阀（单向顺序阀）或单向节流阀。执行元件可为液压缸，也可以是液压马达。

图 7-11(a)和图 7-11(b)为使用单向顺序阀的平衡回路。在图 7-11(a)中，当三位四通换向阀 3 处于左位时，液压泵 1 经换向阀 3 向液压缸 5 大腔供液，液压缸 5 有杆腔的回液压力 p_2 使内控式单向顺序阀 4 开启时，可下放重物 G。在图 7-11(b)中，三位四通阀 3 处于左位时，供液压力使单向顺序阀 6（外控式）开启，油液进入液压缸 5 上腔，可下放重物 G。当重物 G 下放过快时，外控单向顺序阀 6 关闭，使重物停顿下来。在下放过程中，当液压泵 1 发生故障，可将重物 G 锁紧。图 7-11(b)的回液压力较小，较图 7-11(a)节能。图 7-11(a)和图 7-11(b)均不可控制重物 G 的下放速度（图 7-11(b)可防止重物 G 过快下放），若要控制重物下放速度，可用单向节流阀，如图 7-11(c)所示，当停止工作时，利用液控单向阀 8 防止重物下滑（该回路也可归入锁紧回路）。

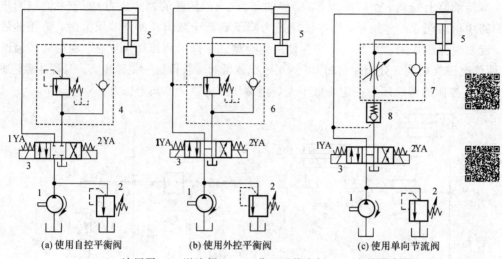

(a) 使用自控平衡阀　　　(b) 使用外控平衡阀　　　(c) 使用单向节流阀

1—液压泵；2—溢流阀；3—三位四通换向阀；4—自控顺序阀；
5—液压缸；6—外控顺序阀；7—单向节流阀；8—液控单向阀

图 7-11　平衡回路

7.2.4　卸荷回路

　　卸荷回路的功用是在液压泵的驱动电动机不频繁启闭的情况下，使液压泵的输出功率为零，以减少功率损失和系统发热，延长泵和电动机的使用寿命。卸荷的含义为卸功率之荷，而功率 $P=pQ$。故有两种卸荷的方式，一是使泵的输出压力为零，二是使泵的输出流量为零。

　　图 7-12(a) 是利用二位二通阀卸荷的，图 7-12(b) 为使用换向阀 M 型中位机能的卸荷回路，除 M 型外，H 和 X 型中位机能也可用于卸荷。图 7-12(c) 是利用遥控溢流阀的卸荷回路。回路中的单向阀用以防止高压油液在泵卸荷时倒流入液压泵，并可使系统其他部位保持短时间的压力。

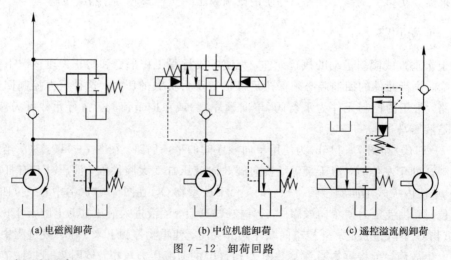

(a) 电磁阀卸荷　　　　　(b) 中位机能卸荷　　　　　(c) 遥控溢流阀卸荷

图 7-12　卸荷回路

7.2.5　保压回路

　　所谓保压回路，即在执行元件停止运动或因工件变形而产生微小位移的情况下，能使系统的压力基本保持不变(稳定)的回路。保压性能指标主要是保压时间和压力稳定性。常用的保压回路有以下几种。

1. 利用限压式变量泵的保压回路

图 7-13 所示为压力机械(如塑料或橡胶制品的成型压制)上常用的使用限压式变量泵的保压回路。在保压阶段,限压式变量泵输出流量自动减少到补充泄漏所需要的流量,并随泄漏量的变化而自动调节,可保持系统压力的长期稳定。在保压阶段,限压式变量泵的功率消耗很小(近乎为零),相对定量泵保压可显著节省能量(注:有些教材归为节能回路或卸荷回路)。

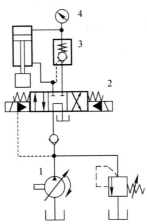

1—限压式变量泵;2—电液换向阀;3—液控单向阀;4—压力表
图 7-13　限压式变量泵保压回路

2. 利用辅助泵的保压回路

图 7-14 所示为采用辅助泵(定量泵)的保压回路。在保压阶段,主液压泵(变量泵)1 卸载,同时二位二通电磁换向阀 8 处左位,辅助泵 5 向液压缸供液,以保持所需的压力。保压压力由先导式溢流阀 7 调定,压力稳定性决定于先导式溢流阀的稳压特性。

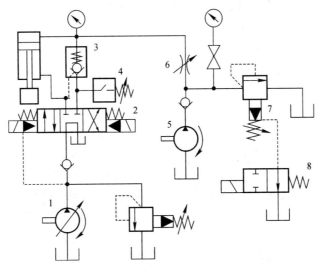

1—主液压泵;2—电液换向阀;3—液控单向阀;4—压力继电器;
5—辅助泵;6—节流阀;7—先导溢流阀;8—二位二通电磁换向阀
图 7-14　辅助泵保压回路

3. 利用蓄能器的保压回路

图 7-15 所示为利用蓄能器的保压回路。在图 7-15(a)中，当系统压力达到设定值时，压力继电器 3 发出控制信号，使液压泵 1 卸荷(二位二通阀控制)，系统压力由蓄能器 4 来维持。图 7-15(b)为多个执行元件系统的保压回路，其支路需要保压。当支路压力上升到所需值时，单向阀 2 关闭，蓄能器 4 使支路保持压力稳定。与此同时，压力继电器 3 发出控制信号，控制换向阀(图中未画出)，使液压泵 1 向主油路供油，另一执行元件开始动作。汽车自动变速器中用于操纵制动器和离合器的液压回路采用了这种保压回路。就保压时间长短和压力稳定性而言，采用蓄能器的保压回路不如液压泵保压性能好，但实际应用中没有必要追求最好，满足保压目标即可。

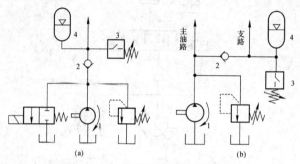

图 7-15　利用蓄能器的保压回路

4. 自动补油保压回路

自动补油保压回路如图 7-16 所示，回路采用液控单向阀 4 和电接点压力表 6，其工作原理是：当三位四通电磁换向阀 3 处左位时，液压泵 1 向液压缸 7 上腔供油，其下腔排油回油箱。当液压缸 7 的活塞接触工件后，其上腔压力升高；达到预定值时，压力表 6 发出控制信号，使三位四通电磁换向阀 3 处中位，液压泵卸荷，液压缸上腔压力由液控单向阀保持；当液压缸 7 上腔压力降到某一值时，压力表 6 又发出控制信号，使三位四通电磁换向阀 3 重新处左位，同时液压泵 1 重新向液压缸 7 上腔供液，使压力升高，如此反复，可使液压缸 7 的压力保持在所需的范围内。

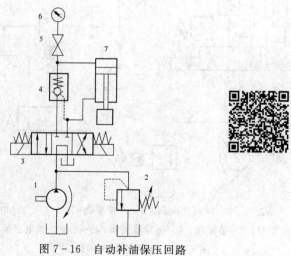

图 7-16　自动补油保压回路

7.3　速度控制回路

速度控制回路的功用是使执行元件获得能满足工作需求的运动速度。它包括调速回路、增速回路和速度换接回路等。

7.3.1　调速回路

调速回路的功用是调节执行元件的运动速度。根据执行元件运动速度表达式可知：液压缸 $u=Q/A$，液压马达 $n=Q/q_v$。对于液压缸（A 一定）和定量马达（q_v 一定），改变速度的方法只有改变输入或输出流量。对于变量马达，既可通过改变流量又可通过改变自身排量来调节速度。因此，液压系统的调速方法可分为节流调速、容积调速和容积节流调速 3 种形式。

1. 节流调速回路

节流调速回路用定量泵供油，用节流阀或调速阀改变进入执行元件的流量使之变速。根据流量阀在回路中的位置不同，分为进油路节流调速、回油路节流调速和旁油路节流调速 3 种回路。

1）进油路节流调速回路

在执行元件的进油路上串接一个流量阀即构成进油路节流调速回路。如图 7 - 17 所示为采用节流阀的进油路节流调速回路原理图及其速度负载特性曲线。泵的供油压力由溢流阀调定，调节节流阀的开口，改变进入液压缸的流量，即可调节缸的速度。泵多余的流量经溢流阀流回油箱，故无溢流阀则不能调速。由速度负载特性曲线可看出进油路节流调速回路具有以下特征：

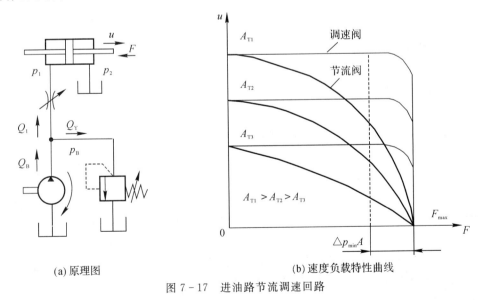

(a) 原理图　　　　　　　　　　(b) 速度负载特性曲线

图 7 - 17　进油路节流调速回路

（1）液压缸速度 u 与节流阀通流面积 A_T 成正比，调节 A_T 可实现无级调速，这种回路的调速范围较大。当 A_T 调定后，速度随负载的增大而减小，故这种调速回路的速度负载特性较软。

（2）当节流阀通流面积 A_T 不变时，轻载区域比重载区域的速度刚度高；在相同负载下工作时，通流面积小的比大的速度刚度高，即速度低时速度刚度高。速度刚度是速度与负载特性曲线上某点切线斜率的倒数，也即负载变化与速度变化之比。表示负载变化时，系统抵抗速度变化的能力。

（3）3 条特性曲线交汇于横坐标轴上的一点，该点对应的 F 值即为最大负载。这说明最大承载能力 F_{max} 与速度调节无关，最大负载时缸停止运动。

（4）由于同时存在节流功率损失和溢流功率损失，故这种调速回路的效率较低。有资料表明，当负载恒定或变化很小时，$\eta = 0.2 \sim 0.6$；当负载变化较大时，回路的最高效率 $\eta_{max} = 0.385$。机械加工设备常有"快进—工进—快退"的工作循环，工进时泵的大部分流量溢流，回路效率极低，而低效率导致温升和泄漏增加，进一步影响了速度稳定性和效率。回路功率越大，问题越严重。

（5）在工作中液压泵输出流量和供油压力不变。选择液压泵的流量必须按执行元件的最高速度和最大负载情况下所需压力考虑，因此泵输出功率较大。但液压缸的速度和负载却常常是变化的，当系统以低速轻载工作时，有效功率很小，相当大的功率损失消耗在节流损失和溢流损失上，功率损失转换为热能，使油温升高。特别是节流后的油液直接进入液压缸，由于管路泄漏，会影响液压缸的运动速度。

（6）由于节流阀安装在执行元件的进油路上，回油路无背压。当负载消失时，工作部件会产生前冲现象，不能承受负值负载。为提高运动部件的平稳性，常常在回油路上增设一个 $0.2 \sim 0.3$ MPa 的背压阀。由于节流阀安装在进油路上，启动时冲击较小。节流阀节流口通流面积可由最小调至最大，所以调速范围大。

基于上述特征，进油路节流调速回路适用于轻载、低速、负载变化不大和对速度稳定性要求不高的小功率液压系统，如车床、镗床、钻床、组合机床的进给运动和一些辅助运动中。

2）回油路节流调速回路

在执行元件的回油路上串接一个流量阀，即构成回油路节流调速回路。如图 7-18 所示为采用节流阀的回油路节流调速回路。用节流阀调节缸的回油流量，也就控制了进入液压缸的流量，实现了调速。

本回路的速度负载特性与进油路节流调速回路原理类似，只是此时背压 $p_2 \neq 0$，且节流阀两端压差 $\Delta p = p_2$，而缸的工作压力 p_1 等于泵压 p_B。可见进、回油路节流调速回路有相同的速度负载特性，进油路节流调速回路的前述一切结论都适用于本回路。但回油路节流调速回路与进油路节流调速回路具有以下不同点：

（1）回油路节流调速回路的节流阀使液压缸回油腔形成一定的背压，因而能承受一定的负值负载，并可提高缸的速度平稳性。

（2）进油路节流调速回路较易实现压力控制。因为当工作部件在行程终点碰到止挡块

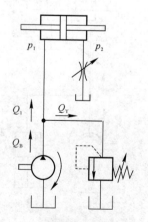

图 7-18　回油路节流调速回路

（或压紧工件）后，缸的进油腔油压会立即上升到某一数值，利用这个压力变化，可使接于此处的压力继电器发出电气信号，对系统的下一步动作（例如另一液压缸的运动）实现控制。而在回油路节流调速时，进油腔压力没有变化，不易实现压力控制。虽然在工作部件碰到止挡块后，缸的回油腔压力下降为零，可以利用这个变化值使压力继电器实现降压发信，但电气控制线路比较复杂，且可靠性也不高。

（3）若回路使用单杆缸，无杆腔进油量大于有杆腔回油量，故在缸径、缸速相同的情况下，进油路节流调速回路的流量阀开口较大，低速时不易阻塞。因此，进油路节流调速回路能获得更低的稳定速度。

基于上述特征，回油路节流调速回路广泛应用于功率不大、有负值负载和负载变化较大的情况下，或者要求运动平稳性较高的液压系统中，如铣床、钻床、平面磨床、轴承磨床和进行精密镗削的组合机床。就停车后启动冲击小和便于实现压力控制的方便性而言，进油路节流调速比回油路节流调速更方便。又由于回油路节流调速以轻载工作时，背压压力很大，影响密封，加大泄漏，故实际应用中普遍采用进油路节流调速，并在回油路上加一背压阀以提高运动的平稳性。

3）旁油路节流调速回路

将流量阀安放在和执行元件并联的旁油路上，即构成旁油路节流调速回路。如图 7 - 19(a)所示为采用节流阀的旁油路节流调速回路原理图。节流阀调节了泵溢回油箱的流量，从而控制了进入缸的流量。调节节流阀开口，即实现了调速。图 7 - 19(b)所示为其速度负载特性曲线，由曲线可看出旁油路节流调速回路具有以下特征：

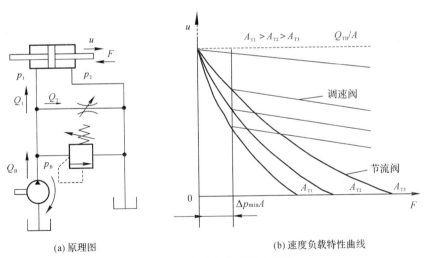

(a) 原理图　　　　(b) 速度负载特性曲线

图 7 - 19　旁油路节流调速回路

（1）由于溢流已由节流阀承担，故溢流阀用做安全阀，常态时关闭，过载时打开。其调定压力为回路最大工作压力的 1.1～1.2 倍，故泵压 p_B 不再恒定，而与缸的工作压力相等，直接随负载变化，且等于节流阀两端压力差。

（2）进入缸的流量 Q_1 为泵的流量 Q_B 与节流阀溢走的流量 Q_T 之差，由于本回路中泵压随负载变化，泄漏正比于压力，也是变量（前两回路皆为常量）。因此，泵流量中应计入泵的泄漏流量 ΔQ_B（缸、阀的泄漏相对于泵可以忽略）。

（3）负载变化时速度变化较前两种节流回路更为严重，即特性很软，速度稳定性很差。同时，由曲线还可看出，本回路在重载高速时速度刚度较高，这与前述两回路恰好相反。

（4）3条特性曲线在横坐标上并不汇交，最大承载能力随节流口 A_T 的增加而减小，即旁油路节流调速回路的低速承载能力很差，调速范围也小。

（5）旁油路节流调速回路只有节流损失而无溢流损失；泵压直接随负载变化，即节流损失和输入功率随负载而增减，因此本回路的效率较高。

基于上述特征可知，本回路的速度负载特性很软，低速承载能力又差，故其应用比前两种回路少。由于旁油路节流调速回路在高速、重负载下工作时功率大、效率高，因此适用于动力较大、速度较高，而速度稳定性要求不高且调速范围小的液压系统中，如牛头刨床的主运动传动系统、锯床进给系统等。

4）采用调速阀的节流调速回路

采用节流阀的节流调速回路在负载变化时，缸速随节流阀两端压差变化。如用调速阀代替节流阀，速度平稳性便大为改善，因为只要调速阀两端的压差超过它的最小压差值 Δp_{min}，通过调速阀的流量便不随压差而变化。资料表明，进油和回油节流调速回路采用调速阀后，速度波动量不超过 $\pm 4\%$。旁油路节流调速回路则因泵的泄漏，性能虽差一些，但速度随负载增加而下降的现象也大为减轻，承载能力低和调速范围小的问题也随之得到解决。采用调速阀和节流阀的速度负载特性对比见图 7-17(b) 和图 7-19(b)。

在采用调速阀的节流调速回路中，虽然解决了速度稳定性问题，但由于调速阀中包含了减压阀和节流阀的损失，并且同样存在着溢流损失，故此回路的功率损失比节流阀调速回路还要大些。

5）3种节流调速回路的比较

3种节流调速回路的比较见表 7-1。

表 7-1　3种节流调速回路的综合比较

项目 \ 节流形式		进油路节流调速回路	回油路节流调速回路	旁油路节流调速回路
基本形式		见图 7-17	见图 7-18	见图 7-19
主要参数	液压缸进油压力 p_1	$p_1 = \dfrac{F}{A_1}$（随负载变化）	$p_1 = \text{const}$	$p_1 = \dfrac{F}{A_1}$（随负载变化）
	泵的工作压力 p_B	$p_B = \text{const}$	$p_B = \text{const}$	$p_B = p_1$（变量）
	节流阀两端压差 Δp	$\Delta p = p_B - p_1$	$\Delta p = p_2 = \dfrac{p_B A_1 - F}{A_2}$	$\Delta p = p_1$
	活塞运动速度 u	$u = \dfrac{Q_1}{A_1}$	$u = \dfrac{Q_2}{A_2} = \dfrac{Q_1}{A_1}$	$u = \dfrac{Q_1}{A_1} = \dfrac{Q_B - Q_T}{A_1}$
	液压泵输出功率 P	$P = p_B Q_B = \text{const}$	$P = p_B Q_B = \text{const}$	$P = p_B Q_B$（变量）

节流形式 / 项目	进油路节流调速回路	回油路节流调速回路	旁油路节流调速回路
基本形式	见图 7 - 17	见图 7 - 18	见图 7 - 19
溢流阀工作状态	$\Delta Q_Y = Q_B - Q_1$ $= Q_B - uA_1$ （溢流）	$\Delta Q_Y = Q_B - Q_1$ $= Q_B - uA_1$ （溢流）	作安全阀用（不溢流）
调速范围	较大	比进油路稍大些	较小
速度负载特性	速度随负载而变化，速度稳定性差	同左	速度随负载而变化，速度稳定性很差
运动平稳性	运动平稳性较差	运动平稳性好	运动平稳性很差
承受负值负载能力	不能	能	不能
承载能力	最大负载由溢流阀调整压力决定，能够克服的最大负载为常数，不随节流阀通流面积的改变而改变	同左	最大承载能力随节流阀通流面积的增大而减小，低速时承载能力差
功率及效率	功率消耗与负载、速度无关，低速轻载时效率低、发热大	同左	功率消耗随负载增大而增大，效率较高，发热小

2. 容积调速回路

节流调速回路效率低、发热大，只适用于小功率系统。而采用变量泵或变量马达的容积调速回路，因无节流损失或溢流损失，故效率高、发热小。根据液压泵和液压马达（或液压缸）的组合不同，容积调速回路也分为 3 种形式：

（1）由变量泵和液压缸（或定量马达）组成的容积调速回路，如图 7 - 20(a)、图 7 - 20(b)所示。

（2）由定量泵和变量马达组成的容积调速回路，如图 7 - 20(c)所示。

（3）由变量泵和变量马达组成的容积调速回路，如图 7 - 20(d)所示。

按油路循环方式不同，容积调速回路可分为开式和闭式两种。在开式回路中，液压泵从油箱吸油，将压力油输给执行元件，执行元件的回油再进油箱。液压油经油箱循环，油液易得到充分的冷却和过滤，但空气和杂质也容易侵入回路，如图 7 - 20(a)所示。在闭式回路中，液压泵出口与执行元件进口相连，执行元件出口接液压泵进口，油液在液压泵和执行元件之间循环，不经过油箱，如图 7 - 20(b)所示。这种回路结构紧凑，空气和杂质不易进入回路，但散热效果差，且需补油装置。

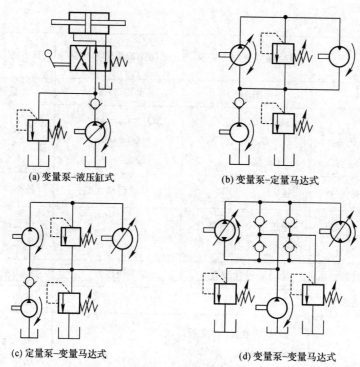

(a) 变量泵-液压缸式 (b) 变量泵-定量马达式

(c) 定量泵-变量马达式 (d) 变量泵-变量马达式

图 7-20 容积调速回路

表 7-2 列出了容积调速回路的主要特点。

表 7-2 容积调速回路的主要特点

种类	变量泵-定量马达 （或液压缸）式	变量泵-变量马达式	变量泵-变量马达式
特点	（1）马达转速 n_M（或液压缸速度 u）随变量泵排量 q_{Bv} 的增大而加快，且调速范围较大； （2）液压马达（液压缸）输出的转矩（推力）一定，属恒转矩（推力）调速； （3）马达的输出功率 P_M 随马达转速 n_M 的改变呈线性变化； （4）功率损失小，系统效率高； （5）元件泄漏对速度刚性影响大； （6）价格较贵，适用于功率大的场合	（1）马达转速 n_M 随排量 q_{Mv} 的增大而减小且调速范围较小； （2）马达的转矩 T_M 随转速 n_M 的增大而减小； （3）马达的输出最大功率不变，属恒功率调速； （4）功率损失小，系统效率高； （5）元件泄漏对速度刚性影响大； （6）价格较贵，适用于大功率场合	（1）第一阶段，保持马达排量 q_{Mv} 为最大不变，由泵排量 q_{Bv} 调节 n_M，采用恒转矩调速；第二阶段，保持 q_{Bv} 为最大不变，由 q_{Mv} 调节 n_M，采用恒功率调速； （2）调速范围大； （3）扩大了 T_M 和 P_M 特性的可选择性，适用于大功率且调速范围大的场合

在容积调速回路中，泵的全部流量进入执行元件，且泵口压力随负载变化，没有溢流损失和节流损失，功率损失较小，系统效率较高。但随着负载的增加，回路泄漏量增大而使速度降低，尤其是低速时速度稳定性更差。这种回路一般用于功率较大而对低速稳定性要求不高的场合。

3. 容积节流调速回路

节流调速回路功率损失大、效率低，但低速稳定性好；容积调速回路功率损失小、效率高，但低速稳定性差；在兼顾效率和低速稳定性的小功率液压系统中，可采用容积节流调速回路，即利用变量泵和节流阀或调速阀协调以控制执行元件速度的回路。该类回路广泛用于机床液压系统中，常见形式如下：

1) 限压式变量泵–调速阀调速回路

限压式变量泵(工作原理见图 3 – 16 和图 3 – 17)–调速阀调速回路原理图见图 7 – 21 (a)，当二位二通阀 3 处于图示右工位时，限压式变量泵 1 的全部流量经二位二通阀 3 和二位四通阀 5 输入到液压缸 6 大腔，活塞向右运动，有杆腔的回油经二位四通阀 5 和背压阀(溢流阀)4 流回油箱。液压缸活塞上力平衡方程为

$$p_1 A_1 = p_2 A_2 + F_L \tag{7-1}$$

故液压缸无杆腔压力 p_1 为

$$p_1 = \frac{A_2}{A_1} p_2 + \frac{F_L}{A_1} \tag{7-2}$$

如果不计二位二通阀 3 的阀口压力损失，限压式变量泵出口压力 $p_B = p_1$，当 $p_B = p_1 \leqslant p_C$(p_C 为变量泵 1 的控制压力)时，输入到液压缸的流量 $Q_1 = Q_{max}$(见图 7 – 21(b)中曲线 1 的水平线)。当 $p_C \leqslant p_B = p_1 \leqslant p_{max}$，变量泵 1 的输出流量 $Q_B = Q_1$ 按曲线 $ABCD$ 自动调节(见图 7 – 21(b))，曲线 I($ABCD$)即为泵的 Q-p 特性曲线。

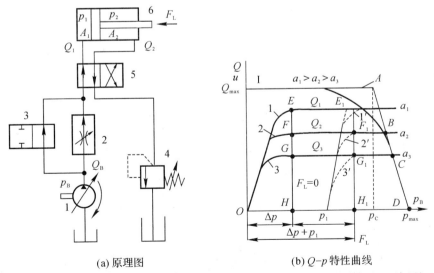

(a) 原理图　　　　　(b) Q-p 特性曲线

1—限压式变量泵；2—调速阀；3—二位二通阀；4—背压阀；5—换向阀；6—液压缸

图 7 – 21　限压式变量泵–调速阀调速回路

当二位二通阀 3 断开(处左工位时),变量泵 1 的输出流量 Q_B 经调速阀 2 输入到液压缸 6 的大腔,$Q_B = Q_1 = Q_L$ 由调速阀 2 调节,如图 7-21(b)中曲线 1、2、3 所示。曲线 1、2、3 分别表示液压缸 6 在 $F_L = 0$(空载)条件下,调速阀过流面积分别为 a_1、a_2、a_3 时通过调速阀 2 输入液压缸的流量,其中 Δp 表示调速阀正常工作时所需的最小压差(中压调速阀的 $\Delta p \approx 0.5$ MPa,调节流量不同时,Δp 有所变化,但变化量很小,可认为 $\Delta p =$ const)。曲线 1、2、3 为调速阀的 $Q-p$ 特性曲线。当液压缸 6 驱动负载 F_L 时,曲线 1、2、3 平移量为 p_1,如曲线 1′、2′、3′所示。由调速阀工作原理知,当调速阀阀口压力差超过最小压差后,调速阀的流量仅决定于节流阀通流面积 $a(x)$,液压缸的负载 F_L 发生变化时,液压泵出口(定差减压入口)压力发生相应变化,但节流阀口压力差保持稳定,流量保持不变。

如果调速阀的调节流量 Q_L 小于变量泵 1 的出口流量 Q_B,则变量泵 1 工作压力增大,Q_B 变小,以使 $Q_B = Q_L$,即变量泵 1 的输出流量与调节流量相协调。反之,调速阀的调节流量 Q_L 大于变量泵 1 的出口流量 $Q_B(Q_B \leqslant Q_{max})$,则变量泵 1 的出口压力变小,使变量泵 1 的出口流量变大,以使 $Q_B = Q_L$。总之,一旦调速阀过流面积 $a(x)$ 调定,变量泵 1 的输出流量 Q_B 总是与调速阀流量 Q_L 相协调($Q_B = Q_L$)。

调速阀的流量-压力特性曲线与限压式变量泵的流量-压力特性曲线的交点是回路的工作点。它应位于调速阀流量-压力特性曲线的水平段上(调速阀上压差大于最小压差),回路的工作点应尽量选在泵的流量-压力特性曲线的临界点附近,即调速阀的过流面积 $a(x)$ 不能过小,或回路的工作压力不可过大,只有这样才能使回路有较高的效率。在该回路中,调速阀也可安装在执行元件的回油路上。

2) 压差式变量泵-节流阀调速回路

压差式变量泵-节流阀调速回路原理如图 7-22(a)所示,变量泵为差压式叶片泵或柱塞泵。节流阀 4 串联在液压缸 6 的进油路上,当二位二通阀 8 处于图示位置(右位)时,变量泵 1 的全部流量均进入液压缸 6 的无杆腔。由于柱塞控制缸 2 的柱塞面积 a_1 等于活塞缸 3 的活塞杆面积 a_2,并且 $(a_1 + a_2)$ 等于活塞缸 3 的无杆腔面积 A,并且 $(a_1 + a_2)$ 侧压力等于 A 侧压力(固定节流阀 9 中无油液流动),则变量泵 1 的定子在弹簧力 $F_s = k_s x_0$(k_s 为活塞缸 3 内的弹簧刚度,x_0 为预压缩量)作用下处于左端位置上,即定子和转子偏心距 $e = e_{max}$,变量泵 1 的输出流量 $Q_B = Q_{Bmax}$。液压缸 6 快速右行。

当二位二通阀 8 处左工位时,变量泵 1 的输出流量只能经过节流阀 4 进入液压缸 6 的左腔,右腔回油。由于节流阀 4 上产生压差 Δp

$$\Delta p = p_B - p_1 = \frac{F_s}{A} \tag{7-3}$$

式中,p_B——液压泵工作压力,$p_B = p_1 + \Delta p$;

p_1——液压缸大腔压力,$p_1 = \frac{A_2 p_2}{A_1} + \frac{F_L}{A_1}$,$p_2$ 为回油压力,A_1、A_2 分别为液压缸大小腔面积,F_L 为负载;

F_s——弹簧力,$F_s = k_s(x_0 + x)$,k_s 为弹簧刚度,x_0 为弹簧预压量,x 为定子位移。

由于活塞缸 3 上的弹簧刚度 k_s 很小,弹簧力 F_s 的变化量也很小,故通过节流阀 4 的流量变化量也很小,液压缸 6 的运动速度基本稳定,通过节流阀 4 的流量 Q_L 即是变量泵 1 的输出流量 Q_B 或进入液压缸 6 的流量 Q_1,并且有

$$Q_L = Q_B = Q_1 = C_d a(x) \sqrt{\frac{2\Delta p}{\rho}} = K a \sqrt{\Delta p} \qquad (7-4)$$

这种回路的调速特性曲线如图 7-22(b)所示。由变量泵工作原理(见图 7-22(a))知,当节流阀前后压差即控制缸上压差 $\Delta p = p_B - p_1 = k_s x_0 / A \leqslant \Delta p_0$ 时,$Q_B = Q_{max}$(见图 7-22(b)中 AB),当 $\Delta p = p_B - p_1 = k_s x_0 / A > \Delta p_0$ 时,变量泵 1 的输出流量 Q_B 随偏心距 $e = e_{max} - x$ 线性变小(见图 7-22(b))中 BC),则节流阀的流量特性曲线(见图 7-22(b)l_1、l_2、l_3)与泵的流量特性曲线 ABC 的交点即是回路工作点。图 7-22(b)中 l_1、l_2 和 l_3 与变量泵 1 流量特性曲线交点的坐标分别为 $(Q_1, \Delta p_1)$、$(Q_2, \Delta p_2)$ 和 $(Q_3, \Delta p_3)$,相应的变量泵 1 的工作压力分为别为 $p_{B1} = p_1 + \Delta p_1$、$p_{B2} = p_1 + \Delta p_2$、$p_{B3} = p_1 + \Delta p_3$,其中 p_1 为液压缸工作腔压力,回路的工作点由节流阀通流面积 $a(x)$ 调整。当 $a(x)$ 调定后,工作点保持稳定,与回路负载 F_L 变化与否无关。其调节原理如下:设 F_L 变大,则 p_1 变大,定子左移,使偏心距 e 变大,变量泵 1 出口流量 Q_B 变大,则节流阀 4 上压差 Δp 变大,变量泵 1 的出口压力 p_B 升高,又使定子反向右移,输出流量变小,又回到变量泵 1 调定 Q_L 值上,重新处于平衡状态。

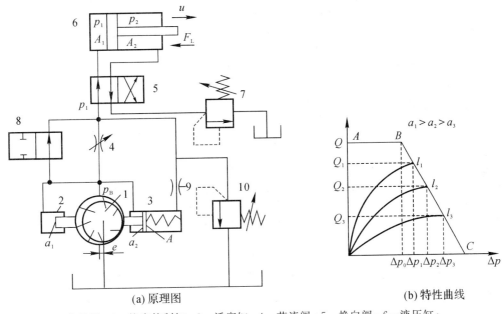

(a) 原理图　　　　　　　　　　　(b) 特性曲线

1—变量泵;2—柱塞控制缸;3—活塞缸;4—节流阀;5—换向阀;6—液压缸;
7—背压阀;8—二位二通阀;9—固定节流阀;10—安全阀

图 7-22　压差式变量泵-节流阀调速回路

在该回路中,变量泵 1 的工作压力 p_B 随负载 F_L 而变化,但节流阀 4 前后压差 Δp 可保持稳定,使执行元件速度稳定。该种回路没有溢流损失,仅有节流损失,效率高,并且具有较好的低速稳定性,常用于运动速度要求较高的液压系统中。

4. 3 种调速回路的比较和选择

1) 3 种调速回路性能比较

节流调速回路、容积调速回路和容积节流调速回路的特点比较见表 7-3。

表 7-3 3 种调速回路特点

特点 ＼ 调速回路	节流调速回路	容积调速回路	容积节流调速回路
回路形式	进油节流调速,回油节流调速,旁路节流调速	变量泵－定量马达调速,定量泵－变量马达调速, 变量泵－变量马达调速	限压式变量泵－调速阀调速,压差式变量泵－节流阀调速
结构特点	开式回路,结构简单	闭式或开式回路,结构复杂	开式回路,结构比较简单
调速范围	调速范围较大,一般达 100 以上	调速范围相对较小,通常达 40～50,最高可达 100	调速范围较大,与节流调速回路相当
低速稳定性	采用调速阀可获稳定低速运动	获得低速稳定运动较困难	可获得稳定低速运动
效率和功率损失	功率损失大,效率低,旁路调速效率高	效率高,功率损失小	效率高,功率损失小
适用范围	适用小功率、轻载、中低压液压系统	适用于大功率、重载、高速、中高压液压系统	适用小功率、轻载、中压液压系统

2) 调速回路的选择

调速回路的选择主要考虑以下问题:

(1) 调速范围、负载特性和低速稳定性要求。这些因素决定了液压系统的压力、流量和功率。对功率 2～3 kW 的系统,一般宜采用节流调速;功率 3～5 kW 时 3 种调速方式均可;功率大于 5 kW 时,宜选用容积调速。对于要求调速范围大而低速稳定性好的系统,宜采用调速阀或溢流节流阀(只能在进油路上)的节流调速回路或容积节流调速回路。对于负载变化大,调速范围较大的大功率液压系统,宜采用恒功率变量泵－定量马达或变量泵－变量马达调速回路。

(2) 工作条件要求。在高温或散热条件较差(如矿井下)的环境中,应选择效率高、发热较小的容积调速或容积节流调速,必要时采取冷却措施。在野外作业环境中如工程机械,为减轻重量,油箱不能做得太大,也宜采用容积调速。

(3) 经济性要求。要考虑系统的造价成本和使用寿命。例如节流调速回路成本较低,但效率低,功率损耗大,有时从系统的元件数量和节省功率的观点看,还不如采用容积调速更经济。

总之,调速回路的选择要根据具体情况综合分析。在机床液压系统中,广泛采用容积节流调速回路；在大功率液压系统中则采用容积调速回路；小功率的设备中，节流调速回路仍广为使用。

7.3.2　增速回路

增速回路又称快速运动回路，其功用在于使执行元件获得必要的高速，以提高系统的工作效率或充分利用功率。增速回路因实现增速方法的不同而有多种结构，常用的增速回路有液压缸差动连接增速回路、双泵供油增速回路和利用蓄能器的增速回路等。

图 7 - 23 所示为液压缸差动连接增速回路。当阀 1 和阀 3 在左位工作(电磁铁 1YA 通电、3YA 断电)时，液压缸形成差动连接，实现快速运动。当阀 3 右位工作(电磁铁 3YA 通电)时，差动连接即被切断，液压缸回油经过调速阀 2，实现工进。当阀 1 切换至右位工作(电磁铁 2YA 通电)时，缸快退。这种回路结构简单、价格低廉、应用普遍。但要注意此回路的阀和管道应按差动时的较大流量选用，否则压力损失过大，会使溢流阀在快进时开启，无法实现差动。

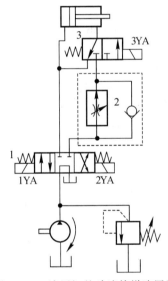

图 7 - 23　液压缸差动连接增速回路

7.3.3　速度换接回路

若设备的工作部件在自动循环工作过程中需要进行速度换接，例如机床的二次进给工作循环为"快进—第一次工进—第二次工进—快退"，就存在着由快速转换为慢速、由第一种慢速转换为第二种慢速的速度换接等要求。实现这些功能的回路应该具有较高的速度换接平稳性。

1. 快速与慢速的换接回路

能够实现快速与慢速换接的方法很多，前面提到的各种增速回路都可以使液压缸的运动由快速换接为慢速。下面再介绍一种用行程阀的快慢速换接回路。

如图 7 - 24 所示的回路，在图示状态下，液压缸快进，当活塞所连接的挡块压下行程阀 4 时，行程阀关闭，液压缸右腔的油液必须通过节流阀 6 才能流回油箱，液压缸就由快进转换为慢速工进。当换向阀 2 的左位接入回路时,压力油经单向阀 5 进入液压缸右腔,活塞快速向左返回。这种回路的快慢速换接比较平稳,换接点的位置比较准确,缺点是行程阀的安装位置不能任意布置,管路连接较为复杂。若将行程阀改为电磁阀,安装连接就比较方便了,但速度换接的平稳性和可靠性以及换接精度都不如前者。

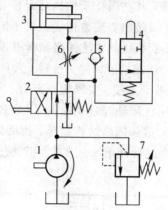

图 7-24 用行程阀的快慢速换接回路

2. 两种慢速的换接回路

如图 7-25 所示为采用两个调速阀实现两种不同慢速的换接回路。图 7-25(a)所示为两调速阀并联,由换向阀 C 换接,两调速阀各自独立调节流量,互不影响;但一个调速阀工作时,另一个调速阀无油通过,其定差减压阀处于最大开口位置,速度换接时大量油液通过该处使执行元件突然前冲。因此,它不宜用于在加工过程中实现速度换接,只能用于速度预选的场合。

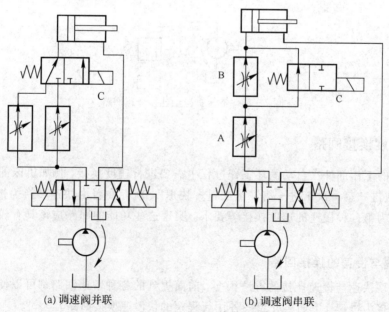

(a) 调速阀并联   (b) 调速阀串联

图 7-25 采用两个调速阀的速度换接回路

图 7-25(b)所示为两调速阀串联,且调速阀 B 的节流口调得比 A 的小。图示位置时,

调速阀 B 被换向阀 C 短接，液压缸的速度由调速阀 A 控制；当换向阀 C 得电处于右位时，液压泵的油液经调速阀 A 后再经调速阀 B 进入液压缸，液压缸的速度由开口小的调速阀 B 控制，从而实现两种慢速的换接。这种速度换接回路在调速阀 B 没起作用前，调速阀 A 一直处于工作状态，在速度换接时限制了进入调速阀 B 的流量，流量冲击小，速度换接平稳性好。

7.3.4 例题

节流调速回路的计算比较困难，现举例如下，供读者在解决实际问题时参考。

例 7-1 定量泵和定量马达组成的进油路节流调速系统如图 7-26 所示，有关数据如下：

(a) 定量泵几何排量 $q_{Bv} = 80$ mL/r，转速 $n_B = 1440$ r/min，容积效率 $\eta_{Bv} = 0.955$。

(b) 定量马达几何排量 $q_{Mv} = 120$ mL/r，容积效率 $\eta_{Mv} = 0.96$，机械效率 $\eta_{Mm} = 0.80$，恒负载转矩 $T_L = 61.1$ N·m。

(c) 节流阀流量—压力降特性方程为

$$Q_L = 0.125a \sqrt{10^{-5}\Delta p_L} \quad \text{(L/min)}$$

式中，a——节流阀通流面积，单位为 mm^2，最大通流面积 $a_{max} = 200$ mm^2；

Δp_L——节流阀阀口压力降，单位为 Pa。

(d) 溢流阀调定压力 $p_y = 5.6$ MPa，假定无调压偏差。试求：

(1) 通过节流阀的流量；

(2) 液压马达最高转速；

(3) 通过溢流阀的流量及溢流功率损失。

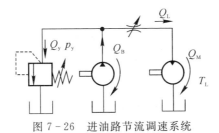

图 7-26 进油路节流调速系统

解 (1) 通过节流阀的流量：

假定液压马达回油压力为大气压力，则其进口压力 p_{Mi} 可根据转矩公式 $T_M = T_L = \dfrac{\Delta p_M q_{Mv}}{2\pi}\eta_{Mm} = \dfrac{p_{Mi}q_{Mv}}{2\pi}\eta_{Mm}$ 求出

$$p_{Mi} = \frac{2\pi T_L}{q_{Mv}\eta_{Mm}} = \frac{2\pi \times 61.1}{120 \times 10^{-6} \times 0.8} = 4 \times 10^6 \text{（Pa）} = 4 \text{（MPa）} \tag{1}$$

假定溢流阀处于溢流状态，则节流阀前后压力降为

$$\Delta p_L = p_y - p_{Mi} = 5.6 - 4 = 1.6 \text{（MPa）} \tag{2}$$

则当节流阀通流面积 $a = a_{max} = 200$ mm^2 时，通过节流阀的最大流量为

$$Q_{Lmax} = 0.125a_{max}\sqrt{10^{-5} \times \Delta p_L} \quad \text{(L/min)}$$

$$= 0.125 \times 200\sqrt{10^{-5} \times 1.6 \times 10^6} = 100 \text{（L/min）} \tag{3}$$

液压泵的输出流量 Q_B 为

$$Q_B = n_B q_{Bv} \eta_{Bv} = 1440 \times 80 \times 10^{-3} \times 0.955 = 110 \ (\text{L/min}) \tag{4}$$

由于 $Q_B > Q_L$，故假定溢流阀处于溢流状态的命题是正确的。

（2）液压马达最高转速：

由于通过节流阀的最大流量 $Q_{Lmax} < Q_B$，故液压马达的最高转速 n_{Mmax} 为

$$n_{Mmax} = \frac{Q_{Lmax}}{q_{Mv}} \eta_{Mv} = \frac{100 \times 10^3}{120} \times 0.96 = 800 \ (\text{r/min}) \tag{5}$$

液压马达可以达到的最高转速为 $Q_B \eta_{Mv} / q_{Mv} = 110 \times 10^3 \times 0.96 / 120 = 880 (\text{r/min})$，其条件为 T_L 变小或 a_{max} 进一步取大值。

（3）通过溢流阀的流量及功率损失：

$$Q_y = Q_B - Q_{Lmax} = 110 - 100 = 10 \ (\text{L/min}) \tag{6}$$

$$P_y = p_y Q_y = 5.6 \times 10^6 \times \frac{10 \times 10^{-3}}{60} (\text{W}) \approx 0.933 \ (\text{kW}) \tag{7}$$

例 7-2 使用节流阀的进油路节流调速系统如图 7-27 所示。设流量系数 $C_d = 0.67$，油液密度 $\rho = 900 \ \text{kg/m}^3$；溢流阀调整压力 $p_y = 1.2 \ \text{MPa}$；液压泵输出流量 $Q_B = 20 \ \text{L/min}$；液压缸活塞面积 $A_1 = 30 \ \text{cm}^2$，负载 $F_L = 2.4 \times 10^3 \ \text{N}$。试分析节流阀从全开到逐步调小过程中，活塞速度如何变化及溢流阀工作状态。

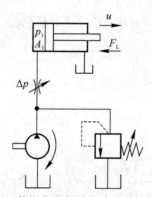

图 7-27 使用节流阀的进油路节流调速系统

解 液压缸工作（进油腔）压力 p_1 为

$$p_1 = \frac{F_L}{A_1} = \frac{2.4 \times 10^3}{30 \times 10^{-4}} (\text{Pa}) = 0.8 \ (\text{MPa}) \tag{1}$$

液压泵工作压力为

$$p_B = p_1 + \Delta p \tag{2}$$

其中 Δp 为节流阀前后压力差，其大小与通过节流阀的流量及所使用的通流面积 $a(x)$ 有关。

当 $p_B < p_y$ 时，溢流阀处关闭状态，定量泵的全部输出流量经节流阀进入液压缸，液压缸速度为最大；此时调节节流阀的通流面积 $a(x)$ 并不能使液压缸速度发生变化；当 $a(x)$ 变大时，节流阀口压力损失 Δp 变小（$a(x) = a_{max}$，Δp 为最小），泵工作压力 p_B 变小；当 $a(x)$ 变小时，泵工作压力变大；当 $p_B = p_y$ 时，溢流阀开启而处于溢流状态，泵工作压力 $p_B \approx$ 1.2 MPa，不再继续升高。在此条件下，调节节流阀通流面积 $a(x)$ 才能使液压缸速度发生

变化(注：$a(x)$ 只能由大向小调，使液压缸速度从最大值降低)。

取 $\Delta p = p_y - p_1 = 1.2 - 0.8 = 0.4 \text{(MPa)}$ 代入节流阀公式：

$$Q_L = Q_B = C_d a \sqrt{\frac{2}{\rho} \Delta p} \tag{3}$$

可求得

$$a = \frac{Q_B}{C_d \sqrt{\dfrac{2}{\rho} \Delta p}} = \frac{20 \times 10^{-3}/60}{0.67 \times \sqrt{\dfrac{2}{900} \times 0.4 \times 10^6}} \text{(m}^2\text{)} = 0.167 \text{ (cm}^2\text{)} \tag{4}$$

当节流阀通流面积 $a(x) > 0.167\text{cm}^2$ 时，调大 $a(x)$ 不会使液压缸速度变化。液压缸最大速度为

$$u_{max} = \frac{Q_B}{A_1} = \frac{Q_L}{A_1} = \frac{20 \times 10^3}{30} = 667 \text{ (cm/min)} \tag{5}$$

反之，当 $a(x) < 0.167\text{cm}^2$ 时，调小 $a(x)$ 可使液压缸速度变小，直至液压缸处于临界爬行状态。

例 7 - 3　进油路节流调速系统如图 7 - 28 所示，液压泵输出流量 $Q_B = 10$ L/min，溢流阀调节压力 $p_y = 2.4$ MPa。液压缸面积 $A_1 = 50$ cm²，$A_2 = 25$ cm²。负载 $F_L = 8 \times 10^3$ N，背压阀调节压力为 0.3 MPa。节流阀通流面积 $a = 9$ mm²。设流量系数 $C_d = 0.62$，油液密度 $\rho = 900$ kg/m³。分析系统的工作状况。

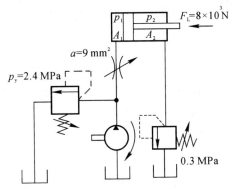

图 7 - 28　进油路节流调速系统

解　(1) 液压缸进油腔工作压力 p_1 计算：

液压缸活塞力平衡方程为

$$A_1 p_1 = A_2 p_2 + F_L \tag{1}$$

故有

$$p_1 = \frac{A_2}{A_1} p_2 + \frac{F_L}{A_1} = \frac{25}{50} \times 0.3 \times 10^6 + \frac{8 \times 10^3}{50 \times 10^{-4}} \text{(Pa)} = 0.75 \text{ (MPa)} \tag{2}$$

(2) 通过节流阀的流量 Q_L 和液压缸速度 u：

假定液压泵工作压力为 p_B，溢流阀调节压力为 p_y，则节流阀上的压力降 Δp 为

$$\Delta p = p_B - p_1 = p_y - p_1 = 2.4 - 1.75 = 0.6 \text{ (MPa)} \tag{3}$$

则通过节流阀的流量为

$$Q_L = C_d a \sqrt{\frac{2}{\rho}\Delta p} = 0.62 \times 9 \times 10^{-6} \times \sqrt{\frac{2}{900} \times 0.65 \times 10^6} \quad (m^3/s)$$

$$= 2.12 \times 10^{-4} (m^3/s) = 12.72 (L/min) > Q_B = 10 \ (L/min) \tag{4}$$

由以上计算可知, 节流阀通流面积 $a = 9 \ mm^2$ 过大, 不起节流作用, 这时有 $Q_L = Q_B$, 则液压缸速度为

$$u = u_{max} = \frac{Q_B}{A_1} = \frac{10 \times 10^3}{50} = 200 (cm/min) = 2 \ (m/min) \tag{5}$$

(3) 液压泵工作压力 p_B:

根据 $Q_L = Q_B$ 计算节流阀前后压力差为

$$\Delta p = \left(\frac{Q_B}{C_d a}\right)^2 \frac{\rho}{2} = \left(\frac{10 \times 10^{-3}/60}{0.62 \times 9 \times 10^{-6}}\right)^2 \times \frac{900}{2} = 0.4 \ (MPa) \tag{6}$$

液压泵工作压力 p_B 为

$$p_B = p_1 + \Delta p = 1.75 + 0.4 = 2.15 \ (MPa) < 2.4 \ (MPa) \tag{7}$$

故溢流阀处于关闭状态。在其他条件不变时, 只有当节流阀面积 a 进一步变小时, 它才能起节流调速作用。

7.4 多执行元件回路

采用同一液压源驱动多个执行元件的回路在机床和工程机械中得到广泛应用。这些执行元件动作之间有一定要求, 如顺序动作、同步和互不干扰等。本节介绍几种常见的多执行元件回路。

7.4.1 顺序动作回路

顺序动作回路是实现两个或两个以上的执行元件依次先后动作的液压控制回路, 通常有压力、行程和时间控制 3 种形式, 时间控制很少单独采用, 故不作介绍。

1. 压力控制的顺序动作回路

该类回路的控制元件为顺序阀和压力继电器。图 7-29 所示为顺序阀控制的顺序动作回路, 其工作原理如下: 换向阀 5 处图示位置时, 压力油液进入液压缸 1 大腔, 活塞右行 (伸出), 有杆腔排出的油液经单向阀回油箱, 活塞运动到终点时停止; 压力升高, 顺序阀 4 开启, 压力油进入液压缸 2 大腔, 活塞右行 (伸出), 到终点时停止运动。当换向阀 5 处右工位时, 液压缸 2 活塞退回到终点时停止运动; 压力升高, 顺序阀 3 开启, 液压缸 1 活塞退回, 到终点时停止运动。这样, 两液压缸按①→②→③→④运动顺序完成一次工作循环。将顺序阀 3、4 同时调换到液压缸 1、2 的另一腔的油路上, 也可实现不同的顺序动作, 请读者自行分析。

图 7-30 所示为压力继电器控制的顺序动作回路。回路的动作顺序按工作要求设定并由控制电路保证。图 7-30 回路的动作顺序如下: 1DT 通电, 电磁换向阀 3 切换至左工位, 液压缸 4 活塞伸出, 行至终点; 压力升高, 压力继电器 7 使 1DT 断电, 3DT 通电, 电磁换向阀 6 处左工位, 液压缸 5 活塞伸出。返回时, 1DT、2DT、3DT 断电, 4DT 通电, 电磁换向阀 6 处右工位, 液压缸 5 活塞先退回, 退至终点; 压力升高, 压力继电器 8 使 4DT 断电、

2DT 通电，电磁换向阀 3 处右工位，液压缸 1 活塞退回。这样两液压缸按① → ② → ③ → ④运动顺序完成一次工作循环。压力控制顺序回路的缺点是可靠性差、位置精度较低。

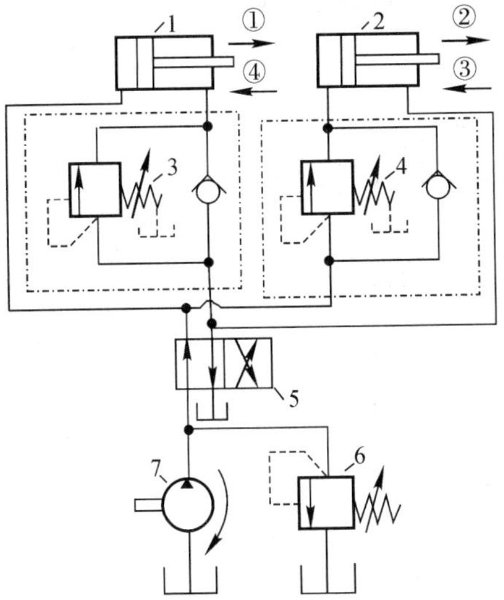

图 7-29　顺序阀控制的顺序动作回路

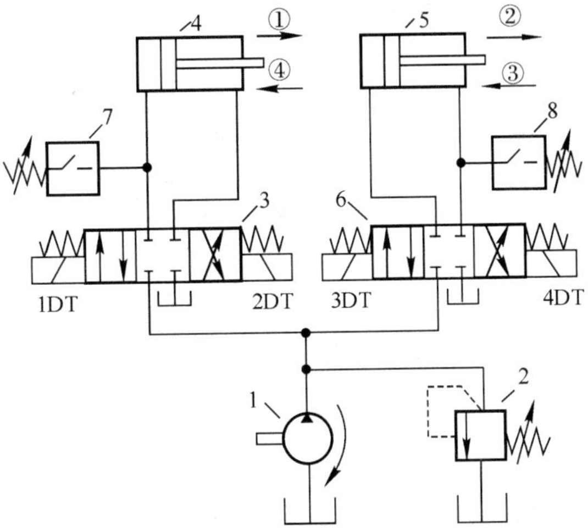

图 7-30　压力继电器控制的顺序动作回路

2. 行程阀和行程开关控制的顺序动作回路

对于多执行元件液压系统，在系统给定的最高压力范围内，有时无法安排各压力阀顺序的调定压力，故对多缸液压系统或顺序动作要求严格的液压系统，宜采用行程阀控制顺序动作回路。图 7-31 所示为行程阀控制的顺序动作回路，图示状态下，两液压缸的活塞皆在左端位置。当电磁铁 1DT 通电时，换向阀 3 处右工位，液压缸 1 活塞右行；当挡块压下行程阀 4 时，液压缸 2 活塞右行；当电磁铁 1DT 断电时，换向阀 3 重新处图示位置，液压缸 1 活塞先退回；行程阀 4 复位，液压缸 2 活塞退回。这样两液压缸按① → ② → ③ → ④运动顺序完成一次工作循环。

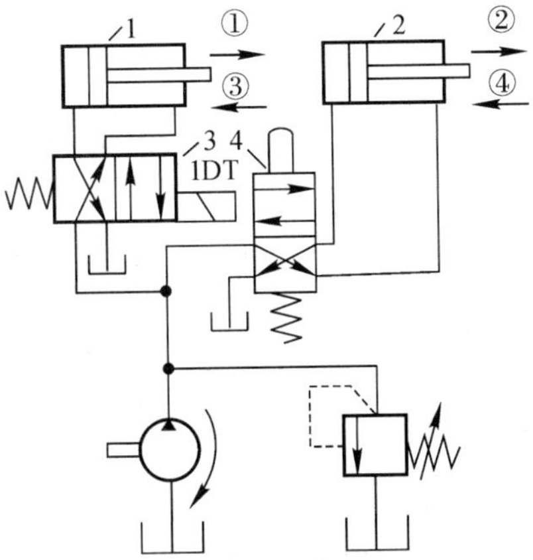

图 7-31　行程阀控制的顺序动作回路

图 7-32 所示为行程开关控制的顺序动作回路，图示状态下，两液压缸的活塞皆在左端位置。其动作顺序是：按下循环启动按钮，电磁铁 1DT 通电，换向阀 3 处右工位，液压缸

1 活塞右行；到达预定位置时，挡块触动行程开关 2XK，使 2DT 通电，换向阀 4 处右工位，液压缸 2 活塞右行；到达预定位置时，挡块在行程终点触动行程开关 3XK，使 1DT 断电，换向阀 3 处图示位置，液压缸 1 活塞先退回；在行程终点，挡块触动行程开关 1XK，使 2DT 断电，液压缸 2 活塞退回。这样两液压缸按①→②→③→④运动顺序完成一次工作循环。

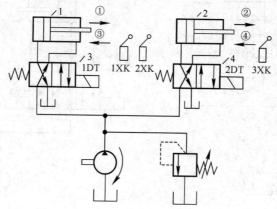

图 7 - 32   行程开关控制的顺序动作回路

7.4.2   同步回路

使两个或两个以上的执行元件（通常为液压缸）保持位移相同或速度相同的回路称为同步回路。执行元件位移相同的称为位置同步回路，执行元件速度相同的称为速度同步回路。影响同步精度的因素很多，如泄漏、摩擦、制造精度、负载等。同步回路就是尽量克服或减少这些因素的影响。同步回路也是多执行元件的速度控制回路。

1. 机械连接同步回路

如图 7 - 33 所示为机械连接同步回路，这种回路是利用刚性梁连接等机械方法，使两液压缸实现位移同步的。同步精度决定于机构的刚度。这种同步方法简单可靠，适用于两液压缸负载差别不大的情况，否则会发生卡死现象。这时应在液压系统中进一步采取措施，以保证其运动同步。

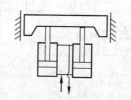

图 7 - 33   机械连接同步回路

2. 串联液压缸同步回路

如图 7 - 34 所示，两液压缸有效面积相等且串联连接，可实现位移（位置）同步，其同步精度较高，能适应较大偏载。但因泄漏等因素影响，该回路不能保证严格同步，且不能消除每一行程的积累误差。图 7 - 35 所示为采用补偿装置的串联液压缸同步回路，其工作原理如下：换向阀 4 处左工位，液压泵向液压缸 1 上腔供液，其排液供入液压缸 2 上腔，液压缸 2 排出液体经换向阀 4 回油箱，两缸同步下行。若液压缸 1 活塞先达终点，行程开关 1XK

动作，电磁换向阀 3 切换左位，压力油液经液控单向阀 5 进入液压缸 2 上腔。使其活塞继续下行到终点；若液压缸 2 活塞先到终点，则压力开关 2XK 动作，电磁换向阀 3 处右位，压力油液使液控单向阀 5 开启，液压缸 1 下腔油液回油箱，使其活塞继续下行到终点。

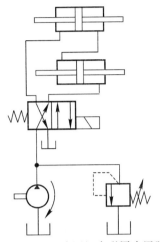

图 7-34　两液压缸串联同步回路

串联液压缸同步回路中液压泵压力较高，为两液压缸工作压力之和。这不但需要较高压力的液压泵，且使密封困难和泄漏增加，该回路一般应用于小型液压机械。

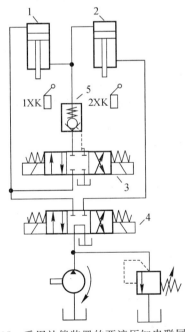

图 7-35　采用补偿装置的两液压缸串联同步回路

3. 节流阀和调速阀同步回路

图 7-36 所示为使用调速阀的双向同步回路。由于进、出油节流时使用一个调速阀，故不能分别调整往返速度。该回路也可使用节流阀，但同步精度较低。使用节流阀或调速阀的同步回路只能保证速度同步，还必须采取措施消除因位置不同步而产生的累积误差。

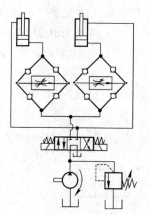

图 7-36　调速阀双向同步回路

7.4.3　互不干扰回路

在多缸的液压系统中，往往由于其中一个液压缸快速运动时造成系统的压力下降，影响其他液压缸工作进给的稳定性。因此，在工作进给要求比较稳定的多缸液压系统中，必须采用快慢速互不干扰回路。

图 7-37 所示为一种使用双泵的互不干扰回路。图中液压缸 A、B 各自要完成"快进—工进—快退"工作循环，其工作原理如下：当电磁换向阀 6 和 5 处左位时，低压大流量泵 2 向液压缸 A、B 供液，两液压缸均差动快进。这时如果某一液压缸先完成快进动作，由挡块和行程开关(图中未画出)使电磁换向阀 7 通电、电磁换向阀 6 断电，低压大流量泵 2 进入液压缸 A 的油路被切断，高压小流量泵 1 经调速阀 8、电磁换向阀 7(左位)、电磁换向阀 6 (右位)向液压缸 A 大腔供液，液压缸 A 调速工进。此时液压缸 B 仍快进，互不影响。当两液压缸均转为工进后，它们均由高压小流量泵 1 供液。若液压缸 A 率先完成工进，则行程开关使电磁换向阀 6 和 7 通电，低压大流量液压泵 2 向液压缸 A 有杆腔供液，液压缸 A 快退。这时高压小流量泵 1 仍向液压缸 B 供液，其工进速度不受影响。当所有电磁换向阀都断电后，两液压缸都停止运动，并被锁在所在位置上。此回路采用快、慢速运动由大小泵分别供液，并由相应的电磁换向阀进行控制的方案，保证了两液压缸快慢速运动互不影响。

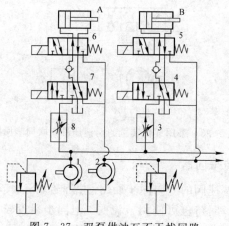

图 7-37　双泵供油互不干扰回路

本 章 小 结

本章重点掌握 4 种液压基本回路，即方向回路、压力回路、速度控制回路和多执行元件回路。方向回路比较简单，可分为换向、锁紧和定向回路 3 种。压力控制回路有调压、增压和减压、平衡、卸荷等多种。速度控制回路主要有调速回路、增速回路和速度换接回路 3 种类型。液压系统的无级调速回路有节流调速、容积调速和容积节流调速 3 种类型。

1．节流调速回路

节流调速有进油路、回油路和旁路节流调速回路。进油和回油调速回路的性能相似，速度—负载特性优于旁路节流调速，但效率较低。在 3 种节流调速回路中，使用调速阀取代节流阀可获得较好的速度平稳性，溢流节流阀只能使用在进油节流调速回路中。对于 3 种节流调速回路的比较可参看节流阀调速回路章节。特别提醒读者，在进油路和回油路节流调速计算题中，只有在溢流阀处于溢流状态，或者说根据回路参数计算的通过节流阀的流量 Q_1 小于定量泵的出口流量 Q_B 时（$Q_1 < Q_B$）回路才处于调速状态。如果计算的 $Q_1 > Q_B$，说明溢流阀处于非溢流状态。应根据 $Q_1 = Q_B$ 计算节流阀上压降，进而确定泵的工作压力。

2．容积调速回路

在容积调速回路中，变量泵-定量马达和变量泵-变量马达回路应用较多。定量泵-变量马达回路应用较少，注意恒扭矩和恒功率调速特性的命题条件。要区分开恒功率变量泵-定量马达调速回路中恒功率特性与定量泵-变量马达调速回路中恒功率调速回路中恒功率特性的区别，前者回路中的工作压力为变量，后者回路中的工作压力为常量。在容积调速回路的分析计算中，因回路中无流量损失，液压泵的出口流量即液压马达入口流量。液压泵-液压马达之间的管路在不说明有压力损失时，液压泵的出口压力即液压马达的入口压力。对于闭式回路，应注意根据液压泵和液压马达进出口压力差进行各种计算。

3．容积节流调速回路

容积节流调速回路应着重掌握变量泵的输出流量与调速阀或节流阀的调节流量自动相适应原理，要注意变量泵的流量-压力特性曲线与阀的流量-压力特性曲线的交点即回路工作点。要注意 $Q-p$ 坐标和 $Q-\Delta p$ 坐标中特性曲线的差别。在 $Q-\Delta p$ 坐标中，回路工作点 $(Q, \Delta p)$ 是节流阀或调速阀前后压力差，而变量泵的工作压力为 $p_B = p_1 + \Delta p$，p_1 是由负载等决定的液压缸工作压力。

4．多执行元件回路

顺序回路、同步回路和互不干扰回路一并列入多缸控制回路。

回路的功能通常不是单一的，有不少回路，既可列入某种回路，也可列入另一种回路。在学习中，对某一种回路，应找出尽可能多的功能。例如使用 H 型换向阀的换向回路，也具有卸荷功能。快速和速度换接回路又分为有级调速、差动调速、增速和工进速度切换回路。回路的种类繁多，形式千差万别，关键在于对回路原理和功能的分析。

思 考 与 练 习

7-1 试举例说明几种实现快速回路的方法。

7-2 分析调速阀并联和串联的速度换向回路的工作原理。可否将调速阀换成节流阀？有什么差别？

7-3 调压回路、减压回路和增压回路各有什么特点？它们分别用于什么场合？

7-4 卸载回路有哪些形式？有何特点？

7-5 有哪些方法可以使执行元件换向，试举例说明。

7-6 什么叫锁紧回路？如何实现锁紧？

7-7 可实现两执行元件顺序动作的回路有哪些？分析它们是如何实现顺序动作控制的？

7-8 液压系统中为什么要设置背压回路？背压回路与平衡回路有何区别？

7-9 液压系统中为什么要设置快速运动回路？实现执行元件快速运动的方法有哪些？

7-10 节流调速回路中速度刚度是如何定义的？它的大小表明了什么？

7-11 分析说明把回油路和旁路节流回路中的节流阀更换成溢流节流阀有何效果？更换成调速阀为什么可使执行元件速度更稳定？

7-12 在进油路和回油路节流调速回路中，如果没有溢流阀，调节节流阀的通流面积，可否改变执行元件的速度？分析说明原因。

7-13 在进油路节流调速回路中，如果将溢流阀并联在节流阀或调速阀的节流口下游，可否达到调速目的？为什么？

7-14 在变量泵-定量马达容积调速回路中，在系统安全压力范围内，负载压力变大或变小，对系统的性能有何影响？对于定量泵-变量马达回路和变量泵-变量马达回路作出类似的分析。

7-15 在变量泵-定量马达回路中，如果欲使变量马达从最低稳定转速调到最大转速，应如何调节？在负载稳定条件下，扭矩和功率如何变化？

7-16 在题图 7-1 所示的两个液压回路中，各溢流阀的调整压力分别为 $p_A=4$ MPa，$p_B=3$ MPa，$p_C=2$ MPa，如系统的外负载趋于无限大，泵的工作压力各为多少？流量是如何分配的？

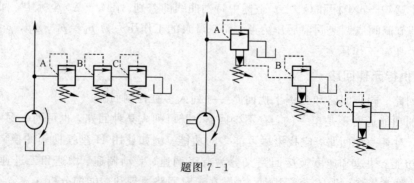

题图 7-1

7-17 在题图 7-2 所示的液压系统中，液压缸负载为 F_L，液压缸无杆腔有效面积为 A，减压阀的调整压力为 p_j；溢流阀的调整压力为 p_y，$p_y>p_j$。试分析：泵的工作压力由什么值来确定？

7-18　在题图 7-3 所示的液压回路中，各溢流阀的调整压力 $p_1=5$ MPa，$p_2=3$ MPa，$p_3=2$ MPa。问：外负载趋于无穷大时，图中当二位二通阀断电和通电时，泵的工作压力各为多少？

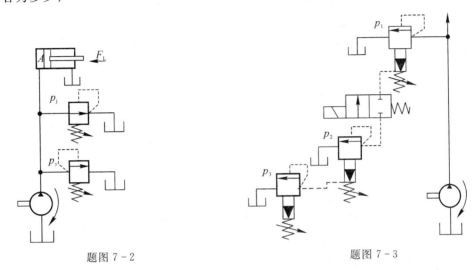

题图 7-2　　　　　　　　　　　　　　题图 7-3

7-19　在题图 7-4 所示的液压系统中，已知液压泵的排量 $q_{Bv}=100$ mL/r，转速 $n_B=1500$ r/min，容积效率 $\eta_{Bv}=0.92$，溢流阀的调整压力 $p_y=8$ MPa；液压马达排量 $q_{Mv}=160$ mL/r，容积效率 $\eta_{Mv}=0.89$，总效率 $\eta=0.79$，负载转矩 $T_L=65$ N·m。通过节流阀的通流截面 $A_T=0.2$ cm^2。求通过节流阀的流量、液压马达的转速和系统的效率。

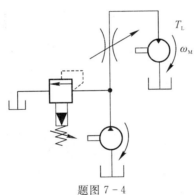

题图 7-4

7-20　进油节流调速回路如题图 7-5 所示，液压缸面积 $A_1=2A_2=50$ cm^2，定量泵出口流量 $Q_B=10$ L/min，溢流阀调定压力 $p_s=2.4$ MPa，节流阀面积 $a=0.02$ cm^2，节流阀流量 $Q_L=C_d a \sqrt{2\Delta p/\rho}$，$C_d=0.62$，$\rho=870$ kg/m^3。当负载 $F_L=10^4$N，5.5×10^3N 时，计算液压缸速度和速度刚度。

（提示：本题参考答案为(1) 75 cm/s，5333 N·s/cm；(2) 1.35 cm/s，9626 N·s/cm）

7-21　节流调速回路如题图 7-6 所示，液压泵输出流量 $Q_B=10$ L/min；溢流阀调定压力 $p_s=2.4$ MPa；节流阀 1 和节流阀 2 的过流面积分别为 $a_1=0.02$ cm^2，$a_2=0.02$ cm^2；流量系数 $C_d=0.62$，油液密度 $\rho=870$ kg/m^3。当液压缸克服阻力运动时，不计溢流阀调压偏差，试确定：

(1) 液压缸大腔最大工作压力可否达到 2 MPa；

(2) 溢流阀最大溢流量。

(提示：本题参考答案为(1) 1.6 MPa，(2) 7.74 L/min)

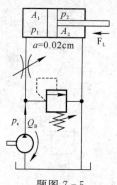 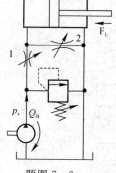

题图 7-5   题图 7-6

7-22　变量泵-定量马达调速系统如题图 7-7 所示，泵的最大流量 $Q_{Bmax} = 30$ L/min，马达排量 $q_{Mv} = 25$ mL/r。回路最大允许工作压力 $p_{max} = 8$ MPa，辅助泵溢流阀压力 $p_y = 1$ MPa。不计元件管路的机械和容积损失，试求：

(1) 液压马达的最大输出功率、转速和扭矩；

(2) 当液压马达输出功率 $P_M = 2$ kW 并保持稳定时，求液压马达的最低转速；

(3) 若液压马达输出功率为最大输出功率的 20%，求液压马达最大扭矩时的转速；

(提示：本题参考答案为(1) 3.4 kW，1200 r/min，27.85 N·m；(2) $n_{Mmax} \approx 700$ r/min；(3) $n_M \approx 231$ r/min)

7-23　定量泵-变量马达回路如题图 7-8 所示，有关数据如下：

(a) 泵排量 $q_{Bv} = 82$ mL/r，转速 $n_B = 1500$ r/min，机械效率 $\eta_{Bm} = 0.84$，容积效率 $\eta_{Bv} = 0.90$，吸入压力为补油压力；

(b) 变量马达最大排量 $q_{Mmax} = 66$ mL/r，容积和机械效率与泵相同；

(c) 泵-马达间管路压力损失 $\Delta p = 1.3$ MPa = const，回路最大工作压力 $p_{max} = 13.5$ MPa；补油压力 $p_r = 0.5$ MPa，若液压马达驱动扭矩 $T_L = 34$ N·m，试求：

(1) 变量马达的最低转速及该条件下的马达上的压力降；

(2) 变量马达的最高转速及该条件下的马达的调节参数。

(3) 回路最大输出功率及调速范围。

(提示：本题参考答案为(1) 1510 r/min，3.9 MPa；(2) 4530 r/min，1/3；(3) 16.1 kW，3)

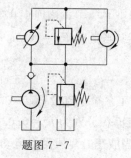 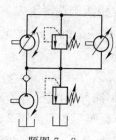

题图 7-7   题图 7-8

第 8 章　典型液压系统分析及设计

液压系统种类繁多,其组成和工作原理也因其主机工作工况和应用领域不同而有所区别。在掌握了一些典型液压元件基本结构和原理及基本液压回路的基本知识以后,应具备分析由一些基本回路构成的典型液压系统的能力。典型液压系统都是由一些基本液压回路构成的,这些回路都可按一定的方式进行分类,了解各种分类方式和特点有助于加深对典型液压系统的理解。本章主要阐述液压系统的基本分类、特点及其阅读方法,并以组合机床和液压锚杆钻机液压系统为实例进行说明,最后阐述了液压系统设计的步骤和一些注意事项。

8.1　液压系统的分类、特点及阅读方法

液压系统一般由 5 个部分组成,即动力元件、执行元件、控制元件、辅助元件(附件)和液压油。液压系统可分为液压传动系统和液压控制系统两类。液压传动系统以传递动力和运动为主要功能。液压控制系统则要使液压系统的输出满足特定的动态性能要求,通常所说的液压系统主要指液压传动系统,可以由一种或多种液压基本回路按一定方式进行叠加而形成。通常从下述不同的角度归纳分类:工作介质循环方式、执行元件类型、系统回路的组合方式、液压泵和执行元件的多少等,其中前两种分类方法是最常见的。

8.1.1　按工作介质循环方式分类

由液压泵和执行元件组成的回路,是液压系统的主体,称之为主回路。液压系统的主回路可以是一条,也可以是多条。按照工作介质在主回路中的循环方式,液压系统可分为开式系统和闭式系统两大类。

1. 开式系统

液压泵直接从油箱中吸取油液,执行元件的回油重新流回油箱的系统,称为开式系统。除容积调速回路外,"液压传动"课程所介绍的主要基本回路多为开式系统。图 8-1 所示的 MLQ$_1$-80 型采煤机牵引部液压系统就是开式系统。

在开式系统中,液压泵是靠吸油腔形成的真空自油箱吸油的,故要求液压泵自吸性能好;否则应采用正压供油或辅助液压泵供油。开式系统的执行元件的运动、停止和换向一般由换向阀控制。由于油箱是开式系统工作介质吞吐及储存的场所,所以油液在油箱中可以很好地散热、冷却、沉淀杂质和析出混入的气体。但开式系统需用容积较大的油箱,因而空气与油液的接触面积较大,油液中的空气溶入量也多,油液易被污染和氧化。因此开式系统适用于工作环境比较清洁、空间不受限制或安装空间较大的场合,如机床液压系统。

开式系统结构简单、成本较低、维护方便,在矿山机械中应用也很广泛,例如液压支

架、钻装机、掘进机工作装置等。在液压系统的设计中应优先考虑选用开式系统。

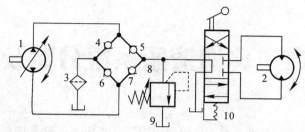

1—主泵(单作用叶片泵)；2—液压马达(双作用叶片马达)；3—滤油器；

4、5、6、7—单向阀；8—安全阀；9—油箱；10—手动换向阀

图8-1 开式系统（MLQ$_1$-80型采煤机牵引部液压系统）

2. 闭式系统

主回路中执行元件的回油管路直接接至主液压泵吸油口的系统，称为闭式系统。图8-2所示为广泛应用于矿山机械的典型闭式系统。主液压泵1和液压马达2组成的主回路是封闭的。液压马达的回油被导入液压泵的吸油口，液压泵的输出油液又输送到液压马达的进油口，油液在系统中封闭循环。

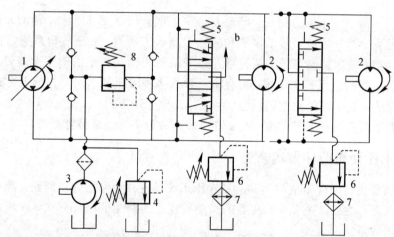

1—变量泵；2—定量马达；3—辅助泵；4—低压安全阀；5—液控换向阀；

6—低压溢流阀；7—冷却器；8—高压安全阀

图8-2 闭式系统

在闭式系统中，为补充泄漏、进行热交换或进行低压控制，必须设置辅助泵3向主泵供油。辅助泵的流量视系统的容积损失、热平衡要求和低压控制的需要而定，一般为主泵流量的1/5~1/3。低压回路由低压安全阀4进行保护。马达回油侧的一部分热油液经液控换向阀5(又称导油阀或热交换阀)、低压溢流阀(背压阀)6及冷却器7流入油箱。低压溢流阀6的调定压力应小于低压安全阀4的调定压力，否则就不能进行冷热油液的交换。图中8是高压安全阀，用以限压保护，b口提供高压控制油液。当不需要高压控制油液时，可采用三位三通液控换向阀进行热交换，如图8-2右侧附加部分所示。

闭式系统一般都采用双向变量泵来进行调速和换向。

闭式系统油箱容积小、结构紧凑；油液在封闭管道内循环，与空气、灰尘的接触机会少，空气、灰尘不易混入，油液不易污染；回油有一定背压，故传动平稳。但其结构复杂、散热条件差，需要安装冷却器。闭式系统多用于大功率机械设备的旋转运动，例如采煤机牵引部、输送机及绞车的传动装置等。

8.1.2　按执行元件类型分类

这也是液压系统的常见分类方法之一。根据执行元件的类型，液压系统可分类如下。

1. 液压泵-液压马达系统

液压泵-液压马达系统是指主回路由液压泵和液压马达构成的系统。旋转运动机械多采用这种系统。它既可以是开式系统(图 8-1)，也可以是闭式系统(图 8-2)。液压马达的数量可以只有一个(图 8-1、图 8-2)，也可以是多个(图 8-3)。

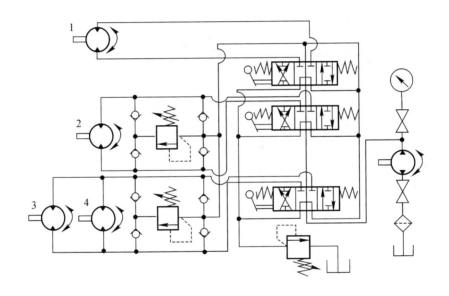

图 8-3　某国产钻装机的液压系统

图 8-3 为某国产钻装机的液压系统，其中 1 为驱动掏槽钻机的马达，2 为皮带刮板输送机的驱动马达，用于运输钻削切割下的岩石。3、4 为驱动整机行走的马达。这里采用并联多路换向阀，以实现液压马达的单独动作或复合动作。

2. 液压泵-液压缸系统

液压泵-液压缸系统是指主回路由液压泵和液压缸组成的系统。凡是作直线往复运动的机械多采用这种系统，其绝大多数均为开式系统，闭式系统情况较为少见。这种系统可以是单缸系统(如广泛用于机床中的节流调速系统)，也可以是多缸系统，如图 8-4 所示的 XYZ 型掩护式支架液压系统。

该系统由 6 个并联液压缸(2 个立柱升降液压缸和 4 个千斤顶)、1 个操纵阀组、3 个控制阀组等组成。利用 a、b、c、d 4 个手把，可控制立柱升降、移架、推溜槽、顶梁上升、下降及侧板伸缩等 4 组 8 个动作。操纵时的一般顺序是：降柱→移架→升柱→升顶梁→推溜槽。

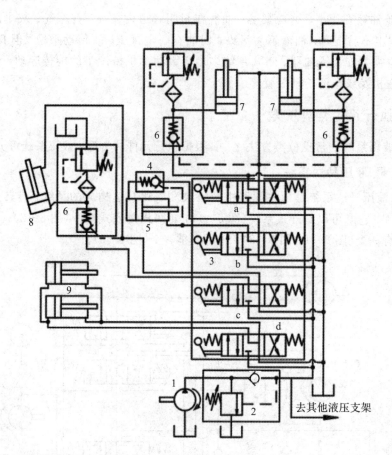

1—液压泵(乳化液泵)；2—卸荷阀；3—操纵阀组(多路换向阀组)；4—液控单向阀组；
5—推移液压缸；6—控制阀组；7—立柱升降液压缸；8—限位液压缸；9—侧护液压缸

图 8-4　XYZ 型掩护式支架液压系统

3. 混合系统

执行元件既有液压缸又有液压马达的系统称为混合系统。如图 8-5 所示的 MKⅡ型采煤机的辅助液压系统就属于混合系统。其中液压缸用于调节采煤滚筒高度，液压马达用于翻转挡煤板。

8.1.3　按系统回路的组合方式分类

按 1 个主泵向 1 个或多个执行元件供油，液压系统可分为独立系统和组合系统。

1. 独立系统

液压泵仅驱动 1 个执行元件的系统称为独立系统。如图 8-1 所示的开式系统和如图 8-2 所示的闭式系统，都是独立系统。

2. 组合系统

液压泵驱动两个或两个以上的执行元件的系统称为组合系统。按回路连接方式的不同又可把液压系统分为并联系统、串联系统和串并联混合系统。

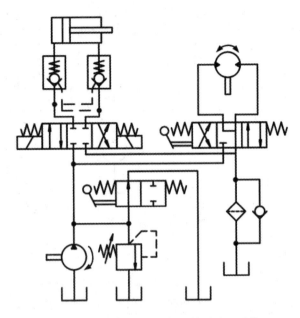

图 8-5　MKⅡ型采煤机的辅助液压系统

1）并联系统

液压泵排出的高压油液同时进入两个或多个执行元件，而它们的回油同时回油箱的系统称为并联系统。如图 8-3、图 8-4 和图 8-5 都是并联系统。并联系统连接处压力相同。当满载时，连接处的压力（各执行元件的工作压力）等于液压泵的调定压力；非满载时，连接处压力决定于执行元件中的最小负载。执行元件负载不同时，很难实现同时动作或同步动作。因此并联系统只宜用于外载变化较小或对机构运动要求不严的场合。在并联系统中，液压泵流量等于各执行元件流量之和，即 $Q_B = \sum_{i=1}^{n} Q_i$（Q_i 表示第 i 个执行元件的流量），并且任一执行元件负载的变化都会引起系统流量的重新分配。

2）串联系统

除第一个执行元件的进油口和最后一个执行元件的回油口分别与液压泵和油箱相连外，其余执行元件进、出油口依次相连的系统称为串联系统，如图 8-6 所示。图 8-6(a)中的 3 个液压马达（也可以是液压缸）同时动作，图 8-6(b)中的 2 个液压马达（也可是液压缸）可以同时动作，也可单独动作。当执行元件同时动作时，系统的总压力等于各执行元件压降之和，即 $p_B = \sum_{i=1}^{n} \Delta p_i$；后面执行元件的进油量等于前一执行元件的回油量；如果执行元件结构对称，且不计泄漏量，各执行元件的负载流量相等并且等于液压泵的输出流量。

由上述可知，串联系统的液压泵需要较高的工作压力，否则难以驱动多个执行元件；串联系统的执行元件流量不受负载影响，故运动较平稳。串联系统适用于负载较小且要求速度稳定的装置。另外，液压马达一般不能与液压缸混合串联，因为液压缸的往复间歇运动会影响液压马达的稳定转动。

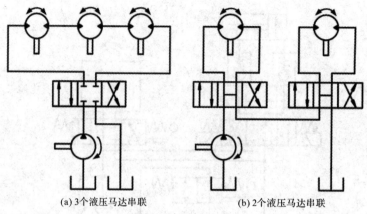

(a) 3个液压马达串联   (b) 2个液压马达串联

图 8-6   串联系统

3）串并联混合系统

多路换向阀之间进油路串联、回油路并联的系统，称为串并联混合系统。其特点是液压泵在同一时间内只能向一个执行元件供油，如图 8-7 所示。系统中的各执行元件都能以最大能力工作，液压泵的参数分别由执行元件的最大负载和最大流量来确定。

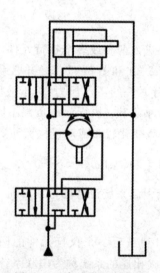

图 8-7   串并联混合系统

上述 3 种系统组合而成的系统称为复合系统，如串联-并联系统，串联-串并联系统，并联-串并联系统等。复合系统常用于动作比较复杂、各工作机构各有不同特点的场合。如图 8-8 所示为国产 W2-200 型液压挖掘机上的复合系统。它基本上是串联系统，只有液压马达采用串并联系统，其目的是当液压马达回转时，将其他回路切断，防止动臂或斗杆液压缸的高压油液作用到液压马达上，在马达排油侧形成高压，使其启动扭矩减小。

液压系统还有以下分类方法：按液压泵数量多少可分为单泵系统（见图 8-1）、多泵系统（见图 8-2）；按液压泵和执行元件的多少可分为单液压泵-单执行元件系统、单液压泵-多执行元件系统（图 8-6）、多液压泵-单执行元件系统（图 8-2）、多液压泵-多执行元件系统（图 8-9）。

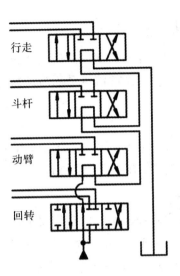

图 8-8 复合系统

如图 8-9 所示为 YYG-80 型液压凿岩机液压系统，其工作原理是：转钎马达 3 转动钎杆，同时推进液压缸 4 推动钎杆伸出并冲击液压缸 5 高频冲击钎杆以提高钻削效果。这里冲击液压缸为单独系统，主液压泵 2 与转钎马达 3 和推进液压缸 4 为另一单独系统。

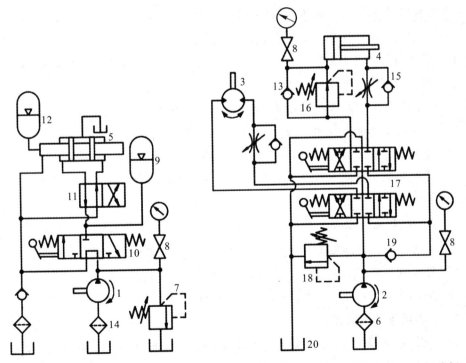

1、2—泵；3—转钎马达；4—推进液压缸；5—冲击(钎)液压缸；6、14—滤油器；7、18—溢流阀；
8—压力表；9、12—蓄能器；10—操纵阀；11—棱形阀(自动换向)；13、19—单向阀；
15—单向节流阀；16—单向减压阀；17—操纵阀组；20—油箱

图 8-9 YYG-80 型液压凿岩机的液压系统

8.1.4 阅读液压系统图的一般方法

对于初步接触液压技术的读者来说，掌握典型元件和典型回路的工作原理并不困难，但往往会对阅读液压系统图尤其是复杂的液压系统图发怵，这也是很正常的。只要认真读懂几个液压系统图并总结出阅读的恰当方法，之后即使对于未见过的复杂的液压系统图也不会感到束手无策。

液压传动系统是根据机械设备的工作要求，选用适当的液压基本回路经有机组合而成的。阅读比较复杂的液压系统图一般按以下步骤进行：

1. 对液压系统进行分类

了解主机的工艺过程及由此对液压系统的动作要求，初步确定液压系统的主要特点，从而对液压系统进行分类。下面分别介绍各类不同液压系统的特点。

1）以速度变换为主的液压系统（例如组合机床系统）

（1）能实现工作部件的自动工作循环，生产率较高；

（2）快进与工进时，其速度与负载相差较大；

（3）要求进给速度平稳、刚性好，有较大的调速范围；

（4）进给行程终点的位置重复精度高，有严格的动作顺序。

2）以换向精度为主的液压系统（如磨床系统）

（1）要求运动平稳性高，有较低的稳定速度；

（2）启动与制动迅速平稳、无冲击，有较高的换向频率（最高可达 150 次/min）；

（3）换向精度高，换向前停留时间可调。

3）以压力变换为主的液压系统（例如液压机系统）

（1）系统压力要能经常变换调节，且能产生很大的推力；

（2）空程时速度大，加压时推力大，功率利用合理；

（3）系统多采用高低压泵组合或恒功率变量泵供油，以满足空程与加压时，其速度与压力的变化。

4）多个执行元件配合工作的液压系统（例如机械手液压系统）

（1）在各执行元件动作频繁换接、压力急剧变化下，系统足够可靠，避免误动作；

（2）能实现严格的顺序动作，完成工作部件规定的工作循环；

（3）满足各执行元件对速度、压力及换向精度的要求。

2. 了解系统各组成元件

初步浏览整个液压系统，了解系统中包含了哪些元件（由元件职能符号确定），尤其是用了哪些执行元件。

3. 划分系统单元

将液压系统以执行元件为中心，按主回路分成若干系统单元；当液压源比较复杂时，可将它单独划成一个单元。

4．读懂每一个单元

对每一个单元作结构和性能分析，搞清每一个液压元件的作用和回路的基本性能。根据主机对这一执行元件的动作要求，参照液压阀的控制装置动作顺序表(有些系统是电磁铁动作顺序表)读懂这一单元。在阀控制装置动作顺序表缺乏时，可先根据执行元件动作要求，判定进油路和回油路，反过来推断相关控制阀是怎样动作的，编制出相应的动作顺序表；再根据此表顺序检查执行元件是否实现了预定要求。简言之，要弄清液压泵的输出油液是经过哪些管路和控制元件进入到执行元件的和执行元件的回油是怎样回到油箱的，以及在执行元件运动时，相关控制阀是如何进行控制以使执行元件实现预定动作的。按同样方法阅读其他单元。

5．对复杂系统进行等价简化

如果系统比较复杂，可进行等价简化(如交错在一起的回油管路可用单独回油管路代替，控制阀的详细符号用简化符号代替等)；在读懂每一单元的基础上，根据主机动作要求，分析这些单元之间的联系，进一步弄懂系统是如何实现这些要求的。

6．归纳总结

在全面读懂系统的基础上，归纳总结整个系统有哪些特点，加深对系统的理解；总结自己的读图方法，提高阅读水平，在此基础上就能读懂复杂的液压系统。

8.2　典型液压系统——组合机床液压系统

组合机床液压系统主要由通用部件动力滑台和辅助部分(如定位，夹紧等)组成。动力滑台配上动力头和主轴箱可对工件完成各种孔加工(如钻、扩、铰、镗、攻丝)和端面加工等工序。液压动力滑台的运动是靠液压缸驱动的，液压系统与电器控制等相配合，可实现多种动作自动循环。

8.2.1　YT4543 型动力滑台液压系统工作原理

液压动力滑台的规格型号种类较多。图 8 - 10 所示为 YT4543 型动力滑台液压系统工作原理图。它属于单液压泵-单执行元件的开式系统；系统采用限压式变量泵、调速阀组串联在进油路上，属于容积节流调速系统；用电液换向阀实现系统主油路的换向；利用行程阀实现快进和工进的速度变换；快进时采用了差动快速回路；工进速度由调速阀控制。这个系统可实现多种自动工作循环，如快进→工进→停顿(死挡铁停留)→快退→原位停止、快进→一工进→二工进→停顿(死挡铁停留)→快退→原位停止等。上述各种自动工作循环是由电磁换向阀的电磁铁、行程阀的动作顺序决定的。图 8 - 10 右下角是一个转阀，分别控制 P1、P2、P3 口回油箱，如转阀处于 P1 挡时，P1 处压力为零。下面以二次工作进给的自动工作循环为例说明该系统的工作原理。

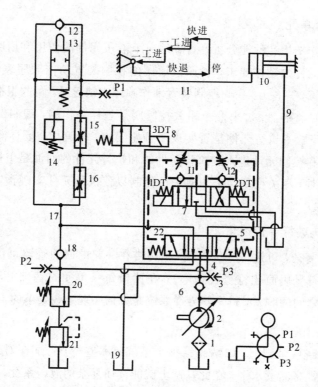

1—滤油器；2—变量泵；3、4、9、11、17、19、22—管路；5—液动换向阀；

7—电磁换向阀(导阀)；8—二位二通电磁换向阀；10—液压缸；6、12、18—单向阀；

13—行程阀；14—压力继电器；15、16—调速阀；20—遥控顺序阀；21—背压阀(溢流阀)

图 8-10　YT4543 型动力滑台液压系统

表 8-1 列出了动力滑台液压系统的动作循环表，具体工作情况如下：

表 8-1　YT4543 型动力滑台液压系统的动作循环表

动作名称	信号来源	液压元件工作状态				
		遥控顺序阀 20	电磁换向阀 7	液动换向阀 5	电磁换向阀 8	行程阀 13
快进	启动，1DT 通电	关闭			右位	下位
一工进	挡块压下行程阀		左位	左位		上位
二工进	挡块压下行程开关，3DT 通电	打开				上位
停留	滑台靠在死挡块上				左位	
快退	压力继电器发出信号，1DT 断电，2DT 通电	关闭	右位	右位		下位
停止	挡块压下终点开关，2DT 和 3DT 都断电		中位	中位	右位	下位

1. 快速前进

启动按钮，电磁铁 1DT 通电，电磁换向阀（液动换向阀 5 的先导阀）7 切换左工位，液动换向阀 5 在控制油液作用下处左工位，这时油液流动路径如下：

进油路：滤油器 1→变量泵 2→管路 6→单向阀 3→管路 4→换向阀 5→管路 22→管路 17→行程阀 13 下工位→管路 11→液压缸 10 左腔。

回油路：液压缸 10 右腔→管路 9→液动换向阀 5→管路 19→单向阀 18→管路 17→行程阀 13 下工位→管路 11→液压缸 10 左腔。

由于液压缸 10 的左右两腔都通压力油，从而形成差动连接回路。这时滑台的负载较小，液压系统的工作压力较低，变量泵 2 输出流量最大，所以动力滑台快速前进。设计时，将活塞杆的横截面积设置为液压缸面积的 1/2，所以滑台快速进、退速度大致相等。

2. 第一次工作进给

当滑台快进终了时，控制挡铁压下行程阀 13 使其处上工位（断开位），这时油液只能经调速阀 16、二位二通电磁换向阀 8 进入液压缸 10 的左腔，滑台转换为第一次工作进给运动。这时油液流动路径如下：

进油路：滤油器 1→变量泵 2→管路 6→单向阀 3→管路 4→液动换向阀 5→管路 22→管路 17→调速阀 16→二位二通电磁换向阀 8→管路 11→液压缸 10 左腔。

第一次工作进给时变量泵 2 因系统压力升高而输出流量自动减少，同时单向阀 18 被封死，遥控顺序阀 20 开启，这时油液流动路径如下：

回油路：液压缸 10 右腔→管路 9→换向阀 5→管路 19→遥控顺序阀 20→背压阀 21→油箱。

工作进给时，系统压力升高，变量泵 2 的输油量减小，以适应工作进给的需要，进给量的大小由调速阀 16 调节。

3. 第二次工作进给

第二次工作进给的油路与第一次工作进给基本相同。其不同点为：当第一次工作进给终了时，挡铁触动相应的进程开关，发出电气控制信号，使二位二通电磁换向阀 8 的电磁铁 3DT 通电，这时压力油须经调速阀 16、15 进入液压缸 10 的左腔。液压缸右腔的回油路线与第一次工作进给相同，于是动力滑台作第二次工作进给，进给速度大小用调速阀 15 调节（第二次工作进给速度应小于第一次工作进给速度）。

4. 死挡铁停留

当滑台第二次工作进给终了时被死挡铁挡死，停止运动。这时液压缸 10 左腔油液的压力进一步升高，使压力继电器 14 动作，发出电气控制信号给时间继电（其停留时间由时间继电器控制）。设置死挡铁可以提高工作台停留时的位置精度。

5. 快速退回

时间继电器延时结束后发出信号，使电磁铁 1DT、3DT 断电，2DT 通电，这时电磁换向阀（液动换向阀 5 的先导阀）7 切换右工位，控制油液使液动换向阀 5 切换右工位。此时，由于滑台返回时负载小，系统压力较低，变量泵 2 的流量又自动增至最大，则动力滑台快速退回。这时油液流动路径如下：

进油路：滤油器 1→变量泵 2→管路 6→单向阀 3→管路 4→液动换向阀 5→管路 9→液压缸 10 右腔。

回油路：液压缸 10 左腔→管路 11→单向阀 12→管路 17→换向阀 5→管路 19→油箱。

当动力滑台快退一定路程后（即达到一工进的起点位置），行程阀 13 松开，使回油路更为畅通，但不会影响快速退回的速度。

6. 原位停止

当动力滑台快速退到原位时，挡铁压下终点行程开关，它发出电气控制信号，使电磁铁 2DT 断电，电磁换向阀（液动换向阀 5 的先导阀）7 和液动换向阀 5 重新回到中位，滑台停止运动，这时，换向阀 5 处于中位，变量泵 2 卸荷。

8.2.2　系统的特点

组成 YT4543 型动力滑台液压系统的基本回路就决定了该系统的主要性能，其特点总结如下：

（1）采用限压式变量泵和调速阀构成的容积节流调速回路，能使动力滑台得到稳定的低速运动和较好的速度——即速度负载特性较好。为了改善滑台运动的平稳性，并能承受一定的负值载荷，在回油路中增加了背压阀。

（2）采用限压式变量泵和调速阀、行程阀进行速度换接和调速，在快进转工进时速度换接平稳，同时调速阀可起加载作用，在刀具接触工件之前就使进给速度变慢，因此不会引起刀具和工件的突然碰撞。

（3）采用限压式变量泵，快进转工进后没有溢流造成的功率损失，系统的效率较高。又因为使用了差动连接快速回路，使能量的利用更为经济合理。

（4）在半自动循环中，采用了"死挡铁停留"，定位精度较高，适用于镗阶梯孔、锪孔和锪端面等工序使用。

（5）由于采用了调速阀串联的二次进给进油节流调速方式，可使启动和进给速度转换时的前冲量较小，同时便于利用压力继电器发出信号进行自动控制。

8.3　典型液压系统——液压锚杆钻机液压系统

MYT－130/350 型液压锚杆钻机如图 8-11 所示，它是一种全液压控制的单体式钻机，按照中华人民共和国国家发展和改革委员会发布的 MT/T974－2006《煤矿用单体液压锚杆钻机》以及中华人民共和国煤炭行业标准 Q/TXQB01－2007《MYT－130/350 型液压锚杆钻机》企业标准的要求加工生产。该机型主体部分采用模块化设计，具有结构紧凑、效率突出、操作简单、移动方便的特点，配以相应的工具可进行钻孔、搅拌、安装锚杆等作业，适于在煤矿岩巷、煤巷、半煤巷等巷道掘进中对顶板进行支护作业时使用。

MYT－130/350 型液压锚杆钻机的规格型号表示方法及其意义如下：

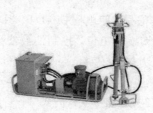

图 8-11　MYT－130/350 型液压锚杆钻机

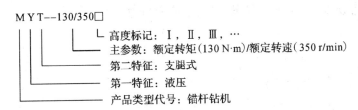

MYT——130/350□

高度标记：Ⅰ，Ⅱ，Ⅲ，…
主参数：额定转矩(130 N·m)/额定转速(350 r/min)
第二特征：支腿式
第一特征：液压
产品类型代号：锚杆钻机

8.3.1　MYT－130/350 型液压锚杆钻机的主要性能参数

MYT－130/350 型液压锚杆钻机的主要性能参数如表 8－2 所示。

表 8－2　MYT－130/350 型液压锚杆钻机的主要性能参数

项　目		单　位	参数值	备　注
主机	额定压力	MPa	12/8	马达/支腿
	额定转矩	N·m	130	
	额定转速	r/min	350	
	额定流量	L/min	46＋8	主泵＋副泵
	推进力(一级，二级)	kN	30/14	随岩石硬度可调
	空载推进速度	mm/min	＞2900	
	返回速度	mm/min	＞4500	
	推进行程	mm	1370±20	
	钻机最大高度	mm	2640±20	
	钻机最小高度	mm	1270±20	
	冲洗水压力	MPa	0.6～1	
	钻孔直径	mm	$\phi27\sim\phi42$	
	噪声	dB(A)	＜92	声压级
			＜108	声功率级
	机重	kg	50±2.5	
泵站	额定压力	MPa	13/9	主泵/副泵
	额定流量	L/min	46＋8	主泵＋副泵
	油箱有效容积	L	110	
	外形尺寸(长×宽×高)	mm	1200×450×850	
	机重	kg	248±5	
电机	电机额定功率	kW	11	电机额定功率
	电机额定电压	V	380/660	电机额定电压

8.3.2　液压锚杆钻机总体受力分析

如图 8－12 所示为锚杆钻机在钻顶板锚杆钻孔时的钻头受力状况，M 为液压马达对钻杆钻头的旋转力矩，M' 为巷道顶板对钻头的反力矩，F 为推进液压缸的推力，F' 为巷道顶板对钻头的阻力。钻头在钻孔过程中受到顶板岩石的反作用，可以分解为巷道顶板对钻头

的阻力 F' 和巷道顶板对钻头的反力矩 M'。总体受力为：

$$\begin{cases} M=M' \\ F=F' \end{cases}$$

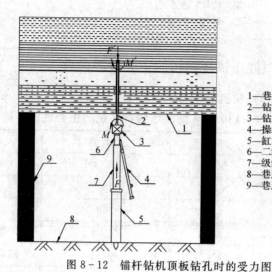

1—巷道顶板；
2—钻杆及钻头；
3—钻进液压马达；
4—操纵臂；
5—缸筒；
6—二级缸；
7—一级缸；
8—巷道底板；
9—巷道壁

图 8-12　锚杆钻机顶板钻孔时的受力图

8.3.3　液压锚杆钻机的结构特点

如图 8-13 所示，液压锚杆钻机主要由切削部分、支腿部分、操控部分和配套泵站等组成（见表 8-3）。

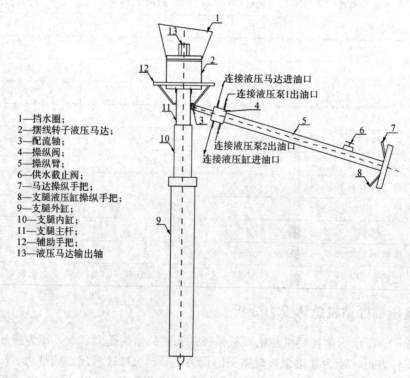

1—挡水圈；
2—摆线转子液压马达；
3—配流轴；
4—操纵阀；
5—操纵臂；
6—供水截止阀；
7—马达操纵手把；
8—支腿液压缸操纵手把；
9—支腿外缸；
10—支腿内缸；
11—支腿主杆；
12—辅助手把；
13—液压马达输出轴

连接液压马达进油口
连接液压泵1出油口
连接液压泵2出油口
连接液压缸进油口

图 8-13　液压锚杆钻机

表 8 - 3　MYT - 130/350 型液压锚杆钻机主要部件目录

序　号	代　号	名　称	数量	备　注
1	MYT - 130/350 - 04	支腿部分	1	
2	MYX - 00	泵站部分	1	
3	MYT - 130/350 - 05	操控部分	1	
4	MYT - 130/350 - 01	切削部分	1	
5	KJRB2 - 13	进回油管	2	$L=0.5$ m
6	KJRB2 - 10	胶管总成	1	$L=20$ m
7	KJRB2 - 13	胶管总成	1	$L=20$ m
8	KJRB2 - 19	胶管总成	1	$L=20$ m

1. 切削部分

切削部分主要作用是为钻机提供扭矩动力，同时通过它传递支腿油缸的推进力。切削部分主要由液压马达、钻杆及切削头（钻头）3 部分组成。液压旋转式单体锚杆钻机一般使用摆线转子液压马达，其优点是：马达直接与钻杆相连接，无需使用减速器，使整个机械结构紧凑、体积小、重量轻，便于搬运。此外，这种马达还具有动态响应快、排量大、大扭矩、运转平稳、噪声低等优点。

2. 支腿部分

支腿部分的主要作用是作为切削部分的固定支架以及为切削头提供推进力。支腿使用二级伸缩液压缸，收缩后总长度小，便于搬运和存放；伸出时可以满足顶板钻孔时较大支撑高度的要求。

3. 操控部分

操控部分是对钻机发布工作指令的中枢，其主要由 1 个二位三通换向阀和 1 个三位四通换向阀组成。通过对该部分的有效控制可完成所要求的各项工作，包括液压缸伸出、液压缸缩回、液压缸伸缩的速度控制、马达的转速控制等。

4. 泵站部分

泵站主要由防爆电机、双联齿轮泵、溢流阀、压力表、空气滤清器、液位计、滤油器、冷却装置、油箱、管路及其附件组成。

8.3.4　液压锚杆钻机的液压系统

液压锚杆钻机的液压系统原理图如图 8 - 14 所示，钻机的液压系统为开式系统，液压油在配套泵站双联齿轮泵的作用下，经溢流阀调定后分别进入操控部分的二位三通换向阀和三位四通换向阀，以控制液压马达的旋转和支腿油缸的升降，使之达到钻孔的目的。

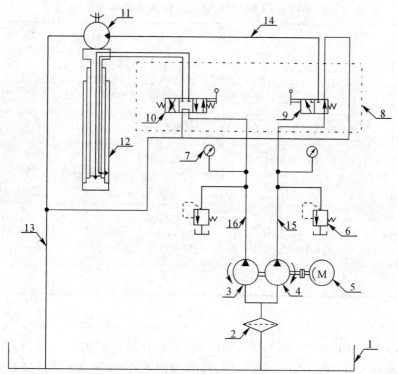

1—油箱；2—网式滤油器；3—双联齿轮液压泵（副油泵）；4—双联齿轮液压泵（主油泵）；

5—防爆电动机；6—溢流阀；7—Y60-40 MPa压力表；8—操控阀组；9—二位三通换向阀；

10—三位四通换向阀；11—摆线转子液压马达；12—支腿液压缸；13—总回油管；

14—马达进油管；15—主泵输出油管；16—副泵输出油管

图8-14 液压锚杆钻机液压系统

液压锚杆钻机的液压系统包括支腿收放回路和马达旋转回路。

1）液压锚杆钻机的支腿收放回路

（1）当三位四通换向阀10在右位工作时，支腿升高，其进回油路线如下：

进油路：油箱1→副油泵3→三位四通换向阀10右位→液压缸12的无杆腔。

回油路：液压缸12的有杆腔→三位四通换向阀10右位→总回油管13→油箱1。

（2）当三位四通换向阀10在左位工作时，支腿下降，其进回油路线如下：

进油路：油箱1→副油泵3→三位四通换向阀10左位→液压缸12的有杆腔。

回油路：液压缸12的无杆腔→三位四通换向阀10左位→总回油管13→油箱1。

2）液压锚杆钻机的马达旋转回路

（1）当二位三通换向阀9在左位工作时，马达旋转，其进回油路线如下：

进油路：油箱1→主油泵4→二位三通换向阀9左位→钻机马达11进油腔。

回油路：钻机马达11回油腔→总回油管13→油箱1。

（2）当二位三通换向阀9在右位工作时，马达停止旋转，其进回油路线如下：

油箱1→主油泵4→二位三通换向阀9右位→总回油管13→油箱1。

支腿收放回路与马达旋转回路都采用直动式溢流阀作为安全阀，当油压超过安全阀调定的安全压力时，油液直接从安全阀溢流回到油箱。

8.3.5　液压锚杆钻机的安装与调试

钻机与泵站在正式使用之前，必须按下列程序进行安装调试，待一切正常后方可投入使用。

（1）检查油箱内是否有杂物，如有须清理干净。

（2）通过空气滤清器向油箱注油，液面高度应至液位计上端线。推荐：冬季用 N32～N46 号抗磨液压油；夏季用 N68 号抗磨液压油。

（3）接好电机电源线，启动电机，观察电机旋向是否与标示一致，如不一致，予以调整。

（4）用调压堵将泵站出油口封死，松开溢流阀手轮。

（5）启动电机，观察压力表，逐渐旋紧手轮，直至压力表显示为 13 MPa/9 MPa（泵站额定输出压力）时，锁紧溢流阀手轮，系统压力调定。

（6）将进油管和回油管分别与泵站和钻机对接，装好 U 形卡。对接前注意接头应清洁。

（7）接好泵站和钻机给水系统并试水，检查水路是否正常、畅通。

（8）使钻机直立，按下左操纵手把使马达转动，同时操纵右操纵手把使油缸全行程升降 3 次，排气，观察有无异常现象。

确认正常，则液压锚杆钻机的安装调试完毕。

8.3.6　液压锚杆钻机的使用与操作方法

在钻机处于最小高度的情况下，左手把处于自然状态（卸荷状态）下，启动泵站。

将钻机移至工作位置，使钻机直立，在钻机装上防漏水密封圈，将钻杆插入马达输出轴的轴心六棱孔中。操作者双手握住左右控制手把，然后缓慢按压左手把，油缸缓慢升起至达到钻孔高度前再按下右手把使马达转动。打开冲水开关，进行正常钻孔。

钻孔结束时马达先不停转，向上扳动左手把缩回油缸，待钻杆退出钻孔后，再使马达停止旋转，继续使油缸下降。降到底后，松开左手把，使其恢复中位。在钻孔和伸缩液压缸的过程中，如有需要，可随时松开左手把，使之处于中位，这时油缸将在任意需要高度停住。

需要结束工作时，应将钻机降至最小高度，然后关闭泵站。

实际钻孔作业中，可以根据岩石的硬度适时调节溢流阀溢流压力以改变油缸推力的大小，在钻杆不致顶弯的情况下，推力越大，钻进速度越快。溢流阀调整好后应锁死。

8.3.7　液压锚杆钻机的维护和保养

1. 日常维护和保养

（1）每次工作完毕后，应清洁钻机上的岩尘，将钻机缩至最小高度，妥善摆放，防止撞击损坏。

（2）检查所有连接螺钉，防止松动。

（3）检查各液压件接口有无漏油、漏水现象。

（4）经常检查油箱中的油液，如发现油液变质或污染，应及时换油或过滤。

(5) 经常检查泵站的压力表、温度计是否失效。

2. 检修

(1) 钻机使用一定时间后应进行检修。检修应在清洁的环境中进行，以防止机件内部污染。

(2) 检修周期视使用情况而定。一般情况下，使用 600 小时应进行一次全面检修。

8.3.8 液压锚杆钻机的使用注意事项及安全警示

液压锚杆钻机的使用注意事项及安全警示如下：

(1) 本产品额定工作压力为 12 MPa，设备严禁在超压条件下工作。

(2) 使用中必须保证油箱中液面高度在最低油位线以上，否则应及时向油箱注油。

(3) 设备不得在泄漏状态下工作。一旦发生漏油，应及时清理外溢油液，杜绝事故隐患。

(4) 为安全起见，溢流阀最高工作压力出厂时已经限定，用户不得随意改动。

(5) 操作者安装钻杆时，应确保控制手把不发生误动作，以免马达转动伤人。

(6) 钻机工作时，无论是钻孔或安装锚杆，操作者必须牢固握住手把，切记不可双手松开，以免造成手把在反作用力转动下伤人。

(7) 凡是列入安标控制件的零件均为具有安全标志证书产品，用户不得随意更换。

(8) 使用中应经常注意固定油管的 U 形卡有无脱出现象，防止因 U 形卡失去作用，使油管脱出，造成高压油喷出伤人或污染环境的事故发生。

液压锚杆钻机的常见故障及排除方法见表 8-4。

表 8-4　液压锚杆钻机的常见故障及排除方法

故障类型	产生原因	排除方法
泵站无压或压力调不上去	(1) 油泵磨损 (2) 溢流阀失效 (3) 油箱缺油或滤油器堵塞 (4) 电机转动失常 (5) 电机反转	(1) 换泵 (2) 拆修 (3) 加油，清理滤油器 (4) 检查电路有无缺相 (5) 调整电机接线
马达不转或太慢	(1) 泵站故障 (2) 马达损坏 (3) 控制马达动作的换向阀阀芯卡死	(1) 检查泵站 (2) 更换马达 (3) 检修操纵阀组
油缸不动作或有卡阻	(1) 油缸损坏或活塞杆弯曲 (2) 活塞密封件失效 (3) 控制支腿动作的换向阀阀芯卡死	(1) 修理或更换油缸件 (2) 更换密封件 (3) 检修换向阀
钻孔时顶弯钻杆	溢流阀调定压力过高	重调溢流阀

8.4　液压系统的设计内容和步骤

液压系统的设计是整机设计的重要组成部分,设计的目的是使主机在液压系统的配合或控制下,实现主机的工作要求,这也是设计液压系统的依据和设计参数的来源。设计的出发点可以是充分发挥组成元件的工作性能,也可以是追求工作状态的可靠性。实际设计中常是两种出发点不同程度的组合和相互妥协。液压系统的设计并没有统一的模式和步骤,需要反复修改,以下设计流程和内容可供参考。

1. 明确设计要求

首先要明确主机总体结构和布局,了解主机对液压元件有无位置及空间尺寸的限制。

其次是明确主机作业流程、工作循环方式、技术参数和性能要求,了解哪些动作是要求液压系统实现的,这些动作有无变速、同步、互锁、顺序等要求。

最后还要明确主机工作环境(室内、野外、寒冷、高温等),作为选择工作介质的依据。

2. 工况分析

工况分析的目的是进一步明确主机在性能方面的要求,内容包括负载分析和运动分析。对简单的机器,只需确定最大负载和最大速度点;对复杂的机器,要编制负载和运动循环图。对液压缸要求作出负载-时间($F-t$)和运动-时间($x-t$, $u-t$, $a-t$)循环图;对液压马达,则要求作出转矩-时间($T-t$)和运动-时间(Q_M-t, ω_M-t, ε_M-t)循环图。由这些图再确定功率-时间($P-t$)循环图等。工况分析的最终目的是合理调节各执行元件的动作时间和速度,使系统最为经济合理。

3. 确定液压系统的主要参数

压力和流量是液压系统的两个主要参数。压力的选择通常参考同类液压系统,按经验选取,可参考表 8-5。

表 8-5　各类主机的液压系统常用压力

主 机 类 型	系统压力/MPa
精加工机床	0.8~2
半精加工机床	3~5
粗加工和重型机床	5~10
农业机械、小型工程机械、工程机械辅助机构	10~16
液压机、重型机械、大中型挖掘机、起重机输出机械	20~32
矿山采掘机械	10~25

压力选定后,可根据负载分析,选择液压缸有效工作面积 A 和液压马达几何排量 q_{Mv}。液压缸有效工作面积 A 的计算公式为

$$A = \frac{F_{max}}{p\eta_m} \qquad (8-1)$$

式中,F_{max}——液压缸最大负载;

η_m——液压缸机械效率($\eta_m = 0.90 \sim 0.97$);

p——选定压力；

A——液压缸有效工作面积。

液压马达几何排量 q_{Mv} 的计算公式为

$$q_{\mathrm{Mv}} = \frac{2\pi T_{\max}}{p\eta_{\mathrm{Mm}}} \qquad (8-2)$$

式中，$T_{\max}$——液压马达最大负载转矩；

η_{Mm}——液压马达的机械效率(齿轮马达和柱塞马达 $\eta_{\mathrm{Mm}}=0.80\sim0.90$)；

p——选定压力；

q_{Mv}——液压马达的几何排量。

根据选择的 A 和 q_{Mv}，由式(8-3)确定液压系统的最大流量：

$$Q_{\max} = \begin{cases} \dfrac{Au_{\max}}{\eta_{\mathrm{v}}} \\[3mm] \dfrac{q_{\mathrm{Mv}}n_{\mathrm{Mmax}}}{\eta_{\mathrm{Mv}}} \end{cases} \qquad (8-3)$$

式中，$u_{\max}$——液压缸最大速度；

η_{v}——液压缸容积效率；

n_{Mmax}——液压马达最大转速；

η_{Mv}——液压马达容积效率。

4. 拟定液压系统原理图

液压系统的原理图不是唯一的。一般可参照同类设备依次确定回路方式，液压油类型，执行元件及液压泵类型，调速、调压及换向方式。中小功率液压系统一般优先选择开式系统，大功率液压系统或对重量限制严格时选择闭式系统。另外还要确保工作安全可靠，要防止系统过热和液压冲击过大。

5. 液压元件选择

液压泵的工作压力 $p_{\mathrm{B}}=p+\Delta p$，$p$ 为执行元件入口压力(已选定)，Δp 为各种压力损失之和，简单的液压系统 $\Delta p=0.2\sim0.5$ MPa，复杂液压系统 $\Delta p-0.5\sim1.5$ MPa。选定液压泵的额定工作压力 $p_{\mathrm{H}}=(1.3\sim1.5)p_{\mathrm{B}}$。

液压泵最大流量：

$$Q_{\max} = Q_{\mathrm{H}} = K\left(\sum Q\right)_{\max} \qquad (8-4)$$

式中，K——泄漏系数，$K=1.1\sim1.3$；

$\left(\sum Q\right)_{\max}$——执行元件同时运动时所需的最大流量。

根据选择的液压泵选择电动机。

液压马达按前面计算结果选择，液压缸也可按前面计算结果选择，必要时可自行设计。

液压阀的选择依据为系统最高工作压力、通过该阀的最大流量及安装方式。一般可选择定型产品，不得已时设计专用阀。溢流阀按泵的最大流量选取；节流阀和调速阀额定流量应略大于管路中的最大流量，最小稳定流量要低于管路中最小流量；其他阀的流量也要大于管路中实际流量，过载能力以不超过 20% 为宜。

管件和管接头的选择应使管中最大流速满足流量要求，尽可能减少管件的规格型号种类。

油箱容量可根据液压泵流量大小，参照经验合理选取。

6. 液压系统的验算

液压系统的验算包括压力计算、系统容积效率计算和发热估算三方面内容。如果液压系统管路和液压元件的压力损失之和 Δp 大于原来估计值，则应提高液压泵工作压力；如果容积损失大于估计值，则增大泵的几何排量；如果油液温升超过允许值（发热过大），则应考虑采用冷却措施。

7. 绘制正式工作图和编制技术文件

所设计的液压系统经过验算后，即可对初步拟定的液压系统进行修改，并绘制正式工作图和编制技术文件。

正式工作图包括液压系统原理图、液压系统装配图、液压缸等非标准元件装配图及零件图。液压系统原理图中应附有液压元件明细表，表中标明各液压元件的型号规格、压力和流量等参数值，一般还应绘出各执行元件的工作循环图和电磁铁的动作顺序表。

液压系统装配图是液压系统的安装施工图，包括油箱装配图、集成油路装配图和管路安装图等，在管路安装图中应画出各油管的走向、固定装置结构、各种管接头的形式与规格等。

技术文件一般包括液压系统设计计算说明书，液压系统使用及维护技术说明书，零、部件目录表及标准件、通用件、外购件表等。

8.5　实例——组合机床液压系统设计计算

液压系统设计要求如下：为一台自制卧式单面多轴钻孔组合机床匹配液压系统，该钻床钻 $\phi 13.9$ mm 孔 14 个，钻 $\phi 8.5$ mm 孔 2 个；要求的工作循环包括动力滑台快速接近工件，然后以工作进给速度钻孔，加工完毕后快速退回到原始位置，最后自动停止；工件材料为铸铁，硬度为 HBS240；假设运动部件所受重力为 $G = 9800$ N；快进、快退速度 $u_1 = 0.1$ m/s；动力滑台采用平导轨，静、动摩擦因数分别为 $\mu_s = 0.2$，$\mu_d = 0.11$；往复运动的加速、减速时间均为 0.2 s，快进行程 $L_1 = 100$ mm，工进行程 $L_2 = 50$ mm。试设计计算该钻床液压系统。

8.5.1　负载与运动分析

1. 计算工作负载

工作负载即为切削阻力，钻铸铁孔时其轴向切削阻力可用下列经验公式计算：

$$F_q = 25.5 D S^{0.8} \mathrm{HBS}^{0.6} \tag{8-5}$$

式中，F_q——切削力，单位为 N；

　　　D——孔径，单位为 mm；

　　　S——每转进给量，单位为 mm/r；

　　　HBS——铸件硬度。

选择切削用量：钻 $\phi 13.9$ mm 孔时，取主轴转速 $n_1 = 360$ r/min，每转进给量 $S_1 = 0.147$

mm/r；钻 ϕ48.5 mm孔时，取主轴转速 $n_2 = 550$ r/min，每转进给量 $S_2 = 0.096$ mm/r。则

$$F_q = 14 \times 25.5 D_1 S_1^{0.8} HBS^{0.6} + 2 \times 25.5 D_2 S_2^{0.8} HBS^{0.6} = 30\ 468\ (N)$$

2. 计算摩擦负载

摩擦负载包括静摩擦阻力和动摩擦阻力。

静摩擦阻力：

$$F_{fs} = \mu_s G = 0.2 \times 9800 = 1960\ (N)$$

动摩擦阻力：

$$F_{fd} = \mu_d G = 0.1 \times 9800 = 980\ (N)$$

3. 计算惯性负载

惯性负载 F_g 为

$$F_g = \frac{G \Delta u}{g \Delta t} = \frac{9800}{9.8} \times \frac{0.1}{0.2} = 500\ (N)$$

4. 计算工进速度

工进速度可按钻 ϕ3.9 mm孔的切削用量计算，即

$$u_2 = n_1 S_1 = \frac{360}{60} \times 0.147 = 0.88\ (mm/s) = 0.88 \times 10^{-3}\ (m/s)$$

5. 计算各工况负载

各工况负载如表8-6所示。

表 8-6　液压缸负载计算值

工　况	计算公式	液压缸负载 F/N	液压缸驱动力 F_0/N
启动	$F = \mu_s G$	1960	2180
加速	$F = \mu_d G + \left(\frac{G}{g} \right) \left(\frac{\Delta u}{\Delta t} \right)$	1480	1650
快进	$F = \mu_d G$	980	1090
工进	$F = F_c + \mu_d G$	31 448	34 942
反向启动	$F = \mu_d G$	1960	2180
加速	$F = \mu_d G + \left(\frac{G}{g} \right) \left(\frac{\Delta u}{\Delta t} \right)$	1480	1650
快退	$F = \mu_d G$	980	1090

6. 计算快进、工进和快退时间

快进时间：

$$t_1 = \frac{L_1}{u_1} = \frac{100 \times 10^{-3}}{0.1} = 1\ (s)$$

工进时间：

$$t_2 = \frac{L_2}{u_2} = \frac{50 \times 10^{-3}}{0.88 \times 10^{-3}} = 56.6\ (s)$$

快退时间：

$$t_3 = \frac{(L_1 + L_2)}{u_1} = \frac{(100 + 50) \times 10^{-3}}{0.1} = 1.5\ (s)$$

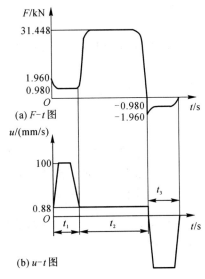

7. 绘制液压缸 $F-t$ 与 $u-t$ 图

由上述数据即可绘制出液压缸的 $F-t$ 与 $u-t$ 图，如图 8-15 所示。

8.5.2 确定液压缸参数

1. 初选液压缸工作压力

参考表 8-7，初选液压缸工作压力 $p_1=4$ MPa。为使快进、快退速度相等，并使系统油源所需最大流量减小至原来的 1/2，选用无杆腔面积为有杆腔面积的 2 倍的液压缸，即 $A_1=2A_2$。快进时液压缸作差动连接，由于管路中有压力损失，液压缸有杆腔压力 p_2 必须大于无杆腔压力 p_1，计算中取两者之差 $\Delta p = p_2 - p_1 = 0.5$ MPa；同时还要注意到，启动瞬间活塞尚未移动，此时 $\Delta p = 0$。工进时为防止孔钻通时负载突然消失发生

图 8-15 $F-t$ 与 $u-t$ 图

前冲现象，液压缸回油腔应设背压，取此背压为 0.6 MPa。同时假定，快退时压力损失为 0.7 MPa。

表 8-7 各工况所需压力、流量和功率

工　况		计算公式	F_0/N	回油腔压力 p_2/MPa	进油腔压力 p_1/MPa	输入流量 $Q/(\text{L/s})$	输入功率 P/kW
快进	启动	$p_1 = \dfrac{F_0 + A_2\Delta p}{A_1 - A_2}$ $Q = A_1 u_1$ $P = p_1 Q$	2180	—	0.48	—	—
	加速		1650	1.27	0.77	—	—
	恒速		1090	1.16	0.66	0.5	0.33
工进		$p_1 = \dfrac{F_0 + A_2 p_1}{A_1}$ $Q = A_1 u_2$ $P = p_1 Q$	34 942	0.6	3.96	0.83×10^{-2}	0.033
快退	启动	$p_1 = \dfrac{F_0 + A_2 p_2}{A_1}$ $Q = A_1 u_1$ $P = p_1 Q$	2180	—	0.48	—	—
	加速		1650	0.7	1.86	—	—
	恒速		1090	0.7	1.73	0.45	0.78

2. 计算液压缸主要结构尺寸

由式(8-1)得

$$A_1 = \frac{F}{\eta_\text{m} p} = \frac{F}{\eta_\text{m}(p_1 - p_2/2)} = \frac{31\,448}{0.9 \times (4 - 0.6/2) \times 10^6} = 94 \times 10^{-4} \, (\text{cm}^2)$$

液压缸无杆腔直径为

$$D = \sqrt{\frac{4A}{\pi}} = \sqrt{\frac{4 \times 94}{\pi}} = 10.9 \ (\text{cm})$$

取标准直径 $D = 110 \ \text{mm}$；因为 $A_1 = 2A_2$，所以

$$d = 0.7D \approx 80 \ (\text{mm})$$

则液压缸有效工作面积为

$$A = A_1 - A_2 = \frac{\pi D^2}{4} - \frac{\pi}{4}(D^2 - d^2) = 50.3 \ (\text{cm}^2)$$

3. 计算液压缸在工作循环中各阶段的压力、流量和功率

液压缸各工况所需压力、流量和功率的计算结果如表 8-7 所列。

4. 绘制液压缸工况图

根据表 8-7，分段绘制液压缸的压力、流量和功率曲线，得到如图 8-16 所示的液压缸工况图。

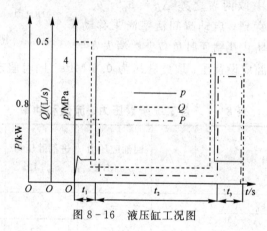

图 8-16 液压缸工况图

8.5.3 拟定液压系统图

1. 选择基本回路

1) 调速回路与油路循环形式的确定

考虑到所设计的液压系统功率较小，工作负载为阻力负载且工作中变化小，故选用进口节流调速回路。为防止孔钻通时负载突然消失引起动力部件前冲，在回油路上加背压阀，由于系统选用节流调速方式，系统必然为开式循环系统。

2) 油源形式的确定

由工况图可以清楚看出：液压系统工作循环主要由相应于快进、快退行程的低压大流量和相应于工进行程的高压小流量两个阶段所组成，液压系统的最大流量与最小流量之比 $Q_{\max}/Q_{\min} = 0.5/0.83 \times 10^{-2} \approx 60$；其相应的时间之比 $(t_1 + t_3)/t_2 = (1 + 1.5)/56.6 = 0.044$。这表明，系统在一个工作循环中的绝大部分时间内都处于高压小流量下工作。从提高系统效率出发，选用单定量泵油源显然是不合理的，为此可选用限压式变量泵或双联叶片泵作为油源。从表 8-8 所列的比较表可看出，两者各有利弊，综合考虑最后确定选用双联叶片泵方案。

表 8 - 8　双联叶片泵和限压式变量叶片泵的比较

	双联叶片泵	限压式变量叶片泵
液压冲击	流量突变时,液压冲击取决于溢流阀的性能,一般冲击很小	流量突变时,定子反应滞后,液压冲击大
径向力	内部径向力平衡,压力平衡,噪声小,工作性能较好	内部径向力不平衡,轴承负载较大,压力波动及噪声大,工作平稳性差
结构	需配有溢流阀—泄载阀组,系统较复杂	系统较简单
效率	有溢流损失,系统效率较低,温升较高	无溢流损失,系统效率较高,温升较小

3）快速、换向与速度换接回路的确定

本系统已选定差动回路作为快速回路。考虑到由快进速度 u_1 转为工进速度 u_2,速度变化大($u_1/u_2 \approx 113$),故选用行程阀(而不采用二位二通电磁阀),从工进转快退时回油流量较大,故选用电液换向阀(不选用电磁换向阀)作为换向阀;这样做的目的都是为了减少液压冲击。

另外,考虑到本机床加工通孔,工作部件终点位置的定位精度要求不高,采用由挡块压下电气行程开关发出信号的行程控制方式即可满足要求;不需要采用定位精度较高的由滑台碰上死挡块后,由压力继电器发出信号的压力控制方式,以免结构复杂。

综上所述,本系统的基本回路是进口节流调速回路与差动回路。

2. 组成液压系统图

在选定基本回路的基础上,再考虑以下要求和因素,便可组成一个完整的液压系统,如图 8 - 17 所示。

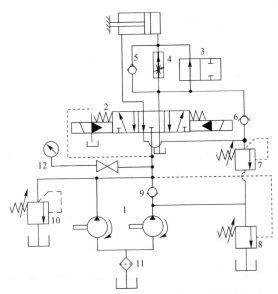

1—液压泵;2—三位五通电磁阀;3—二位二通阀;4—调速阀;5、6、9—单向阀;

7、10—溢流阀;8—顺序阀;11—过滤器;12—压力表

图 8 - 17　液压系统图

（1）为了防止工进时，进油路与回油路串通，在系统中必须设置单向阀6。

（2）为了便于在调整和运行中测试出系统中有关部位的压力，应设一压力表及其开关12。

8.5.4 液压元件、辅件的选择

1. 选择液压泵及其驱动电机

1）液压泵工作压力的计算

小流量泵在快进和工进时都向液压缸供油，由表8-7可知，液压缸在整个循环中的最大工作压力为3.96 MPa。如在调速阀进口节流调速回路中，选取进油路上的压力损失为0.8 MPa，则小流量泵的最高工作压力估算为

$$p_{B1}=3.96+0.8=4.76（MPa）$$

大流量泵只在快进、快退时向液压缸供油，由表8-7可见，快退时液压缸的工作压力（为1.86 MPa）比快进时大；考虑快退时进油不通过调速阀，故其进油路压力损失比前者小，现取为0.4 MPa，则大流量泵的最高工作压力估算为

$$p_{B2}=1.86+0.4=2.26（MPa）$$

2）液压泵的流量计算

由工况图8-16知，油源向液压缸输入的最大流量为0.5×10^{-3} m³/s，若取回路泄漏系数为$K=1.1$，则两个泵的总流量为

$$Q_B=1.1\times0.5\times10^{-3}=0.55\times10^{-3}（m^3/s）$$
$$=33（L/min）$$

考虑到溢流阀的最小稳定流量为2 L/min，工进时的流量为8.3 cm³/s（0.5 L/min），则小流量泵的流量至少应为2.5 L/min。

3）液压泵及其驱动电机规格的确定

根据以上计算数字查阅产品样本，选用规格相近的YB₁-2.5/30型双联叶片泵。

由工况图8-16可知，最大功率出现在快退工况，这时所需电动机的功率

$$P=\frac{p_B Q_B}{\eta_B}=\frac{2.26\times10^6\times(2.5+30)\times10^{-3}}{60\times10^{-3}\times0.80}$$
$$=1.53（kW）$$

式中，η_B——双联叶片泵的总效率，取为0.80，根据计算功率查产品样本，选用规格相近的Y100 L1-4型电动机，其额定功率为2.2 kW。

2. 其他元、辅件的选择

1）选择元、辅件规格

根据系统的工作压力和通过各元、辅件的实际流量，所选择的元、辅件的规格如表8-9所列。其中：溢流阀10应按小流量泵的额定流量选取，但由于规格限制，选用Y-10B型；调速阀4选用Q-6B型，其最小稳定流量为0.03 L/m，小于本系统工进时的流量（0.5 L/min）。

表 8-9　液压元、辅件规格表

序号	元件名称	通过阀的最大流量 $Q/(L/min)$	规　格		
			型　号	额度流量 $/(L/min)$	额度压力/MPa
1	双联叶片泵	—	$YB_1 - 2.5/30$	2.5/30	6.3
2	三位五通电液换向阀	69	$5DY - 100BY$	100	6.3
3	行程阀	62	$22C - 100BH$	100	6.3
4	调速阀	<1	$Q - 6B$	6	6.3
5	单向阀	69	$1 - 100B$	100	6.3
6	单向阀	32.5	$1 - 63B$	63	6.3
7	背压阀	<1	$B - 10B$	10	6.3
8	顺序阀	30	$XY - 63B$	63	6.3
9	单向阀	30	$1 - 63B$	63	6.3
10	溢流阀	2.5	$Y - 10B$	10	6.3
11	滤油器	32.5	$XU - 50×200$	50	6.3
12	压力表开关	—	$K - 6B$	—	—

2）管道尺寸

管道尺寸由选定的标准元件连接口尺寸确定。

3）油箱容量

按经验公式计算油箱容量为

$$V = (5 \sim 7)Q_B = 195 \text{ (L)}$$

8.5.5　液压系统主要性能验算

1. 液压系统压力损失计算

计算系统压力损失，必须知道管道的直径和管道长度。管道直径按选定元件的接口尺寸确定为 $d = 18$ mm，进、回油管道长度都定为 $l = 2$ m；油液的运动黏度取 $\upsilon = 1 \times 10^{-4}$ m^2/s，油液的密度取 $\rho = 0.9174 \times 10^3$ kg/m^3。

如图 8-17 所示液压系统中，在选定了如表 8-9 所列元件之后，液压缸在实际快进、工进和快退运动阶段的运动速度、时间以及进入和流出液压缸的流量如表 8-10 所列。

表 8 - 10 各工况运动速度、时间及流量计算表

参数 工况	快 进	工 进	快 退
进入液压缸流量	$Q_1 = \dfrac{A_1(Q_{B1}+Q_{B2})}{A}$ $= \dfrac{95 \times (2.5+30)}{50.3}$ $= 61.4 \ (L/min)$	$Q_1 = 0.5 \ L/min$	$Q_1 = Q_{B1} + Q_{B2}$ $= 2.5+30$ $= 32.5 \ (L/min)$
流出液压缸流量	$Q_2 = Q_1 \dfrac{A_2}{A_1}$ $= 61.4 \times \dfrac{44.7}{95}$ $= 28.9 \ (L/min)$	$Q_2 = Q_1 \dfrac{A_2}{A_1}$ $= 0.5 \times \dfrac{44.7}{95}$ $= 0.24 \ (L/min)$	$Q_2 = Q_1 \dfrac{A_1}{A_2}$ $= 32.5 \times \dfrac{95}{44.7}$ $= 69 \ (L/min)$
速度	$u_1 = \dfrac{Q_{B1}+Q_{B2}}{A}$ $= \dfrac{(2.5+30) \times 10^{-3}}{60 \times 50.3 \times 10^{-4}}$ $= 0.108 \ (m/s)$	$u_2 = \dfrac{Q_1}{A_1}$ $= \dfrac{0.5 \times 10^{-3}}{60 \times 95 \times 10^{-4}}$ $= 0.88 \times 10^{-3} \ (m/s)$	$u_3 = \dfrac{Q_1}{A_2}$ $= \dfrac{32.5 \times 10^{-3}}{60 \times 44.7 \times 10^{-4}}$ $= 0.121 \ (m/s)$
所需时间	$t_1 = \dfrac{100 \times 10^{-3}}{0.108}$ $= 0.93 \ (s)$	$t_2 = \dfrac{50 \times 10^{-3}}{0.88 \times 10^{-3}}$ $= 56.6 \ (s)$	$t_3 = \dfrac{150 \times 10^{-3}}{0.121}$ $= 1.24 \ (s)$

1）判断流动状态

由雷诺数

$$Re = \frac{vd}{\upsilon} = \frac{4Q}{\pi d \upsilon} \tag{8-6}$$

可知，在油液黏度 υ、管道内径 d 一定条件下，Re 的大小与 Q 成正比，又由表 8 - 9 可知：在快进、工进和快退 3 种工况下，进、回油管路中所通过的流量以快退时回油流量（$Q = 69 \ L/min$）为最大，由此可知，此时的

$$Re = \frac{4 \times 69 \times 10^{-2}}{60 \times \pi \times 18 \times 10^{-3} \times 1 \times 10^{-4}} = 813$$

也为最大，因为最大的 Re 也小于临界雷诺数（2000），故可推论出，各工况下的进、回油路中的油液流动状态全为层流。

2）计算系统压力损失

为了计算上的方便，首先将计算沿程压力损失公式化简，为此，将适用于层流流动状态的沿程阻力系数

$$\lambda = \frac{75}{Re} = \frac{75 \pi d \upsilon}{4Q} \tag{8-7}$$

和油液在管道内的平均流速

$$v = \frac{4Q}{\pi d^2} \tag{8-8}$$

同时代入沿程压力损失计算公式，并将已知数据代入后，得

$$\Delta p_{L1} = \frac{4 \times 75 \rho v l}{2 \pi d^4} Q = \frac{4 \times 75 \times 0.9174 \times 10^3 \times 1 \times 10^{-4} \times 2}{2 \times 3.14 \times (18 \times 10^{-3})^4} Q = 0.8349 \times 10^3 Q$$

可见，沿程压力损失的大小与其通过的流量成正比，这是由层流流动所决定的。

在管道结构尚未确定的情况下，管道的局部压力损失 Δp_{L2} 常按下式作经验计算，即

$$\Delta p_{L2} = 0.1 \Delta p_{L1} \tag{8-9}$$

根据上述二式计算出的各工况下的进、回油管路的沿程和局部压力损失，如表 8-11 所列。

表 8-11　管路的局部压力损失数值表

管路　　　工况　　Δp/Pa		快　进	工　进	快　退
进油路	Δp_{l1}	0.854×10^5	$0.006\ 96 \times 10^5$	0.452×10^5
	Δp_{l2}	0.0854×10^5	$0.000\ 696 \times 10^5$	0.0452×10^5
	Δp_V	1.448×10^5	5×10^5	0.312×10^5
	Δp	2.3874×10^5	$\approx 5 \times 10^5$	0.814×10^5
回油路	Δp_{l1}	0.402×10^5	$0.003\ 48 \times 10^5$	0.690×10^5
	Δp_{l2}	0.0402×10^5	$0.000\ 348 \times 10^5$	0.0690×10^5
	Δp_V	0.406×10^5	6×10^5	2.38×10^5
	Δp	0.848×10^5	$\approx 6 \times 10^5$	3.094×10^5

阀的压力损失为

$$\Delta p_V = \Delta p_n \left(\frac{Q}{Q_H} \right)^2 \tag{8-10}$$

计算各工况下的阀类元件的局部压力损失：其中的 Δp_n 由产品样本查出，电液换向阀 2 和行程阀 3 的额定压力损失 Δp 均为 3×10^5 Pa；单向阀 5 和 6 的额定压力损失 Δp_n 均为 2×10^5 Pa，其中的 Q_H 和 Q 的数值分别由表 8-9 和表 8-10 列出。

下面以快进工况，进油路中油液通过电液换向阀 2 和行程阀 3 所产生的局部压力损失计算为例，即

$$\Delta p_V = \left[3 \times 10^5 \times \left(\frac{61.4}{100} \right)^2 + 3 \times 10^5 \times \left(\frac{32.5}{100} \right)^2 \right] = 1.448 \times 10^5 (\text{Pa})$$

其余各工况的阀类元件的局部压力损失计算值如表 8-11 所列。

根据需要可将回油路上的压力损失折算到进油路上，求得总的压力损失，比如将快进工况下的回油路上的压力损失折算到其进油路上，即可求得此工况下回路中的总压力损失为

$$\sum \Delta p = 2.3874 \times 10^5 + 0.848 \times 10^5 \times \frac{44.7}{95} = 2.786 \times 10^5 (\text{Pa})$$

其余各工况以此类推，不再赘述。

3）液压泵工作压力估算

小流量泵在工进时的工作压力等于液压缸工作腔压力 p_1 加上进油路上的压力损失，即

$$p_{B1}=39.6\times10^5+5\times10^5=44.6\times10^5(Pa)$$

此值是确定溢流阀 10 的调整压力时的主要参考数据。

大流量泵以快退时的工作压力为最高，其数值为

$$p_{B2}=18.6\times10^5+0.814\times10^5=19.414\times10^5(Pa)$$

此值是确定顺序阀 8 的调整压力时的主要参考数据。

2. 系统效率计算

在一个工作循环周期中，快进、快退仅占 3％，而工进占 97％（见表 8-10 中数据），系统效率完全可以用工进时的效率来代表整个循环的效率。

1）计算回路效率

$$\eta_c=\frac{p_1Q_1}{p_{B1}Q_{B1}+p_{B2}Q_{B2}}=\frac{39.6\times10^5\times0.83\times10^{-5}}{44.6\times10^5\times\frac{2.5\times10^{-3}}{60}+0.68\times10^5\times\frac{30\times10^{-3}}{60}}$$

$$=0.15$$

其中，大流量泵的工作压力 p_{B2} 就是该泵通过顺序阀 8 卸荷时所产生的压力损失，因此它的数值为

$$p_{B2}=3\times10^5\times\left(\frac{30}{63}\right)^2=0.68\times10^5(Pa)$$

2）计算系统效率

取双联叶片泵的总效率 $\eta_B=0.80$，液压缸的总效率 $\eta_m=0.95$，系统效率为

$$\eta=\eta_B\eta_c\eta_m=0.80\times0.15\times0.95=0.114$$

3. 系统发热与温升计算

系统的发热与温升计算与系统效率计算是同样的原因，也只需考虑工进阶段。

1）计算工进工况时液压泵的输入功率

$$P_{B1}=\frac{p_{B1}Q_{B1}+p_{B2}Q_{B2}}{\eta_B}=\frac{44.6\times10^5\times\frac{2.5\times10^{-3}}{60}+0.68\times10^5\times\frac{30\times10^{-3}}{60}}{0.80}$$

$$=274.8(W)$$

2）计算工进时系统所产生的热流量

$$H=p_{B1}(1-\eta)=274.8\times(1-0.114)=243.5(W)$$

3）计算工进时系统中的油液温升

$$\Delta t=\frac{Q}{0.065K\sqrt[3]{V^2}}=\frac{243.5}{0.065\times15\times\sqrt[3]{195^2}}=7.43(℃)$$

其中取传热系数 $K=15$ W/(m²·℃)，可见本液压系统温升很小，符合设计要求。

8.6　实例——四柱式压力机液压系统设计计算

8.6.1　压力机及其工作流程

压力机是锻压、冲压、冷挤、校直、弯曲、粉末冶金、成型、打包等工艺中广泛应用的压力加工机械。如图 8-18 所示，四柱式压力机由 4 个导向立柱，上、下横梁和滑块等组成。

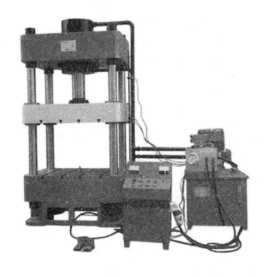

图 8-18　CXXY 型四柱式压力机

由液压系统上液压缸驱动，上滑块能够实现"快速下行→慢速加压→保压延时→快速返回→原位停止"的工作循环，下液压缸(顶出缸)驱动使得下滑块实现"向上顶出→停留→向下退回→原位停止"的工作循环，其工作循环如图 8-19 所示。为了简化内容，本章忽略下液压顶出缸的工作过程，仅以实现上滑块运动的系统设计为例进行分析。

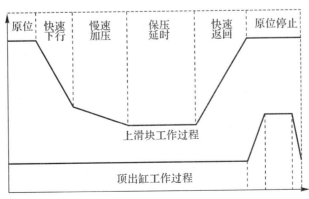

图 8-19　压力机工作流程

8.6.2　液压系统技术方案的确定

按一般液压系统的工作过程，根据四柱式压力机基本动作要求，其液压系统设计主要包括：

  ·泵—压力调节元件—方向控制元件—速度控制元件—上滑块工作缸
  ·泵—压力调节元件—方向控制元件—速度控制元件—下顶出工作缸

根据上述分析，需要对系统的总体的路线作出选择。

1. 开式系统与闭式系统的选择

液压机的作业主要是靠单作用液压缸来完成的。由于对工作过程中的速度要求不同，因而使用开式系统，即各元件回油直接回油箱，便于系统设计。

对液压机的开式系统，由于油箱容积要求比较大，且工作腔的容积也较大，在快速下行过程中液压缸下行速度较快，所以考虑在系统中增设快速补油回路。

2. 泵数量的选择

根据上述分析，可知液压机有两个工作缸，所以整个系统使用双泵或单泵均可。双泵系统中，每个泵各自组成一个独立的回路，这种系统也称为双泵双回路系统。单泵系统中，则可以在泵出口设计两个减压阀或顺序阀分路，完成两个回路功能。考虑到主泵功率较大，采用单泵双回路系统可以降低系统成本。

3. 变量系统和定量系统的选择

采用一台恒功率变量泵，泵输出流量可根据外载荷大小自动无级变化，保持恒功率输出，提高整机的功率利用和生产率。

8.6.3　液压系统技术参数的确定

1. 系统工作压力

液压机的功率是可以预估的。在液压系统设计中，系统工作压力往往是预先确定的（依据液压泵的相关标准及相关资料选取），然后根据各执行元件对运动速度的要求，经过详细的计算，可以确定液压系统流量。

在外负荷已定情况下，系统压力选得越高，各液压元件的几何尺寸就越小，可以获得比较轻巧紧凑的结构，特别是对于大型压力机来说，选取相对较高的工作压力一方面可以减轻整机的重量，另一方面可以留出空间对整体结构设计进行调整优化。

2. 系统流量

本实例中，对速度要求较大的是上滑块快速进给过程。在确定系统流量时，应首先计算每个执行元件所需流量，然后根据液压系统所采用的形式来确定整个系统流量。

3. 系统液压功率

根据上述两步初选结果，计算确定实际的系统功率。

8.6.4　拟定液压系统图

若干基本回路组合形成压力机液压系统。根据前面所学知识，可以按以下顺序设计具有基本功能的液压回路。

1. 基本单元设计

如图 8-20 所示，液压系统的基本单元由液压泵 1，溢流阀 2，油箱 3 组成。其中，当溢流阀 2 的压力调定值高于泵 1 的工作压力时，溢流阀 2 的作用为安全阀；当其调定压力等于液压泵的工作压力时，其作用为溢流阀，可以把系统最大工作压力限定在设计压力值，从而保证压力机工作时系统压力恒定。图 8-20 所示泵的基本单元为液压系统设计时的常规设计，溢流阀必不可少。

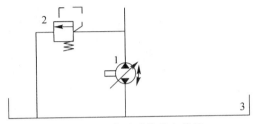

图 8-20　液压系统基本单元

2. 压力分路设计

在工程实际中，压力机的上滑块与下顶出缸的动作是有顺序要求的，本例为了简化过程，忽略此要求，设计两个压力分路，采用顺序阀与减压阀，分别为上滑块及顶出液压缸供油。如图 8-21 所示，当泵 1 开始启动时，减压阀 4 便开始为顶出缸提供压力，而顺序阀 5 则需等压力达到其设定的压力值时，才会打开，为上滑块提供压力。在此过程中，压力机的顶出缸总是先动作，当系统压力增大，达到顺序阀 5 的设定压力后，顺序阀动作，实现上滑块动作。需要注意的是，在上述两个压力分支中，压力是不同的。因此，当系统有更多的压力需求时，可以采用调定压力等级不同的顺序阀实现。

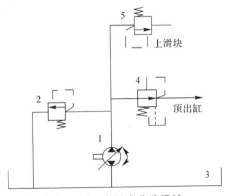

图 8-21　多压力分路设计

3. 方向控制回路设计

在液压系统中，换向阀的种类最为丰富，也是使用最多的控制阀。换向阀不仅可以实现液压油流动方向的改变，还可以实现液压系统中油路通断、机构工作顺序的控制、机构加载、卸载等多种功能。

本实例中，压力机上滑块的执行机构实际上是一个单杆液压缸，理论上只要一个二位四通换向阀便可以实现其换向的功能，考虑到图 8－19 中压力机工作过程中有慢速加压与保压延时过程，因此在二位四通阀的基础上，加一个中位机能，使其具有保压功能，即选用中位具有保压功能的三位四通换向阀。如图 8－22 中虚线框中的回路即是所设计的方向控制回路。此回路可以实现上滑块的工作，但考虑实现压力机空载过程中上滑块快速进给的速度要求，还需要对图中的换向回路进行改进。

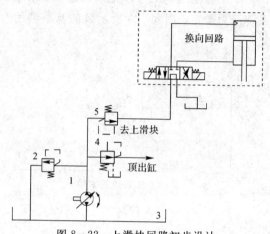

图 8－22　上滑块回路初步设计

　　由前述液压基本回路知识可知，快速进给过程中上滑块加速可由两种回路实现，即差动回路或快速补油回路，如图 8－23 所示。快速补油换向回路通过一个辅助油箱，在快速下行过程中向液压缸上腔补油，容易实现。在实践中发现，如采用差动回路，仍然需要向液压缸上腔补油，因此本实例采用快速补油的方式实现压力机空载时上滑块快速下行。

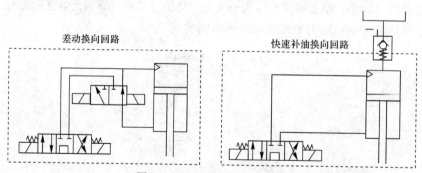

图 8－23　两种快速回路比较

4. 其他辅助回路的设计

　　液压系统的工作过程是一个动态过程，系统的动态性能对系统工作影响很大。在本例中，系统从快速下行转到缓慢升压过程中，如果不能提供一定的背压，将产生较大的液压冲击影响系统稳定性。而从升压过程再转到保压过程后，背压的存在则会消耗系统能量，需要及时卸载背压，避免系统效率下降的问题。

　　在图 8－24 中，背压-卸载模块中，在系统缓慢升压过程中，通过溢流阀 9 提供一定的背压，保证了升压过程的稳定性。当系统压力增到液控单向阀 10 的设定值后，压力继电器 11 工作，将液控单向阀 10 打开，则下腔背压卸载，使系统保压过程中下腔压力为 0，提高系统效率。在缸上升过程中，压力继电器 8 适时打开液控单向阀，可使一部分油液流回到补油箱。

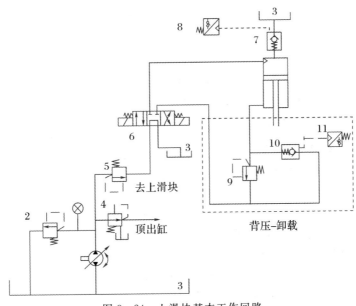

图 8-24　上滑块基本工作回路

5. 顶出缸工作过程

顶出缸的工作过程相对上滑块工作过程简单一些，在设计时可参照上滑块液压系统回路的设计思路。

8.6.5　系统的初步计算和液压元件的选择

液压系统参数的确定以及元件的选择应当以相关国家标准为依据。一般来说，绝大多数的液压元件均是按相关的国家标准设计制造的。因而，液压系统的元件选择也应当根据元件的压力等级、流量要求进行。尽量选择标准件，少选或不选非标准件，优先选择国标件，少选行业标准件，这是系统设计的一个主要原则。

1. 液压泵计算

根据液压系统工作压力 p 和流量 Q，考虑压力损失和流量漏损来计算液压泵的工作压力 p_B 和流量 Q_B，液压泵应该有一定的压力储备。

液压泵的额定工作压力可按下式求得

$$p_B = A\left(p + \sum \Delta p_l + \sum \Delta p_\zeta\right) \qquad (8-11)$$

式中，p_B——液压泵额定工作压力，单位为 Pa；

p——系统工作压力，单位为 Pa；

A——储备系数，一般 $A=1.05\sim1.25$；

$\sum p_l$——系统中沿程压力损失；

$\sum p_\zeta$——系统中局部压力损失。

对于压力损失 $\sum \Delta p = \sum \Delta p_l + \sum \Delta p_\xi$，在初算时可以进行估算。对节流调速的简单管路可取 0.2～0.5 MPa，对节流调速的复杂管路，可取 0.5～1.5 MPa，对高压大流量则取较高值。

液压泵流量可按下式求得

$$Q_B = KQ \qquad (8-12)$$

式中，Q_B——液压泵额定流量，单位为 m^3/s；

    Q——液压系统工作流量，单位为 m^3/s；

    K——漏损系数，一般 $K=1.1～1.3$。

2. 液压功率和发动机功率

液压泵或泵组的液压功率（kW）

$$N_y = \frac{p_p \cdot Q_p}{60\,000\,\eta R} \qquad (8-13)$$

式中，p_p——液压泵的最大工作压力，单位为 kPa；

    Q_p——液压泵的最大流量，单位为 L/min；

    η——液压泵的总效率，柱塞泵取 0.85～0.90，齿轮泵取 0.75～0.85；

    R——变量系数，对定量系统 $R=1$。

发动机功率 N 根据系统方案确定，若是变量系统，由于液压泵经常在满载甚至超载情况下工作，功率利用率比较高，据统计可达 85% 以上，为了保证功率储备，延长液压泵和发动机的使用寿命，并考虑到辅助液压泵、操作系统、冷却装置等辅助设备的动力消耗，发动机功率可取为

$$N = (1.0～1.3)N_y \qquad (8-14)$$

式中，N_y——液压功率。

定量系统的发动机功率利用率较低，一般只有 60% 左右，所损失的功率全部变为热量，因此，确定发动机功率时可以取得低些，对于双泵双回路定量系统，发动机功率可取为

$$N = (0.8～1.1)N_y \qquad (8-15)$$

根据上述的计算结果，可以在相关的生产厂家的产品目录中选择合适的产品。

3. 液压缸

液压缸的有效作用面积 A（cm^2）由系统工作压力 p（kPa）和外负载 F（N）决定

$$A = \frac{10F}{(p-p_o)\eta_m} = \frac{10F}{\Delta p \cdot \eta_m} \qquad (8-16)$$

式中，p_o——液压缸回油腔的背压，单位为 kPa；

    η_m——液压缸的机械效率，可取 0.9～0.95。

根据活塞移动速度 u（m/min），该液压缸的流量 Q（L/min）为

$$Q = \frac{Au}{10\eta_v} \qquad (8-17)$$

式中，η_v——液压缸的容积效率。

目前，液压缸有较为定型的产品，对于压力机来说，一般为液压机生产厂家自行根据计算结果设计生产。

4. 液压阀

液压阀的选择参数主要是压力等级与流量。根据系统的工作压力和通过该阀的最大流量来选择标准阀类或设计专用阀。选择安全溢流阀时，要按液压泵的最大流量选；节流阀和调速阀要考虑最小稳定流量；其他阀类按照接入回路的最大流量选取。所选液压阀允许通过的最大流量不应超过公称流量的 $120\%\sim140\%$。若超过太大，则能量损失大，会引起发热、振动和噪音，使阀的性能变坏；太小，则系统结构庞大，经济性差。

5. 油管

油管的材质有不同的选择。对于液压机来说，选择铜质或无缝钢管是最佳选择。管径及壁厚的选择则要根据流量与强度计算结果。首先根据流经管道的最大流量和管内允许的流速确定管道的内径，然后再根据管道内油液的最大工作压力及管道材料的强度来确定其壁厚。管道内径 d 按下式计算

$$d=2\sqrt{\frac{Q}{\pi\upsilon}} \tag{8-18}$$

式中，d——计算出的管道内径，单位为 m，最后确定的内径值应按标准系列作圆整。

Q——流经管道的流量，单位为 m^3/s；

υ——管道内允许的流速，单位为 m/s，速度值的选择可以参考相关的液压设计手册。

油管壁厚 δ (m)按下式计算

$$\delta=\frac{pd}{2[\sigma]} \tag{8-19}$$

式中，p——管道内油液的最高工作压力，单位为 MPa；

d——管道内径，单位为 m；

$[\sigma]$——管道材料的许用应力，单位为 N/m^2，对于钢管 $[\sigma]=\sigma_b/n$，σ_b 为管道材料的抗拉强度，单位为 N/m^2，n 为安全系数，其值的选择可以参考相关的液压设计手册。

6. 油箱容量的计算

油箱容量是指油面高度为油箱高度 80% 时油箱内油液的容积。一般油箱有效容积约为液压泵每分钟流量的 $2\sim3$ 倍。压力机液压缸的尺寸一般均较大，因此所用油箱一般都较大，大多数在设计还有上腔补油辅助油箱，所以主油箱的容积可以取到泵流量 3 倍或以上。

8.6.6　液压系统主要性能验算

1. 液压系统压力损失的验算

所有的液压元件选择完成后，需要对整个系统压力损失进行重新验算。验算主要包括以下几部分：

（1）管路压力损失计算。管路的压力损失要根据实际管路长度进行计算。液压系统油路中的压力损失 $\sum\Delta p$ 包括油液通过管道时的沿程损失 Δp_T、局部损失 $\Delta p_T'$ 和流经阀类等元件时的局部损失 Δp_V，即

$$\sum\Delta p=\sum\Delta p_T+\sum\Delta p_T'+\sum\Delta p_V \tag{8-20}$$

$$\sum \Delta p_{\mathrm{T}} = \frac{\lambda \gamma l v^2}{2dg} \qquad (8-21)$$

$$\sum \Delta p_{\mathrm{T}}' = \frac{\zeta \gamma v^2}{2g} \qquad (8-22)$$

式中，l——直管长度，单位为 m；

d——管道内径，单位为 m；

v——液流平均速度，单位为 m/s；

γ——液压油的重度，单位为 N/m³；

ζ,λ——局部阻力系数和沿程阻力系数，可从有关手册查出。

（2）元件压力损失计算。流经标准阀类等液压元件时的压力损失 Δp_{T} 值与其额定流量 Q_{vn}、额定压力损失 Δp_{vn} 和实际通过的流量 Q_{v} 有关，其近似关系式为

$$\Delta p_{\mathrm{T}} = \Delta p_{\mathrm{vn}} \left(\frac{Q_{\mathrm{v}}}{Q_{\mathrm{vn}}}\right)^2 \qquad (8-23)$$

一般来说，液压元件如阀的压力损失在产品参数中均有说明，验算时，相关的元件压力损失无需再进行理论计算。Q_{vn} 和 Δp_{vn} 的值可以从产品目录或样本上查到。

（3）总损失计算。在计算整个液压系统的总压力损失时，通常将回油路上的压力损失折算到进油路上去，这样做便于确定系统的供油压力。这时系统的总压力损失 $\sum \Delta p$ 为

$$\sum \Delta p = \sum \Delta p_1 + \sum \Delta p_2 \frac{A_2}{A_1} \qquad (8-24)$$

式中，$\sum \Delta p_1$、$\sum \Delta p_2$——分别为进油路上和回油路上的总压力损失；

A_1、A_2——分别为液压缸无杆腔和有杆腔的有效工作面积。

在液压系统的工作循环中，不同的动作阶段的压力损失是不同的，必须分别计算。当已知液压系统的全部压力损失后，就可以确定溢流阀的调整压力，它必须大于工作压力 p_1 和总压力损失之和，即 $p_{\mathrm{P}} \geqslant p_1 + \sum \Delta p$。

2. 系统效率验算

系统效率分为容积效率与机械效率，液压回路中主要表现为容积效率；动力元件与执行元件中主要表现为二者之和。在估计时，二者应当加以区分。系统效率的主要计算方法参照本教材相关章节的内容，这里不再论述。

3. 液压冲击验算

液压系统的冲击主要表现为系统在空载、额定载荷与最大许可载荷下的系统压力波动。液压冲击是一个液压系统稳定性最重要参数，主要表现为系统的动态性能，是液压系统好坏的最重要考核标准之一。系统的动态性能可以依据相关的国家标准进行测量。

4. 发热和温升估算

液压油在工作过程中会出现发热现象。液压油温度升高会影响液压系统的性能，过高的温度甚至会导致液压系统不能正常工作。可以通过对系统效率的计算大致估计液压油的温升，也可以直接在运行中测量。如果温升过高，需要在系统中添加冷却装置。

附　　录

部分常用液压气动元件职能符号

（摘自 GB/T786.1—2009）

1. 符号要素、功能要素、管路及连接

工作管路 回油管路		电磁操纵器		连续放气 装置	
控制管路泄 油管路或 放气管路		温度指示或 温度控制		间断放气 装置	
组合元件框线		原动机	M	单向放气 装置	
液压符号	▶	弹簧	W	直接排气口	
气压符号	▷	节流口		带连接 排气口	
流体流动 通路和方向		单向阀简化 符号的阀座	90°	不带单向阀的 快换接头	
可调性符号		固定符号		带单向阀的 快换接头	
旋转运动方向	90°	连接管路			
电气符号		交叉管路		单通路 旋转接头	
封闭油、气 路和油、气口	⊥	柔性管路		三通路 旋转接头	

2. 控制方式和方法

定位装置		单向滚轮式机械控制		液压先导加压控制	
按钮式人力控制		单作用电磁铁控制		液压二级先导加压控制	
拉钮式人力控制		双作用电磁铁控制		气压—液压先导加压控制	
按—拉式人力控制		单作用可调电磁铁操纵器		电磁-液压先导加压控制	
手柄式人力控制		双作用可调电磁铁操纵器		电磁-气压先导加压控制	
单向踏板式人工控制		电动机旋转控制		液压先导卸压控制	
双向踏板式人工控制		直接加压或卸压控制		电磁-液压先导卸压控制	
顶杆式机械控制		直接差动压力控制		先导型压力控制阀	
可变行程控制式机械控制		内部压力控制		先导型比例电磁式压力控制阀	
弹簧控制式机械控制		外部压力控制		电外反馈	
滚轮式机械控制		气压先导气压控制		机械内反馈	

3.泵、马达及缸

泵、马达(一般符号)	液压泵　气马达	液压整体式传动装置	
单向定量液压泵及空气压缩机		双作用单杆活塞缸	
双向定量液压泵		单作用单杆活塞缸	
单向变量液压泵		单作用伸缩缸	
双向变量液压泵		双作用伸缩缸	
定量液压泵—马达		单作用单杆弹簧复位缸	
单向定量马达		双作用双杆活塞缸	
双向定量马达		双作用不可调单向缓冲缸	
单向变量马达		双作用可调单向缓冲缸	
双向变量马达		双作用不可调双向缓冲缸	
变量液压泵—马达		双作用可调双向缓冲缸	
摆动马达		气-液转换器	

4. 方向控制阀

单向阀	（简化符号）	常开式二位三通 电磁换向阀	
液控单向阀 （控制压力关闭）		二位四通换向阀	
液控单向阀 （控制压力打开）		二位五通换向阀	
或门型梭阀		二位五通液动换向阀	
与门型梭阀	（简化符号）	三位三通换向阀	
快速排气阀	（简化符号）	三位四通换向阀 （中间封闭式）	
常闭式二位二通 换向阀		三位四通手动换向阀 （中间封闭式）	
常开式二位二通 换向阀		伺服阀	
二位二通人力控制 换向阀		三位四通电液伺服阀	
常开式二位三通 换向阀		液压锁	
三位四通电液动 换向阀		三位五通换向阀	
		三位六通换向阀	

5．压力控制阀

直动内控溢流阀		溢流减压阀	
直动外控溢流阀		先导型比例电磁式溢流减压阀	
带遥控口先导溢流阀		定比减压阀	
先导型比例电磁式溢流阀		定差减压阀	
双向溢流阀		内控内泄直动顺序阀	
卸载溢流阀		内控外泄直动顺序阀	
直动内控减压阀		外控外泄直动顺序阀	
先导型减压阀		先导顺序阀	
直动卸载阀		单向顺序阀（平衡阀）	
压力继电器		制动阀	

6．流量控制阀

不可调节流阀		带消声器的节流阀		单向调速阀	
可调节流阀		减速阀		分流阀	
截止阀		普通型调速阀		集流阀	
可调单向节流阀		温度补偿型调速阀		分流集流阀	
滚轮控制可调节流阀		旁通型调速阀			

7. 液压辅件和其他装置

管端在液面以上的通大气式油箱		局部泄油或回油		磁性滤油器	
管端在液面以下的通大气式油箱		密闭式油箱		带发信装置的过滤油器	
管端连接于油箱底部的通大气式油箱		滤油器		冷却器	
带冷却剂管路指示冷却器		油雾器		气体隔离式蓄能器	
加热器		气源调节装置		重力式蓄能器	
温度调节器		液位计		弹簧式蓄能器	
压力指示器		温度计		气罐	
压力计		流量计		电动机	
压差计		累计流量计		原动机	
分水排水器	(人工排出) (自动排出)	转速仪		报警器	
空气滤清器	(人工排出) (自动排出)	转矩仪		行程开关	简化 详细
除油器	(人工排出) (自动排出)	消声器		液压源	(一般符号)
空气干燥器		蓄能器		气压源	(一般符号)

参 考 文 献

[1] 何存兴. 液压元件[M]. 北京：机械工业出版社，1982.

[2] 夏志新. 液压系统污染与控制[M]. 北京：机械工业出版社，1992.

[3] 薛祖德. 液压传动[M]. 北京：中央广播电视大学出版社，1995.

[4] 雷天觉. 新编液压工程手册[M]. 北京：北京理工大学出版社，1998.

[5] 许福玲，陈晓明. 液压与气压传动[M]. 北京：机械工业出版社，2000.

[6] 姜继海，宋锦春，高常识. 液压与气压传动[M]. 北京：高等教育出版社，2002.

[7] 路甬祥. 液压气动技术手册[M]. 北京：机械工业出版社，2002.

[8] 官衮范. 液压传动系统[M]. 3 版. 北京：机械工业出版社，2004.

[9] 雷秀. 液压与气压传动[M]. 北京：机械工业出版社，2005.

[10] 许贤良，王传礼. 液压传动系统[M]. 北京：国防工业出版社，2008.

[11] 左健民. 液压与气压传动[M]. 北京：机械工业出版社，2011.

[12] 刘延俊. 液压与气压传动[M]. 北京：机械工业出版社，2012.

[13] LANSKY Z J etc. Industrial Pneumatic Control. New York，1986.

[14] YEAPLE F. Fluid Power Design Handbook. 2nd ed. New York and Basel：Marcel Dekker Inc，1990.

[15] JAMES A. Fluid Power：Theory and Application，4th ed. Columbus. Ohio，USA：Prentice – Hall，1998.

[16] MAJUMDAR S R. Oil hydraulic systems：principles and maintenance. New York：McGraw – Hill，2003.